普通高等教育“十四五”规划教材
人工智能专业系列教材

人工智能
与生物特征识别技术

代　芬　邹向群　主　编

中国农业大学出版社
·北京·

内容简介

本教材在介绍人工智能理论和图像处理算法的基础上，具体阐述了指纹识别、掌纹识别、手背静脉识别、掌静脉识别、指静脉识别、人脸识别和步态识别等常见的生物特征识别技术，每种技术都叙述了识别原理、采集方式、识别流程、相关算法和技术，最后展示了应用案例。

本教材适合高等学校电子信息和人工智能相关专业的高年级本科生和研究生学习使用，也适合从事生物特征识别技术研究、开发与应用的工程技术人员参考。

图书在版编目(CIP)数据

人工智能与生物特征识别技术 / 代芬，邹向群主编． -- 北京 : 中国农业大学出版社，2025. 5. -- ISBN 978-7-5655-3298-6

Ⅰ. O438

中国国家版本馆 CIP 数据核字第 2024EN8633 号

书　　名　人工智能与生物特征识别技术
Rengong Zhineng yu Shengwu Tezheng Shibie Jishu

作　　者　代　芬　邹向群　主编

策划编辑　赵　艳　　**责任编辑**　赵　艳

封面设计　李尘工作室

出版发行　中国农业大学出版社

社　　址　北京市海淀区圆明园西路 2 号　　**邮政编码**　100193

电　　话　发行部 010-62733489，1190　　读者服务部 010-62732336
编辑部 010-62732617，2618　　出　版　部 010-62733440

网　　址　http://www.caupress.cn　　**E-mail** cbsszs@cau.edu.cn

经　　销　新华书店

印　　刷　北京溢漾印刷有限公司

版　　次　2025 年 5 月第 1 版　　2025 年 5 月第 1 次印刷

规　　格　185 mm×260 mm　　16 开本　　15.25 印张　　376 千字

定　　价　48.00 元

编审人员

主　编　代　芬　华南农业大学

　　　　　邹向群　广州湘识科技有限公司

副主编　孙道宗　华南农业大学

　　　　　赵懿琨　华南农业大学

　　　　　邓小玲　华南农业大学

参　编（按姓氏拼音排序）

　　　　　陈一帆　华南农业大学

　　　　　林程锐　华南农业大学

　　　　　王紫阳　华南农业大学

　　　　　肖晶贵　华南农业大学

　　　　　游骏超　华南农业大学

　　　　　张荣文　华南农业大学

主　审　王卫星　华南农业大学

前言

人类本身具备多种生理和行为特征，这些特征可以用于区分不同的人类个体，生物特征识别技术就是利用这些独特、相对稳定、可测量和可分析的特征来辨别与识别个体身份的技术。2022年4月10日，《中共中央　国务院关于加快建设全国统一大市场的意见》发布，其中明确提出“加快制定面部识别、指静脉、虹膜等智能化识别系统的全国统一标准和安全规范”。国家铁路局发布的《“十四五”铁路科技创新规划》中，明确推进包括生物特征识别技术在内的全过程旅客智能出行服务技术研究。党的二十大报告中也提出，推动战略性新兴产业融合集群发展，构建新一代信息技术、人工智能、生物技术、新能源、新材料、高端装备、绿色环保等一批新的增长引擎。有的地方政府也出台了系列政策措施，如上海市经济信息化委等于2021年7月印发的《关于推进本市新一代人工智能标准体系建设的指导意见》中，鼓励生物特征识别等关键领域技术标准研制。这些政策文件说明了国家和地方政府对生物特征识别技术的重视和推广，为生物特征识别技术的发展和应用创造了良好的环境和条件。

人体生物特征具备“人人拥有、人各不同、长期不变”的特点，并且不会被遗忘或者丢失，可以有效克服传统身份识别方法的缺点。为了推动生物特征识别技术的广泛应用，本教材在介绍人工智能理论基础和图像处理算法的基础上，具体阐述了指纹识别、掌纹识别、手背静脉识别、掌静脉识别、指静脉识别、人脸识别和步态识别等常见的生物特征识别技术，每种技术都叙述了识别原理、采集方式、识别流程、相关算法和技术，最后展示了应用案例。在章末的“拓展学习”模块，配有程序设计及结果，并以视频的形式展示出来，通过扫描二维码可看到讲解，对在程序实现过程中的一些小技巧，也做了特别说明，这对提高学生的动手编程能力和实践能力大有裨益。

本教材共6章，包含了编者多年的科研经验和行业实践成果。第1章由邓小玲、游骏超和肖晶贵编写，第2章由邹向群、孙道宗、游骏超和肖晶贵编写，第3章由林程锐编写，第4章由邹向群、陈一帆、张荣文和王紫阳编写，第5章由游骏超编写，第6章由赵懿琨编写，全书由代芬统稿定稿，由王卫星主审。本教材编写过程中参考了国内外大量的文献资料和数据库资源，在此表示衷心的感谢。

由于编者知识有限，书中纰漏之处在所难免，恳请广大读者批评指正。

编　者

2024年6月

目录

第1章 生物特征识别技术概述

人类本身具备多种生理和行为特征,这些特征可以用于区分不同的人类个体,而生物特征识别技术就是利用这些独特、相对稳定、可测量和可分析的特征来辨别和识别个体身份的技术。生物特征可分为生理特征和行为特征,如图 1-1 所示。生理特征主要由个体的遗传因素决定,包括人脸、虹膜、指纹、掌纹、掌静脉和指静脉等。行为特征是个体在特定条件下展现的基本特征,受到个人行为习惯等因素的影响,典型的行为特征包括步态、笔迹和声纹等。

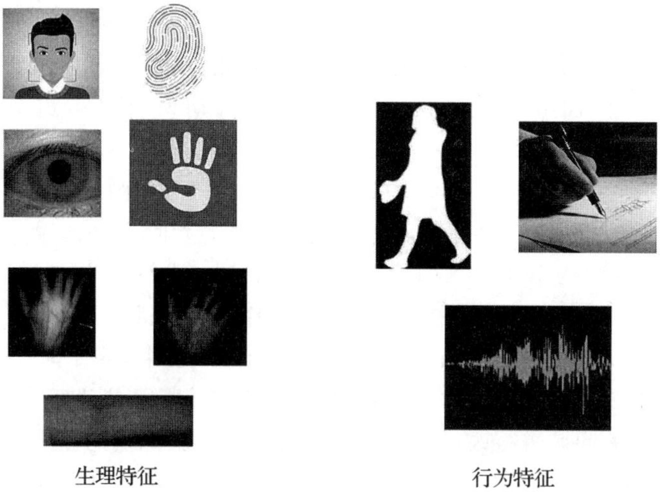

图 1-1 可用于识别的人类生物特征

生物特征识别系统是一种利用生物特征识别技术对人的生理或行为特征进行识别的个人身份识别系统。生物特征识别系统包含了一项或多项生物特征识别技术,生物特征识别技术赋予机器自动探测、捕获、处理、分析和识别的功能,是一个典型而又复杂的模式识别问题,一直处于人工智能技术发展前沿。一个生物特征识别系统通常包含 5 个部分,如表 1-1 所示。

生物特征识别系统的工作流程一般分为注册阶段和认证阶段。在注册阶段,传感器会采集人体的生物特征信号,然后进行预处理,随后通过特征提取器提取特征,并将特征存储在特征数据库中。在认证阶段,用户使用系统时,同样需要通过传感器采集信息,然后通过特征提取器提取特征,并与数据库中的特征进行比对。最终通过决策器判断是否匹配,从而确定用户的身份。

表 1-1　生物特征识别系统组成部分

组成部分	作　用
传感器	用于采集生物特征信号,如指纹扫描仪、摄像头等
特征提取器	用于从生物特征信号中提取有效的特征,如指纹纹理等
特征数据库	用于存储已注册用户的特征模板,如指纹模板等
特征比对器	用于将待识别用户的特征与数据库中的特征进行比对,计算相似度或距离,如欧氏距离、汉明距离等
决策器	用于根据比对结果进行身份判断,如设定阈值、采用多重认证等

生物特征识别系统的运行方式可以分为验证模式和识别模式。在验证模式,系统的工作是确认用户是否符合数据库中模板的特征。在识别模式,用户则不需要提供任何身份信息,系统的工作是在数据库中搜索所有的特征进行比对,找到最匹配的一个或多个候选者。

1.1　生物特征识别技术的发展历史

生物特征识别虽然听起来是项新颖的技术,但实际上早在 20 世纪人们就已经开始了对生物特征识别技术的研究。最早开始的是对人脸识别的研究。学术界认为真正意义上的人脸识别工作开始于 1965 年,由 Bledsoe 和 Chan 发表的人脸自动识别(automatic face recognition, AFR)的技术报告开启了人脸识别第一阶段的研究,这个阶段人脸识别被当成一般性的模式识别问题,在此期间所采用的主流技术是基于人脸上的器官(如眼睛、鼻子、嘴巴等)之间的几何结构来进行,这一技术也被称为基于几何特征的方法。人脸识别的第二阶段是 1991 年由美国麻省理工学院的 Turk 和 Pentland 等学者开启的,他们将主成分分析(principal component analysis,PCA)方法引入人脸识别中,提出了著名的"特征脸"(eigenface)方法。人脸识别的第三阶段是从 1998 年开始的,这一阶段是人脸识别的成熟期,这个时期的学者们主要针对如何消除人脸识别中姿态、光照、表情、噪声等外界因素对人脸识别准确率的影响,以及对第二阶段中人脸识别算法的问题进行改进。在 2014 年以前,人脸识别的主要技术路线都是人造的局部描述符加度量学习,但从 2014 年开始,大量基于深度学习的人脸识别方法开始涌现,人脸识别的技术路线转变为深度学习加人脸图像大数据的形式。2014 年,Facebook 的 Taigman 提出的 DeepFace 网络是基于深度学习的人脸识别方法的奠基之作,此方法能在 LFW(Labeled Faces in the Wild)数据集中取得 97.25%的准确率,是多年来首次接近人类的识别水准。另外,香港中文大学的孙炜等也在 2014 年提出了一系列深度学习人脸识别方法,DeepID(Deep hidden IDentity features)网络就是他们最先提出的,能在 LFW 数据集中取得 97.45%的准确率。这段时期里包括谷歌、百度、旷视等公司都提出了各自的基于深度学习的人脸识别算法。人脸识别在生物特征识别技术中具有自然性、不易察觉性等优势,在生物特征识别领域有着重要地位。随着深度卷积神经网络和大规模数据集的发展,基于深度学习的人脸识别技术已经取得了显著进展,并在实际应用中得到了广泛使用。

指纹识别是通过分析指尖乳突纹进行身份识别的技术。指纹具有终身不变、人各不同的特点,且易于采集,是一种比较理想的生物特征。人们很早就开始意识到指纹的唯一性,在中国的封建时期就有契约画押的说法。自 20 世纪以来,指纹在侦破刑事案件、解决诉讼争议中的作用被世界各国公认，被誉为“物证之首”。20世纪70年代，由于计算机可以有效地处理图形，人们开始着手研究利用计算机来处理指纹图像。从那时起，自动指纹识别系统(automatic fingerprint identification system，AFIS)首先在警察局得到应用，用于识别犯罪前科人员。经过50年的发展，随着识别性能、自动化程度的逐步提高，指纹识别广泛地应用于考勤、门禁、出入境管理和手机支付与解锁等领域。西门子公司在20世纪末率先将指纹识别搭载入手机中。2013年9月，苹果公司发布的iPhone 5S中的Touch ID将指纹解锁带到了前所未有的高度，开创了指纹识别的时代。

我国对掌纹的研究历史悠久，最早可追溯至3 000年前的周朝。当时的掌纹研究目的是占卜，而不是身份识别，然而这些早期的研究和实践经验对掌纹自动识别技术的研究仍有一定的参考价值。H. H. Wilder教授是第一位全面研究手掌纹理的学者。他早在1897年就开始了对手掌纹理的研究工作，对手掌和足底的纹理在体质、群体遗传以及双胞胎和三胞胎手纹、脚纹相似性等方面进行了深入和全面的研究，为当前的掌纹识别技术奠定了生物学基础。20世纪90年代末期，香港理工大学和清华大学率先提出了用掌纹进行自动识别身份的观点，全面总结了掌纹的基本特征和特点，在国际期刊上发表了第一篇关于自动掌纹识别的文章并申请了若干国际专利，从而开辟了掌纹识别研究领域。随后，国内外多所高校与研究机构纷纷进入该研究领域，其中包括美国密西根州立大学、马来西亚多媒体大学、香港科技大学、哈尔滨工业大学、北京大学和广东工业大学等。香港理工大学生物特征识别研究中心设计和开发了世界上第一套民用联机掌纹识别系统，建立了世界上最大的掌纹图像数据库(样本大于10万)，并于2003年在网上发布了首个掌纹图像标准库。2004年，香港理工大学的张大鹏教授总结了他所领导团队对掌纹识别的研究成果，出版了世界第一部掌纹识别专著《掌纹识别技术》(*Palmprint Authentication*)，引起了广泛的关注，越来越多的研究者投身于掌纹识别的研究中。

静脉图像识别中最常见的有3种识别方式，分别是指静脉识别、手背静脉识别和掌静脉识别。最先开始研究静脉识别技术的国家是日本。2000年，日本学者Kono首次提出了基于指静脉识别的身份认证技术，并于2002年成功完成了对678人的指静脉身份识别工作，而两年后另一位日本学者Miura(2004)就提出了指静脉特征提取领域的两大经典算法——重复先行跟踪算法和最大曲率算法。在2015年之前，指静脉识别基本都采用传统的图像处理、统计学等方法；在2015年之后，深度学习与指静脉识别技术相融合的方法成为该领域的研究热点，卷积神经网络在各个公开的指静脉数据集中都取得了不错的识别准确度。中国指静脉识别技术起步稍晚，但经过了十几年的研究发展，如今也是指静脉研究领域的领先国家之一。目前，研究开发指静脉识别技术的企业也纷纷出现，如深圳脉迪科技有限公司和广州微盾科技股份有限公司，他们研发的指静脉设备让我国在该领域已坐稳了一席之地。

手背静脉识别最早是由MacGregor和Welford于1991年首次提出的，他们发现可以利用手背血管的红外成像作为人们身份识别的依据并将其命名为“Veincheck”。1995年，在Cross和Smith两位学者发表的综述性文章中，首次对手背静脉识别的整个过程进行了完整的描述，手背静脉识别技术进入了一条快速发展的道路，也陆续涌现了许多手背静脉识别的商用产品。1997年，韩国的BK System公司率先发布了亚洲第一个商用手背静脉验证产品BK-100。我国对手背静脉识别的技术研究起步相对较晚，清华大学的林喜荣教授从2002年开始在手背静脉识别领域做出了诸多贡献。2006年，手背静脉识别技术首次获得国家自然科学基金的资助，这也是当时国内手背静脉识别领域第一项获得国家自然科学基金资助的研究。这些研究工作说明手背静脉识别技术越来越受到不同国家和学者的重视。在此之后，越来越多的学者开始投身到手背静脉识别研究中，市场中也出现了越来越多的手背静脉识别应用。2006 年，日本的 NEC 公司推出了世界上第一个商用化的手背静脉识别系统，用于金融机构的身份验证。2015 年，北方工业大学的王一丁教授出版了《手背静脉身份识别技术》。该书详细介绍了手背静脉识别的原理、算法和应用，对手背静脉识别技术的发展起到了积极的推动作用。

掌静脉识别技术是由柯达公司的 Joe Rice 在 20 世纪 80 年代提出的，随后掌静脉识别技术就因其安全性高、用户接受度高和便利性等特点，引起了学者们的广泛关注，大家纷纷开始对掌静脉识别技术进行研究和创新，提出了许多降低静脉图像的获取成本、提升静脉图像的质量以及更好地提取静脉特征以获得更精准的静脉识别匹配性能的算法。近年来，掌静脉识别技术的研究更多地与深度学习方法相结合，而掌静脉识别的实际应用也越来越广泛，如 2021 年深圳地铁的 20 号线就搭载了掌静脉识别技术，为市民提供方便出行；7-Eleven 便利店也推出了搭载腾讯出品的掌纹加掌静脉识别技术的刷掌支付方式，以方便人们生活。

虹膜识别技术是集数学、光学、电子学、生理学和计算机科学于一体的多学科交叉技术。虹膜识别技术最早可追溯至 1885 年，法国人贝提纳提出通过在监狱里测量犯人的生物特征，包括眼睛的虹膜图像来识别犯人，但直到 20 世纪 90 年代虹膜识别技术才成为现实。1987 年，两位眼科专家 Aransafir 和 Leonardflom 首次提出利用虹膜图像进行自动身份识别的概念，但是他们并没有开发出实际的应用系统。直到 1991 年，美国洛斯阿拉莫斯国家实验室 Johnson 实现了一个自动虹膜识别系统。1998 年年底，中国科学院自动化研究所开始虹膜识别方面的研究，2000 年成功开发出我国具有自主知识产权的虹膜识别技术。目前，虹膜识别技术已应用于机场、边境、银行等。

1994 年，来自麻省理工学院(Massachusetts Institute of Technology，MIT)媒体实验室的 Niyogi 与 Adelson 最早对人进行步态识别，他们提出了步态时空模式以及通过 Snakes 方法来确定边界轮廓，在单人识别上取得了初步成功的尝试。2000 年，美国国防部高级研究计划署(DARPA)资助的远距离身份识别(HID)计划从步态识别、人脸识别等因素上研究对远距离身份识别的影响。国内对步态识别的研究始于 2000 年，由中国科学院王亮博士团队开启，该团队创建了多个步态识别数据库，提出了基于人体剪影分析的步态识别方法等一系列理论。近年来，随着机器学习、深度学习的发展与研究人员的不懈探索，步态识别领域涌现出许多优秀的研究成果，步态识别在实际应用中也逐渐发挥出巨大的优势。

1.2 人体生物特征识别技术的分类

人体有许多可以用来作为身份认证的特征，如指纹、虹膜、人脸、掌纹、手形、人耳、视网膜、脱氧核糖核酸(DNA)、静脉、笔迹、步态和声纹等，本书将着重介绍指纹、掌纹、静脉、人脸和步态识别。

1.2.1　指纹识别技术

指纹识别是一种利用不同人指纹的纹型、细节节点、纹线上的汗孔、纹线形态、早生纹线、疤痕等独特特征(图 1-2)来进行身份识别的生物特征识别技术。作为最早用于身份识别的生物特征之一,指纹具有很高的独特性,据推测,以全世界 80 亿人口计算,在 300 年内出现两枚完全相同的指纹的概率几乎为零。指纹也有终生不变、人与人之间独一无二的特点,同时也很容易采集,因此被视为一种比较理想的生物特征。

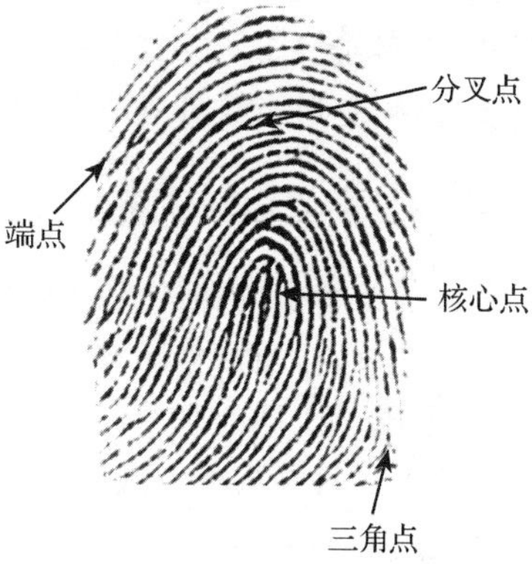

图 1-2　指纹及其特征分布

指纹识别需要通过分析指纹的全局特征和局部特征来区别不同的人。指纹识别技术主要包含指纹采集、特征提取和匹配 3 个模块,指纹识别系统的基本工作流程如图 1-3 所示。

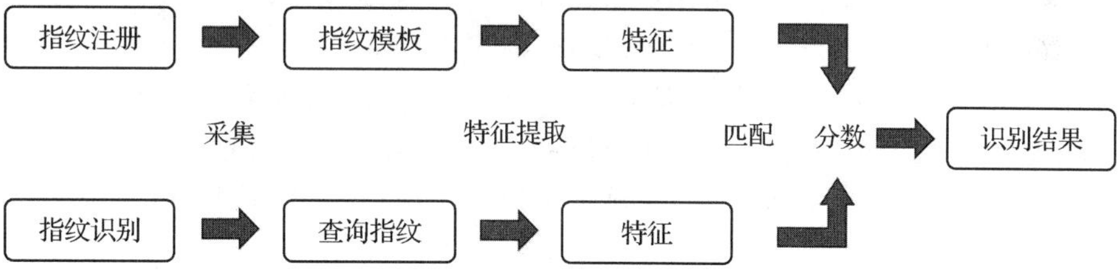

图 1-3　指纹识别系统的基本工作流程

指纹采集是指通过某种设备或传感器获取个体的指纹图像。一般采用光学传感器或电容式传感器等设备,将指纹图像转化为数字信号。采集过程中需要保证指纹图像的清晰度和完整性,以获取可靠的指纹特征。特征提取是指从采集到的指纹图像中提取出关键的全局特征和局部特征(图 1-4)。全局特征包括指纹的整体形状、纹线的走向和分布等,局部特征则是指纹图像中的细节特征,如细纹、岭线和谷线等。常用的特征提取方法包括方向图提取、细节点提取和纹型描述等。匹配环节是将提取到的指纹特征与已存储的指纹特征进行比对和匹配的过程。匹配算法会比对两个指纹特征之间的相似性,通过计算相似性度量指标,如相对相似度、相关系数或欧几里得距离等,来判断是否属于同一个指纹。

图 1-4　指纹特征提取

由于指纹采集方式、是否有专业人士参与采集过程和背景库规模大小等方面的差异,不同领域指纹识别系统的技术瓶颈有所不同。例如,对于犯罪嫌疑人识别应用,提高低质量指纹的识别率一直是核心问题;在移动支付中,活体检测的需求更为突出。指纹识别领域的研究热点往往围绕上述问题。近年来，指纹识别产业界的热点是移动终端屏下指纹传感器，如美国高通公司2021年初发布了第二代超声波屏下指纹传感器。学术界研究热点包括现场指纹识别、活体指纹检测、变形指纹处理等。

1.2.2 掌纹识别技术

掌纹是指掌心内侧的皮肤纹理，包括掌纹纹路和掌纹纹型。掌纹纹路是指掌心内侧的皮肤上形成的纹路，通常包括皮纹、汗孔和皱脊等特征。这些纹路呈现出独特的形状、分布和排列方式，形成了个体的掌纹特征。掌纹纹型是指掌心内侧的皮肤上形成的特定纹型，如斗、环、纵、横、弧等。每个人的掌纹纹型都是独一无二的，类似于指纹纹型，具有高度的个体差异性。大部分使用人手的生物特征识别系统是基于手掌掌纹或手的形状。识别系统利用的特征通常为突出的手掌线、线的端点、纹理、全局纹理能量或者这些特征的组合。

掌纹识别技术通常通过高分辨率的图像采集设备(如传感器、摄像机等)获取掌纹图像，然后利用图像处理和模式识别算法，对掌纹图像进行特征提取和匹配，以实现对个体身份的验证或识别。掌纹识别系统通常由掌纹图像采集、图像预处理、特征提取和匹配等主要模块组成。根据手掌是否接触设备，掌纹采集可以分为接触式和非接触式。

现阶段的掌纹识别技术，不仅是获取手掌纹理信息的技术，还常常与掌静脉识别技术相结合，通过近红外摄像头，获取手掌皮下的血管信息。因此，与指纹和人脸信息容易伪造、容易破解的缺点相比，掌纹信息更加丰富复杂，更难被不法分子利用，是当下大幅度提高技术安全性的方案之一。

1.2.3 静脉识别技术

近年来，人工智能、计算机视觉、大数据、云计算和芯片等技术的飞速进步，催生了静脉识别技术的运用，产业规模日渐壮大。静脉识别技术利用人体内部的静脉特征进行活体识别，具有极高的防伪性和难以篡改性，是一种备受关注的第二代生物特征识别技术，同时也具有高准确率、稳定性强、支持非接触采集和易于使用等优势。

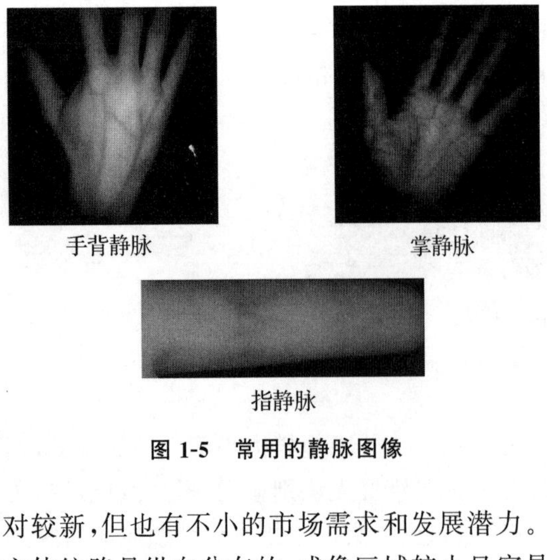

图 1-5　常用的静脉图像

近红外光线被静脉血液中的氧化血红素吸收，因此在近红外图像中，静脉呈现暗影。这些图像中的静脉网络呈现出独特的图案和纹理，形成个体的静脉特征。通过对这些特征进行提取和匹配，可以验证或识别个体的身份。在静脉识别技术的研究中，指静脉图像、掌静脉图像和手背静脉图像是最常用的，如图1-5所示，除此之外，面部静脉图像和手腕静脉图像也会被用到。

目前在常用的静脉识别技术中，指静脉识别是最为成熟和广泛应用的一种静脉识别技术。掌静脉识别和手背静脉识别则相对较新，但也有不小的市场需求和发展潜力。不同的静脉对象具有独特的成像特点，指静脉的主体纹路是纵向分布的，成像区域较小且容易受到光照不均的影响；手背静脉和掌静脉的成像区域大小相似，但手背静脉的纹路稀疏而粗壮，成像较为清晰；而掌静脉的纹路丰富而细小，容易受到手掌皮肤质地的影响，成像质量不如手背静脉清晰。与指静脉识别相比，掌静脉识别和手背静脉识别的面积更大，信息更丰富，但也有一些不足，如设备成本高、用户配合度低等。

1.2.4　人脸识别技术

人脸识别技术是一种基于人脸图像或视频的生物特征识别技术，通过对人脸的特征进行提取和分析，用于识别和验证一个人的身份。它基于人脸的唯一性和稳定性，利用计算机视觉和模式识别技术，对人脸进行检测、对齐、特征提取和匹配，从而实现自动识别和认证。人脸识别流程如图 1-6 所示。目前，人脸识别技术已广泛应用于安防、金融、民生和政务等众多需要进行身份识别的领域。人脸识别技术有着非接触式、便利性好、准确性和效率性都很高的优点，使它能被人们广泛地接受，应用到实际生活中来，但随着人脸识别越来越广泛的应用，其系统应用的安全性问题、活体检测(假体人脸呈现攻击)的缺点暴露了出来。此外，人脸识别还受到光照条件、遮盖物(如口罩、络腮胡须、墨镜)和年龄等诸多因素的影响，因此人脸识别的精度要低于指纹、静脉或虹膜等。

图 1-6　人脸识别流程

1.2.5　虹膜识别技术

虹膜是位于人眼表面黑色瞳孔和白色巩膜之间的圆环状薄膜，在红外光下呈现出丰富的视觉特征，如斑点、条纹、细丝、冠状和隐窝等。虹膜识别就是通过自动获取和比对虹膜图像来进行身份的识别。

虹膜识别技术有许多的优点：首先它具有唯一性，虹膜图像存在许多随机分布的细节特征，据推算世界上任何两个人拥有相同虹膜的概率是 5×10^{-13}，几乎可以说每个人的虹膜都是独一无二的。其次它具有稳定性，虹膜在人发育的第 8 个月后，其纹理结构已经成形，除非经历创伤或手术，此后几乎终生不会发生改变(Daugman，2009)。再次它具有非接触性，虹膜图像的采集过程不必紧贴采集装置就能获取，比接触式指纹、掌纹更加干净卫生。最后它的防伪性能好，虹膜的半径小，在可见光下难以看到纹理信息，如果需要采集清晰虹膜纹理的图像，则需要专门的装置和用户的配合才能采集成功，所以在一般情况下很难盗取他人的虹膜图像。虹膜识别流程主要包括虹膜图像获取 、图像预处理、特征抽取和特征比对匹配等 4 个环节(图 1-7)。与其他技术相比，虹膜识别技术有一个显著的优势，即误识率最低，并且很难受到外部干扰，因此被称为最精准、最难以伪造的生物特征识别技术之一。但它也有劣势，除认证操作不太方便之外，系统价格较高也是其难以被广泛使用的原因之一。

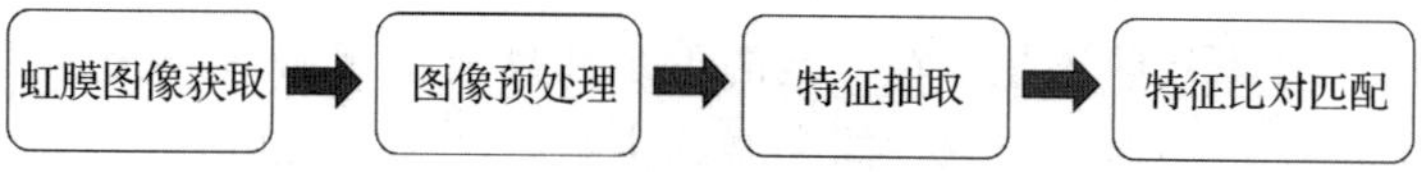

图 1-7　虹膜识别流程

1.2.6 步态识别技术

在计算机视觉和运动分析领域，人们的关注焦点主要集中在基于个体运动模式的自动人体识别上，使基于视觉的步态识别研究受到了广泛的关注。Johansson(1973)、Cutting 和 Kozlowski(1977)在人类的不同身体关节上使用了移动光显示器和反射器，并观察到步态模式是唯一的，并且可作为人类的生物特征用于识别。步态识别作为行为识别技术之一，在近几年受到了广泛的关注，其核心思想是通过分析一个人行走的方式和姿态来识别个人身份，具有非接触式、非侵犯性、易于感知、难以伪装等特点。因此，它可以用于不同的应用领域，如情感分析、体育科学、健康和用户识别等。步态识别的基本流程如图 1-8 所示。

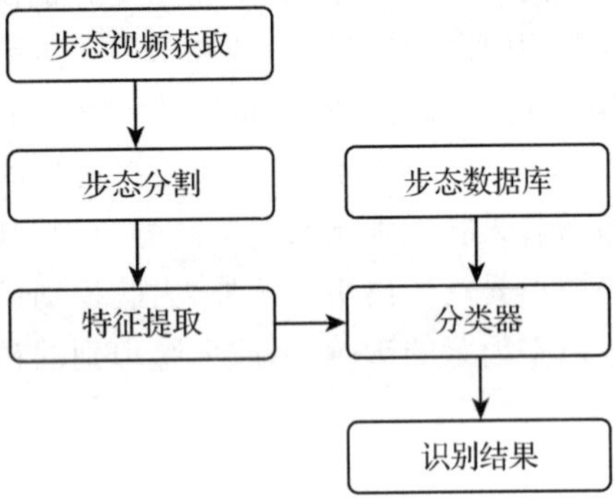

图 1-8 步态识别的基本流程

步态识别技术具有很多优点。首先，步态识别是一种非接触性的生物特征识别方法，可以在不需要接触传感器的情况下实现身份验证；其次，步态识别可以在较大的距离范围内进行，而且不需要被识别者进行配合识别的工作，具有较高的实用性和便利性；最后，步态识别技术对于一些特殊场景和环境下(如光照条件差、识别距离远)的身份验证具有一定的优势。步态识别技术可以应用于安全访问控制、行人识别、视频监控等领域。它为个体身份认证提供了一种可靠、高效和安全的解决方案。然而，步态识别技术也面临一些挑战，如对设备和技术的要求较高、复杂环境下的准确性等问题，还需要综合考虑和解决。

1.2.7 多模态生物识别

以上提到的许多常见的生物特征模态包括指纹、虹膜、人脸、掌纹、静脉、步态和语音等已经广泛或者开始应用于社会生产、生活的各个领域。虽然这些技术的发展有些已经相对成熟，但各种生物特征技术在普遍性、唯一性、永久性、可获取性、易用性和安全性等方面都各有优劣，没有一种生物模态可以满足所有的应用需求。例如，人脸识别容易受到光照变化和人脸伪造的干扰，指纹识别易受到手指磨损、出汗和复制的影响，虹膜识别则需要较高的成本和较严格的采集条件。而多模态生物识别同时使用多种生物特征，可以取长补短，扩展整个身份识别系统的应用场景，并提高其精度和可靠性。

与单一的生物识别技术相比，多模态生物识别技术更加复杂和多样化。它可以实现多种生物识别技术相结合，通过部署多模态生物识别系统，可以解决单模态生物识别系统中存在的一些限制。在单次的扫描中加入多种生物识别技术，可以缓解单模态系统的压力。同时，多模态生物识别方式的组合可以有效降低识别误差，更好地保障安全性。

多模态生物识别技术目前还是存在一定的不足和挑战。例如，多模态生物识别系统需要从不同的生物识别技术传感器中获取不同类型的生物特征数据，这可能会导致数据采集的成本和时间，以及数据存储和传输的开销大量增加。还有，攻击者可能会利用多模态数据之间的相关性或依赖性来进行攻击，或者利用多模态数据中包含的更多个人信息来进行身份盗窃或其他违法犯罪活动。因此，多模态生物识别技术需要采取有效的安全措施和隐私保护机制，以保护多模态数据和系统免受恶意攻击。

1.3　生物特征识别技术的主要评价指标

生物特征识别技术的评价指标是用来衡量生物特征识别系统的性能和可靠性的指标。在 ISO/IEC FDIS 19795-1:2021 标准中定义了一些常用的生物特征识别系统评价指标，主要包括以下 6 个方面。

1.3.1　注册性能

注册性能（enrolment performance）评估的是系统在初次录入用户生物特征时的表现。这一阶段至关重要，因为它决定了系统能否成功采集和存储用户的生物特征数据，并为后续的身份验证打下基础。注册性能的核心评估指标包括注册失败率（failure-to-enrol rate，FTER）和注册交易持续时间（enrolment transaction duration）。

（1）注册失败率（FTER）　注册失败率是指在指定的一组注册交易中，系统未能成功创建和存储生物特征模板的比例。常见的失败原因包括用户无法提供所需的生物特征（如因受伤无法录入指纹）、样本质量不高（如图像模糊导致无法识别），以及系统在验证时未能生成可靠的匹配结果。FTER 是评估系统在处理各种生物特征时适应性的关键指标。需要注意的是，严格的注册要求虽然可能会提高 FTER，但也能确保系统在后续的匹配过程中表现更好。例如，如果系统对指纹样本的质量要求很高，可能会有更多用户在注册时失败，但成功注册的用户在后续匹配中的准确性将会更高。

（2）注册交易持续时间　注册交易持续时间是指从用户开始采集生物特征数据到成功生成并存储参考数据所需的时间。对于大规模应用场景，如政府身份注册或企业员工管理，缩短这一时间可以大幅度提升工作效率并改善用户体验。然而，不同的技术在时间要求或样本质量上可能存在差异，因此，需要将这些参数作为受控因素，测量样本采集完成的速度，并通过绘制注册失败率与注册交易持续时间的关系图来比较不同技术的表现。

1.3.2　采集性能

在成功注册用户的生物特征后，系统接下来的关键任务是确保能够高效地捕获并处理这些数据，这正是采集性能（acquisition performance）评估的重点所在。采集性能评估的是系统在实际使用中成功捕获并处理用户生物特征数据的能力。它是生物特征识别过程中的第二个关键环节，其主要评估指标包括采集失败率（failure-to-acquire rate，FTAR）、采集过程持续时间（acquisition process duration），以及与采集过程相关的其他性能指标。

（1）采集失败率（FTAR）　采集失败率是指在一组指定的采集过程中，系统未能生成适合生物特征比较的特征数据的比例。采集失败的原因可能包括用户无法提供有效的生物特征（如因疾病无法录入指纹）、采集过程失败（如摄像头未能捕获到面部图像）、特征提取失败（如系统无法从图像中提取有效的指纹特征），以及样本质量未达标。FTAR 的高低不仅反映了系统的采集技术，还与系统设定的质量阈值和允许的采集时间或尝试次数有关。

（2）采集过程持续时间　采集过程持续时间是用于衡量完成生物特征数据采集所需的时

间。在实际应用中，采集过程持续时间不仅影响用户体验，还直接关系到系统的效率。在比较不同技术时，由于各技术在时间要求和样本质量上的差异，直接比较可能产生偏差。通过将这些参数视为受控因素，并测量样本采集的完成速度，可以公平地比较不同技术的采集性能。例如，可以绘制 FTAR 与采集过程持续时间的关系曲线，来直观地比较不同技术在不同时间段内的表现。

(3)采集性能的其他方面　在采集过程中，有时可以通过分析失败原因，将失败情况归因于特定的子过程。例如，系统可以区分采集过程中的失败（如设备未能捕获图像）和特征提取过程中的失败（如未能提取有效特征），可以分别计算和报告采集失败率（failure-to-capture rate，FTCR）和特征提取失败率（failure-to-extract rate，FTXR），并与总体 FTAR 一起报告。这些细化的指标有助于开发者更精确地识别和优化系统的弱点。此外，对于特定的生物特征模态（如指纹或面部识别），系统的分割精度（segmentation accuracy）也是一个重要的性能指标。分割精度的度量因生物特征模态的不同而异，能够提供系统在处理和分割生物特征数据时的性能分析。

1.3.3　一对一比较性能

在确保采集到的生物特征数据的质量后，系统需要将这些数据与已存储的参考数据进行比较和验证，这一过程就是一对一比较性能（one-to-one comparison performance）的评估内容。一对一比较性能是系统在验证用户身份时的核心性能评估指标。这一环节的主要评估标准包括错误不匹配率（false non-match rate，FNMR）和错误匹配率（false match rate，FMR），它们分别反映了系统在拒绝合法用户和错误接受未授权用户时的表现。

(1)错误不匹配率(FNMR)　错误不匹配率是指在完成的配对比较测试中，系统错误地将真实的匹配对象判定为“不匹配”的比例。这意味着系统在验证过程中错误地拒绝了合法用户的访问请求，可能导致用户体验下降和不必要的麻烦。FNMR 的计算取决于系统设定的比较分数阈值（即系统判断“匹配”或“不匹配”的标准）。阈值设定越严格，FNMR 可能越低，但同时也可能增加错误匹配率（FMR）。因此，在评估系统性能时，通常需要同时引用相同阈值下的 FMR，或者通过绘制检测错误权衡（detection error trade-off，DET）曲线，将 FNMR 与 FMR 一起展示，以便更直观地理解系统在不同阈值下的表现。

(2)错误匹配率(FMR)　FMR 是指在指定的一组非配对比较测试中，系统错误地将两个不同的生物特征判定为“匹配”的比例。这通常反映了系统在安全性方面的弱点，因为错误匹配可能导致未授权用户被错误地识别为合法用户，从而获得不应有的访问权限。FMR 的计算同样依赖于系统设定的比较分数阈值，因此在报告 FMR 时，通常需要同时引用相同阈值下的 FNMR，或者通过 DET 曲线展示 FMR 与 FNMR 的关系。

在实际应用中，如果系统需要调整算法或使用其他参考数据，那么这些比较测试可能会受到偏差的影响。在这种情况下，应谨慎处理这些数据以避免误导。此外，比较基因相同的生物特征（如同卵双胞胎或同一人的不同手指）通常会得到不同的分数分布，这可能影响 FMR 的计算。系统测试计划应明确是否将这些特殊情况纳入 FMR 的计算中。

1.3.4　验证系统性能

在实际应用中，系统不仅要准确地进行单次比较，还需要处理多次尝试和不同场景下的身份验证，这就需要对验证系统性能（verification system performance）进行全面评估。验证系统性能评估的是系统在实际操作中进行身份验证的能力。验证系统通常用于如门禁、设备解锁等场景中，其核心评估指标包括错误拒绝率（false reject rate，FRR）、错误接受率（false accept rate，FAR）、验证交易持续时间（verification transaction duration），以及广义错误拒绝率（generalized false reject rate，GFRR）和广义错误接受率（generalized false accept rate，GFAR）。

（1）错误拒绝率（FRR）　错误拒绝率是指系统错误地拒绝了真实用户的比例。在验证过程中，系统可能因为采集失败或匹配错误而未能正确识别合法用户，导致FRR上升。FRR的计算受系统设定的决策策略、比较分数阈值和样本质量要求等多种因素的影响。FRR的计算公式为：

$$\mathrm{FRR}=\mathrm{FTAR}+\mathrm{FNMR}\times(1-\mathrm{FTAR}) \tag{1-1}$$

FRR不仅反映了系统在采集和匹配过程中出现的错误，还与这些错误之间的相互作用有关。因此，FRR在系统的可靠性评估中具有重要意义。

（2）错误接受率（FAR）　错误接受率是衡量系统安全性的重要指标，它表示系统错误地接受了未经授权用户的比例。FAR的计算公式为：

$$\mathrm{FAR}=\mathrm{FMR}\times(1-\mathrm{FTAR}) \tag{1-2}$$

在验证过程中，如果系统成功采集了用户的生物特征数据，但随后错误地进行了匹配，这将导致用户被错误接受。FAR与系统的比较分数阈值、决策策略和样本质量要求密切相关。在评估系统性能时，一般会将FAR与FRR一起分析，以全面了解系统的安全性和可靠性。

（3）验证交易持续时间　验证交易持续时间是指完成一次验证所需的时间。它直接影响系统的响应速度和用户的整体体验。在不同技术之间进行比较时，由于每种技术的采集时间和样本质量要求可能不同，所以需要通过控制这些参数来确保比较的公平性。通过计算验证交易的中位持续时间并取平均值，可以更准确地评估系统在实际使用中的表现。

（4）广义错误拒绝率（GFRR）和广义错误接受率（GFAR）　广义错误拒绝率和广义错误接受率结合了注册、采集和比较过程中的各类失败率和错误率，提供了一个更加全面的系统性能评估框架。GFRR和GFAR不仅考虑了系统在验证阶段的表现，还包括了前期注册和采集过程中可能发生的失败。因此，这些指标提供了一个更全面和深入的系统性能评估方法，特别适用于比较不同系统或技术的整体表现。GFRR和GFAR的计算公式为：

$$\mathrm{GFRR}=\mathrm{FTER}+(1-\mathrm{FTER})\times\mathrm{FTAR}+(1-\mathrm{FTER})\times(1-\mathrm{FTAR})\times\mathrm{FNMR} \tag{1-3}$$

$$\mathrm{GFAR}=\mathrm{FMR}\times(1-\mathrm{FTAR})\times(1-\mathrm{FTER})^2 \tag{1-4}$$

通过这些广义指标，系统开发者可以全面评估系统在整个操作流程中的表现，确保其在复杂的应用场景中依然能够提供可靠的安全和验证服务。

1.3.5　识别系统性能

除了验证用户身份外，识别系统还需要处理大量的参考数据，以识别出用户的身份，因此，识别系统性能（identification system performance）的评估是生物特征识别的重要环节。识别系统性能评估的是生物特征识别系统在识别过程中，通过比较用户的生物特征数据与系统中已注册的所有参考数据来确认用户身份的能力。识别系统性能的评估指标包括错误未识别率

(false-negative identification rate，FNIR)、错误识别率(false-positive identification rate，FPIR)、广义错误未识别率(generalized false-negative identification rate，GFNIR)、广义错误识别率(generalized false-positive identification rate，GFPIR)、选择性(selectivity)以及闭集测试性能(closed-set test performance)。

识别系统性能指标中定义了 3 个关键参数，它们在识别系统的性能评估中起着重要作用。首先是参考数量 N(number of reference)，指的是登记数据库中存储的生物特征参考数据的总数量。N 表示系统需要比较的参考数据集的规模。随着 N 的增加，系统的计算复杂度和识别难度通常也会增加。然后是排名索引 R(rank index)，表示系统在返回的候选列表中，只考虑排名在 1～R 的候选者作为潜在的识别对象。R 值通常受限于一个特定的值 L，L 是识别系统返回的候选列表的长度。如果 R 等于 N，那么所有超过阈值 T 的候选者都会被考虑为潜在的识别对象。最后是比较分数阈值 T(comparison score threshold)，用于确定候选者是否足够相似以被视为潜在的匹配对象。只有当候选者的相似度分数超过阈值 T 时，才会被认为是匹配的。在实际应用中，调整 T 可以改变系统的错误匹配率(FMR)和错误未识别率(FNIR)，从而达到不同的识别精度和平衡。

(1)错误未识别率(FNIR)　错误未识别率是指在一组指定的识别交易中，系统未能将真实的匹配对象包含在返回的候选列表中的比例。换句话说，系统未能正确识别出已注册的用户，导致识别失败。FNIR 受多个参数影响，其中包括了注册数据库中的参考数量 N、候选排名索引 R(通常是 1～R)以及比较分数阈值 T。FNIR 越低，表示系统识别准确性越高。FNIR 的计算公式为：

$$\mathrm{FNIR}(N,R,T)=\frac{|\{i\in M_R\,|\,(\mathrm{rank}_i(m_i)>R)\mathrm{or}(\mathrm{score}_i(m_i)<T)\}|}{|M_R|} \tag{1-5}$$

式中，M_R 为与参考数据库 R 匹配的识别交易集，m_i 为交易 i 的配对引用，rank_i 表示身份交易 i 中引用的候选等级，score_i 表示身份交易 i 中引用的候选分数。

(2)错误识别率(FPIR)　错误识别率是指在一组指定的非配对识别交易中，系统错误地返回了一个参考标识符的比例。FPIR 衡量了系统将未注册用户误认为已注册用户的风险，是评估系统安全性的重要指标。与 FNIR 类似，FPIR 的计算也依赖于参数 N 和 T。FPIR 越低，系统的安全性越高。FPIR 的计算公式为：

$$\mathrm{FPIR}(N,T)=\frac{|\{i\in U_R\,|\,\mathrm{score}_i(t_i)>T\}|}{|U_R|} \tag{1-6}$$

式中，U_R 为参考数据库 R 的非配对身份交易集，是标识交易 i 中排名最高的引用标识符，score_i 表示标识交易 i 中某个引用的候选分数。

(3)广义错误未识别率(GFNIR)和广义错误识别率(GFPIR)　广义错误未识别率和广义错误识别率结合了注册、采集和识别过程中的各类失败率和错误率，提供了一个更加全面的系统性能评估框架。这些指标考虑了系统在整个操作流程中的表现，尤其是在复杂场景中使用时，能够更加准确地评估系统的整体性能。

(4)选择性　选择性是指在识别过程中，系统返回的候选列表中相似度超过阈值 T 的候选者数量的平均值。选择性反映了系统在识别过程中倾向于返回多少可能的匹配者。通常情况下，较低的阈值会导致较高的选择性，而随着阈值的提高，选择性逐渐下降。选择性对于评估系统在不同条件下的识别效率具有重要意义，选择性的计算公式为：

$$\mathrm{SEL}(N, R, T) = \frac{1}{|U|} \sum_{i \in U} |C_i(R, T)| \tag{1-7}$$

式中，U 为进行非配对身份交易的集合，$C_i(R, T)$ 为进行身份交易的候选名单，候选排名不大于 R，候选得分大于 T。

(5)闭集测试性能　闭集测试性能通过生成累积匹配特性(cumulative match characteristic, CMC)曲线来展示系统的识别能力。CMC 曲线描绘了真实的匹配对象在返回的前 R 个候选列表中出现的概率。该曲线的斜率和位置可以反映系统在不同排名条件下的识别准确性。如果标准的 CMC 曲线无法充分展示识别率范围，实验者可以使用对数坐标来绘制 FNIR 与排名 R 之间的关系，从而获得更详细的性能评估。

1.3.6　其他评估指标与概念

除了核心的性能指标外，生物特征识别系统的综合性能评估还包括多个其他重要因素。影响的因素主要有以下 6 种，这些因素不仅影响系统在特定条件下的表现，还决定了系统在长时间使用、不同实验条件下的稳定性和可靠性。

(1)稳定性与纵向分析(stability and longitudinal analysis)　稳定性(或称“持久性”)指的是生物特征在长期使用过程中是否会因老化等不可逆转的变化而影响识别准确性。通过对随时间变化的比较分数进行纵向分析，可以评估生物特征的稳定性。使用混合效应回归模型(mixed effects regression model)可以处理受试者之间的差异、不规则采样以及个体特异性影响，从而更准确地反映系统的长期性能。

(2)配对分析(pairwise analysis)　在某些情况下，受试者可能使用不同的设备或在不同的实验条件下进行测试。配对分析允许比较这些不同条件下的性能差异，如分析不同设备间的分数分布差异或交易持续时间的变化。这种分析方法有助于理解不同条件下系统的表现，为优化系统提供依据。

(3)检测错误权衡(DET)　检测错误权衡曲线展示了系统在不同决策阈值下错误匹配率(FMR)与错误不匹配率(FNMR)之间的关系。通过对配对和非配对比较分数的排序，DET 曲线能够直观地显示出系统在不同相似度分数下的错误率。DET 曲线不仅可以用于展示 FMR 和 FNMR 之间的关系，还可以用于展示错误接受率(FAR)和错误拒绝率(FRR)之间的关系。系统在多次尝试的交易中可能需要生成新的交易分数，这时可以使用 DET 曲线来展示识别错误率之间的关系。

(4)交易持续时间(transaction duration)　交易持续时间是指完成一次生物特征识别交易所需的时间。交易持续时间不仅影响系统的响应速度，还影响用户的整体体验。对于验证系统，交易持续时间通常由用户与系统交互的速度决定，而对于识别系统，交易持续时间还可能受到计算处理时间的影响。为了准确评估系统的吞吐量(即每单位时间内可以处理的受试者数量)，需要定义并测量用户与系统的交互时间。此外，还应考虑用户在生物特征结果生成后的行动(如通过门禁系统或离开检测站)对系统吞吐量的影响。

(5)计算工作量(computational workload)　计算工作量是指生物特征识别系统在处理过程中所需的计算资源。随着系统的扩展(如增加更多的注册参考)，计算工作量可能显著增加，从而影响系统的吞吐量或准确性。计算工作量的度量包括交易时间、内存使用量、中央处理器(CPU)利用率、网络和磁盘活动等。对于大型识别数据库或基于视频片段生成生物特征探针的应用,计算工作量尤其重要。在对比不同生物特征算法或系统时,需要考虑硬件性能差异对计算工作量的影响,并建议使用相同的硬件和配置来进行对比。

(6)性能估计的不确定性(uncertainty of estimates) 性能估计的不确定性是指由系统误差(如测试程序中的偏差)和随机误差(如受试者之间的自然差异)所导致的结果不确定性。虽然随机误差可以通过增加测试规模来减少,但系统误差往往难以完全量化,因此在性能评估中应估计这种不确定性。为了确保结果的可靠性,建议在不同环境条件下重复部分性能试验,检查测量的错误率是否对小的环境变化敏感。

1.4 生物特征识别技术的研究与应用现状

如今,大到高铁和机场的进站、医院的看病检查,小到智能手机的解锁和支付,各种大大小小的生物特征识别系统已经遍布在我们的生活中,人脸、指纹等生物特征逐渐成为人们进入新时代万物互联世界的数字身份证。

中国的生物特征识别市场,从全球来看占比较低,但是中国作为全球经济发展迅速的国家之一,未来生物特征识别市场规模将会保持快速增长。尚普咨询集团公开数据显示,2022 年,全球生物识别系统的支出较 2021 年的 286 亿美元增长了 18.5%,达到了 339 亿美元。其中,中国的生物特征识别技术行业市场规模也增长到了 400 亿元。2022 年,中国生物特征识别技术行业的市场规模中政府部门占比为 31.5%,金融领域占比为 28.4%,电信领域占比为 12.3%。从技术的角度来看,指纹识别在总体中占据了最大的市场份额,高达 56.0%。其次是人脸识别,占据了 21.1%的市场份额,而虹膜识别占据了 8.2%的市场份额,手掌识别占比为 5.8%,声纹识别占比为 4.9%。到 2026 年,人脸识别技术的市场份额将超过指纹识别,成为占比最高的技术,预计将达到 38.5%。指纹识别技术的市场份额预计将降至 35.6%,而虹膜识别技术的市场份额预计将增至 10.3%,掌纹与掌静脉及声纹识别的比例也将有所增加(尚普咨询集团,2023)。

1.4.1 指纹识别技术现状

指纹识别技术经历了从早期的人工比对到现在采用计算机技术实现自动指纹识别的发展,这使得指纹比对更加准确,识别效率得到了极大提高。指纹识别是众多生物特征识别技术中比较成熟的一种识别方式。

在 2018 年智能手机应用市场爆发之前,指纹识别主要应用于考勤、门禁、锁具等市场,如图 1-9(a)所示为指纹认证机,图 1-9(b)所示为指纹考勤机,图 1-9(c)所示为指纹识别门锁。指纹识别传感器技术经历了几代演进,目前市场上主流的指纹识别技术有 3 种,分别是电容式、光学式和超声波式。产业链主要分为芯片设计、制造、封装、模组制造等环节以及整机厂商。手机上的指纹认证目前主要分为两种:一种是手机屏下指纹认证,如图 1-10(a)所示;另一种是手机侧面电容指纹认证,如图 1-10(b)所示。在我国,屏下指纹手机也越来越受到厂家和用户的青睐。

目前,指纹芯片厂商众多,国内主要有汇顶科技、迈瑞微、费恩格尔、神盾、义隆、敦泰、茂丞

(a)指纹认证机　　(b)指纹考勤机　　(c)指纹识别门锁

图 1-9　指纹识别产品

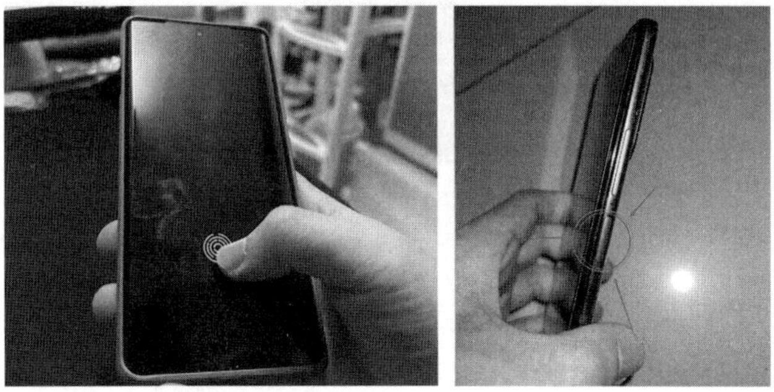

(a)手机屏下指纹认证　　(b)手机侧面电容指纹认证

图 1-10　手机指纹认证

等，而国外的指纹识别厂商主要包括 AuthenTec、Fingerprint Cards、Synaptics 等。

指纹识别技术目前还存在着一定的局限性，如手指沾上水、油污或手指受到损伤时无法准确识别，而且指纹相对其他生物识别技术来说容易被伪造。由于指纹采集方式及背景库规模等方面的差异，不同领域的指纹识别系统存在着不同的技术瓶颈。例如，在犯罪嫌疑人识别应用中，提高低质量指纹的识别率一直是核心问题，而在移动支付中，活体检测的需求更为突出。

1.4.2　人脸识别技术现状

随着人脸识别技术的成熟，人们对其认知不断加深。计算机和光学成像等相关技术的高速发展，使得人脸识别在各个领域的应用不断扩展，人脸识别行业市场规模持续增长，尤其是近几年为人脸识别应用深化提供了良好的条件。全球人脸识别市场规模在近几年随着技术的发展有显著增长，预计到 2025 年将达到 109 亿美元（Adjabi 等，2020）。主要推动市场增长的因素包括对安全和监控系统的需求增加，以及人脸识别算法、人工智能和机器学习技术的进步。这意味着人脸识别技术将在未来几年中继续得到广泛应用。人脸识别技术应用最多的场景是安防监控，占比达到 35%，主要用于公共安全、交通运输（如机场、火车站等）、零售等领域的实时监控和威胁检测。其次是金融服务行业，占比约 20%，用于身份验证、防欺诈和客户身份识别。然后分别是零售与电商占 15%，医疗占 10%，出行占 10%，最后 10%为其他。

随着国内政策环境的改善和应用市场的繁荣，人脸识别领域相关专利的申请量也在迅速增长，已经超过了美国和日本。目前，中国已成为人脸识别领域专利申请数量最多的国家。同时，国务院发布的《中华人民共和国国民经济和社会发展第十四个五年规划纲要（建议稿）》和

《新一代人工智能发展规划》文件均明确指出，要加快培育新一代信息技术并推动产业融合。越来越多的人脸识别企业正在涌现，并逐渐商业化。在我国，人脸识别企业主要包括北京旷视科技有限公司和北京市商汤科技开发有限公司等专注于人脸识别技术研发的创新型公司，以及传统的安防企业和上市公司，如杭州海康威视数字技术股份有限公司、浙江大华股份有限公司、四川川大智胜系统集成有限公司和珠海欧比特宇航科技股份有限公司等，代表性的人脸识别产品和应用分别如图 1-11(a)和图 1-11(b)所示。此外，腾讯、阿里巴巴、百度也通过投资或建立自己的研发团队，进一步涉足人脸识别领域。

(a)人脸识别机　　(b)人像对比机

图 1-11　人脸识别产品

（引自 https://www.megvii.com）

人脸识别技术容易受到光照、遮挡及图像质量等问题的影响，导致整体的识别准确率不太高。同时与其他生物识别技术相比而言，人脸识别技术的抗攻击能力相对较弱，容易受到各种假体、图片等攻击。

1.4.3　虹膜识别技术现状

随着科技的不断发展，常常在科幻电影中出现的虹膜识别技术，实际上虹膜识别技术已经逐渐走进我们的生活，如虹膜识别考勤机、虹膜识别的手机、手持式虹膜识别设备等。虹膜识别考勤机和识别认证如图 1-12 所示。虹膜识别具有不需要物理接触、防伪性高、稳定性强等优点，对于中国这样一个人口超级大国而言，研究虹膜识别算法在市场需求、经济收益和安全防范方面具有重大的意义。

虹膜识别产业链包括传感器、红外发光二极管(LED)、镜头、红外摄像头模组等产品。国

(a)虹膜识别考勤机　　(b)虹膜识别认证

图 1-12　虹膜识别产品

（引自 https://www.irisid.com）

外的虹膜识别技术企业主要有 Iridian、IrisID、IriTech、EyeLocl 等，这些企业在虹膜识别算法、传感器、产品和应用方面都有各自的优势和特色，服务于不同的行业和领域。国内的虹膜识别技术企业主要有北京中科虹霸有限公司、北京眼神科技有限公司、上海聚虹光电科技有限公司等，这些企业在虹膜识别算法方面都有自主知识产权，同时也涉及虹膜传感器、虹膜应用软件、虹膜识别核心处理器、虹膜产品和虹膜应用方案等环节。

虹膜识别技术目前仍存在一定的不足。首先，与人脸识别等其他识别系统相比，虹膜识别技术有更高的识别性能，因此采用的软硬件能力水平也更强，从而导致产品整体成本略高。其次，虹膜采集需要用户高度配合，用户体验并不十分友好。

1.4.4　掌纹识别技术现状

掌纹识别是一种相对较新的生物特征识别技术，与人脸和指纹等常见的生物特征相比，掌纹有着面积大、纹理信息丰富、采集容易、设备要求低、安全性较高等优点，在生物特征识别领域也引起了较多的关注和研究。例如，2023 年 5 月，微信刷掌（掌纹＋掌静脉识别）支付正式推出，消息一出就引起市场广泛关注。用户只需在设备上绑定个人微信账号，录入手掌纹样，消费时，只需将手掌对准支付设备的扫描区，确认后就可以完成支付，操作非常便利，如图 1-13 所示。

图 1-13　微信刷掌机

掌纹识别的一个主要应用是在刑侦领域，使用的特征主要是掌纹的细节特征点，因此这个领域的掌纹识别方法和指纹识别方法类似。此外，掌纹中的主线等特征也可以和细节特征点结合起来进行掌纹识别。掌纹中有很多皱褶，而且掌纹图像面积大，导致当前掌纹特征提取难、算法计算复杂度高。因此，刑侦领域的自动掌纹识别还处于研究阶段，国内的清华大学和国外的美国密西根州立大学是这个领域的领导者。与刑侦领域不同，民用领域的掌纹识别主要使用低分辨率掌纹图像，提取的特征主要为掌纹的显著特征，包括线特征和方向特征等。当前已有基于掌纹的考勤系统和打卡系统投入使用。

1.4.5　静脉识别技术现状

日本从 1992 年开始进行静脉识别相关研究，如今技术已比较成熟，在当前是静脉识别技术的领先国家，拥有较多的专利和经验。其企业富士通株式会社以掌静脉识别技术为主，而日立公司以指静脉识别技术为主。除了日本以外，韩国等亚洲国家和一些欧美国家也有很多静脉识别的研究成果，韩国的 Techsphere 公司在市场上也有较高的占有率，以手背静脉识别技术为主。

中国在指静脉识别领域的研究相对较晚，但经过 10 多年的努力，如今我国已成为指静脉识别领域较为领先的国家之一。目前，国内比较知名的静脉识别技术企业有杭州海康威视数字技术股份有限公司、圣点世纪科技股份有限公司、深圳脉迪科技有限公司、广州微盾科技股份有限公司、深圳鑫保泰技术有限公司、燕南国创科技（北京）有限公司等，这些企业从事指静脉识别技术的研发和应用，产品包括指静脉锁、指静脉门禁、指静脉考勤机（图 1-14）、掌静脉锁（图 1-15）等。静脉识别的应用场景也不断扩展。例如，格力推出了指静脉智能锁，可以通过指静脉识别来开锁，防止钥匙丢失或被复制；小米有品上架了多亲指静脉识别私密箱，可以通过指静脉识别来保护私人物品；工商银行的“静脉密码”已经在 ATM 机、柜台业务、网银等多个场景中广泛使用，提高了金融交易的安全性和验证的效率；广州地铁推出了指静脉识别过闸机，乘客可以通过绑定指静脉信息和微信支付账号，实现刷手指进出站。

图 1-14　静脉识别考勤机

图 1-15　掌静脉识别门锁

尽管静脉识别技术取得了长足的发展，但其在抗假图攻击、保护用户隐私、降低成本和研发专用的静脉识别人工智能芯片等方面仍然有待进一步的发掘与创新。

1.4.6　步态识别技术现状

目前，国外的步态识别技术研究机构主要有日本大阪大学、英国南安普顿大学等，国内的主要研究机构有中国科学院自动化研究所、北京理工大学、北京邮电大学、哈尔滨工业大学、南京理工大学等。其中，中国科学院自动化研究所是国内最早开展步态识别技术研究的机构之一，拥有多个步态识别相关的实验室和团队，如模式识别国家重点实验室、模式识别实验室（前身为智能感知与计算研究中心）等。国内知名的企业有银河水滴科技（江苏）有限公司、成都睿沿科技有限公司、广州足步医疗科技有限公司、湖南桅灯智能科技有限公司等。银河水滴科技（江苏）有限公司发布的步态检索智能一体机“水滴神鉴”，就是一种集算法、软件和硬件为一体的便携式安防专用设备。步态识别产品如图 1-16 所示。

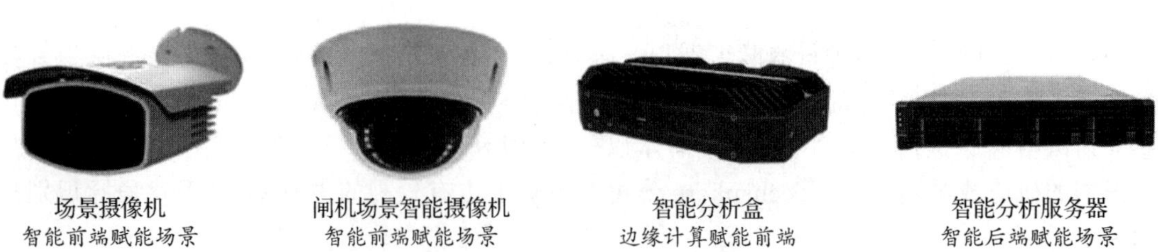

图 1-16　步态识别产品

当前，步态识别技术还面临着一些挑战和问题，例如，如何处理不同视角、不同环境、不同行走条件等因素对步态识别的影响，如何提高步态识别的准确性和鲁棒性，如何保护用户的隐私和安全等。为了解决这些问题，需要更多的创新和研究，以及更多的公开数据集和评估标准。

1.5　生物特征识别的应用发展趋势

从原理上来讲，无论哪一种生物特征识别技术，都有优势与不足，融合多种模态能够增加数据丰富性和互补性，从而提高准确率；从技术的实现上来讲，目前已有的算法和系统，任一种生物特征识别，并不能做到完美的100%提取和保留所有的特征信息，从原理可行到技术实现通常会出现特征信息的损失，从而造成达不到完美的100%的正确识别；从应用上来讲，在实际识别应用中，应用环境的复杂性可能会导致某一种生物特征识别技术准确率下降甚至失效，这时就需要依赖其他生物特征识别技术进行识别，以提高整体的准确性。因此，要提高生物特征识别的准确率和安全性，进行多模态融合是有效途径和发展趋势。

随着生物特征识别技术的推广和应用，越来越多的人开始担忧自己的生物特征信息会被泄露或者盗用，隐私保护和安全性的问题越来越引起大家的重视。因此，探索生物特征信息的安全存储、安全传输，设计安全的生物特征模板保护方案，防止生物特征信息或模板被攻击或者篡改，也是生物特征技术发展的方向之一。

当然，随着人工智能的发展，生物特征识别技术也会越来越智能化。例如，未来的生物特征识别系统，不仅能够根据程序设定的条件提取特征，还能够基于具体的应用场景，自动学习和自适应地调整策略，提高识别的准确率和效率。在软硬件进一步发展的基础上，设计并研制专用的生物特征识别芯片，在降低系统复杂度的同时，降低系统成本。

本章小结

本章讲解了生物特征识别技术的发展历史，现阶段生物特征识别技术的主要类型、发展现状和主要评价指标，介绍了市面上主要的厂家、产品和应用领域，展望生物特征识别技术的发展趋势。

思考题

1. 请列举并比较现阶段主要的生物特征识别技术(如指纹识别、虹膜识别、面部识别等)，分析它们各自的优缺点及适用场景。

2. 不同的应用领域(如安防、金融、移动设备等)对生物识别技术有哪些特殊需求？

3. 生物特征识别技术在隐私保护和伦理方面面临哪些挑战？

第 2 章　人工智能和图像处理算法理论基础

2.1　人工智能基础理论

人工智能(artificial intelligence,AI)是一门研究如何让计算机模拟、延伸和扩展人类智能的科学和工程,目标是使计算机能够执行一些通常需要人类智能才能完成的复杂任务。人工智能技术致力于开发能够感知、理解、学习、推理、决策和与人类进行交互的智能系统。

近年来,我们经常能够在各大网络平台、自媒体、论文或者小说中看到人工智能、神经网络、机器学习和深度学习等热门词汇,我们需要先了解一下它们之间的关系。人工智能、神经网络、机器学习和深度学习之间的关系如图 2-1 所示。

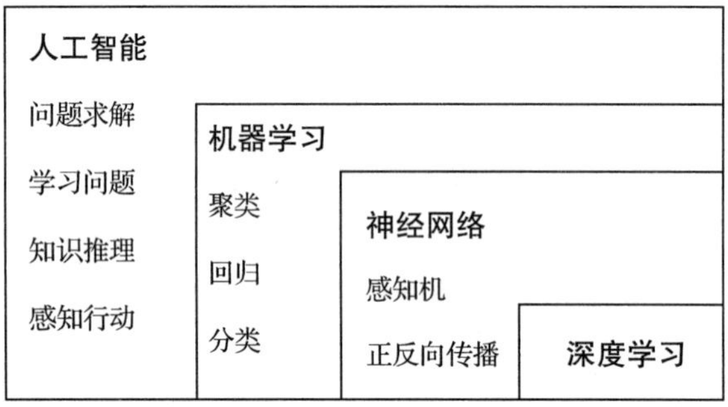

图 2-1　人工智能、神经网络、机器学习和深度学习之间的关系

由图 2-1 可知,人工智能是其中最大的范畴。它的背景可以追溯到 20 世纪 50 年代,当时科学家们开始探索如何让机器模拟人类的智能行为。最初的人工智能研究集中在基于规则的推理和专家系统的开发上。然而,由于计算机处理能力的限制及缺乏足够的数据和算法,人工智能的发展缓慢。随着计算机技术和算法的进步,尤其是机器学习和深度学习的兴起,人工智能开始迎来爆发式的发展。

人工智能的知识表示和推理方法在于研究如何用计算机语言和数据结构来表示和存储人工智能系统所需的知识,以及如何用推理规则和策略来利用知识进行推断和决策。常见的知识表示和推理方法有状态空间法、问题归约法、谓词逻辑法、语义网络法等。

(1)状态空间法　状态空间法把问题的所有可能状态和状态之间的转换用图形的方式表示出来,然后用搜索算法从初始状态到目标状态寻找一条路径,作为问题的解决方案。这种方法适用于问题的状态和操作比较清晰的情况,但是可能会遇到状态空间过大的问题。

要完成某个问题的状态描述，必须确定 3 件事：一是该状态描述的方式，特别是初始状态描述；二是操作符集合及其对状态描述的作用；三是目标状态描述的特性。

一个比较典型的使用状态空间法的问题是最短旅行路径规划，如图 2-2 所示。要求规划一个最短的旅行路程，旅程从城市 A 开始，访问其他城市不多于一次，并返回 A。选择一个状态表示，表示出所求得的状态空间的节点及弧线，标出适当的代价，并指明图中从起始节点到目标节点的最佳路径。

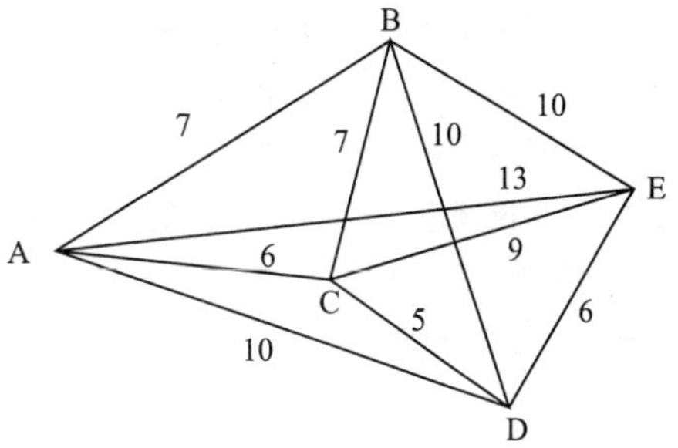

图 2-2　最短路径问题

这种问题的解决通常是将所有的路径和代价计算出来，然后比较得出代价最小的路径，从而得到最佳路径。

(2)问题归约法　问题归约法把一个复杂的问题分解成若干个子问题，然后递归地求解子问题，直到达到一些简单的本原问题，再把子问题的解合并成原问题的解。这种方法可以有效地减少搜索空间，如四色问题、数独问题、八皇后问题等。但是，这种方法需要设计合适的问题分解和合并规则。

(3)谓词逻辑法　谓词逻辑法用一阶谓词逻辑的语言和符号来表示问题的知识和事实，然后用逻辑推理的规则和方法来进行推导和证明，得到新的知识和结论。这种方法可以表示比较复杂的问题，如数学定理证明、自然语言理解、专家系统等。但是，这种方法需要考虑逻辑一致性和完备性的问题。

(4)语义网络法　语义网络法用节点和弧线来表示问题的概念和关系，形成一个网络结构，然后用匹配和推理的过程来访问和修改网络中的信息，得到新的语义网络。语义网络法可以表示多元关系，扩展性较好，如知识图谱、语义网、本体等。但是，这种方法需要定义清楚节点和弧线的含义和类型。

一个人工智能系统通常需要获取大量的数据作为输入，这些数据可以来自传感器、数据库或者互联网等。获取到的数据需要经过预处理、清洗和整理，以便进行后续的分析和应用，一个人工智能系统数据获取与处理流程如图 2-3 所示。

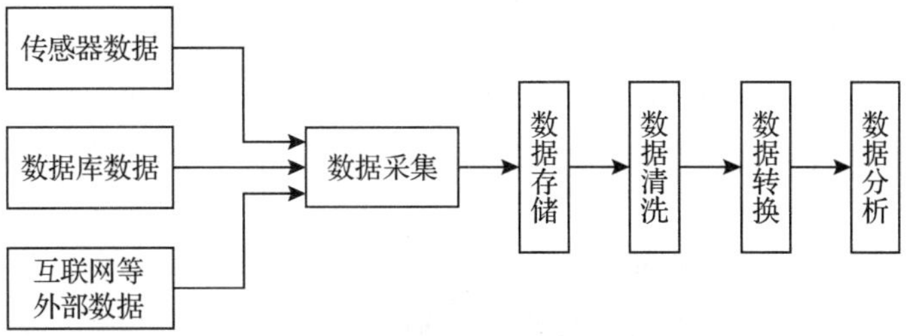

图 2-3　人工智能系统数据获取与处理流程

(1)数据采集　在人工智能系统中，数据是构建模型和进行分析的基础，正确获取和有效处理数据对于实现智能决策和推断至关重要。数据的采集和获取主要途径有如下 3 种。

①传感器数据：人工智能系统可以从各种传感器中获取数据，如图像传感器、声音传感器、

运动传感器等。这些传感器收集现实世界中的信息,并将其转换为计算机可读的数据格式。

②数据库:人工智能系统可以从结构化的数据库中获取数据,这些数据已经组织成表格或关系形式,方便查询和使用。

③互联网和外部数据源:通过网络爬虫和应用程序接口(application program interface, API)等技术,人工智能系统可以从互联网和其他外部数据源中获取数据,如社交媒体数据、新闻文章、气象数据等。

(2)数据存储　将采集到的数据按照一定的格式和结构存储在合适的存储介质和平台上,如使用文件、数据库、云存储等方式存储数据。数据存储的目的是保证数据的安全性、完整性、可访问性和可扩展性,以便后续的数据处理和分析。

(3)数据清洗　对存储的数据进行检查、修正、删除、合并等操作,以消除数据中的错误、重复、缺失、不一致等问题,提高数据的质量和可信度。数据清洗的目的是让数据更加准确、完整、一致和有效,以避免数据的噪声和偏差对人工智能系统的性能和结果造成负面影响。

(4)数据转换　对清洗后的数据进行变换、规范化、编码、离散化、降维等操作,以改变数据的形式、类型、维度和分布,使数据更加适合人工智能系统的输入和输出。数据转换的目的是让数据更加简洁、标准、有意义和有区分度,以提高人工智能系统的效率和准确度。

(5)数据分析　对转换后的数据进行统计、聚类、分类、回归、关联、可视化等操作,以发现数据中的规律、模式、趋势和异常,提取数据的特征和信息。数据分析的目的是让数据更加清晰、深刻、有价值和有洞察力,以支持人工智能系统的决策和预测。

(6)数据挖掘　对分析后的数据进行进一步的探索、验证、优化和应用,以挖掘数据中隐含的、未知的、有用的知识,构建数据的模型和算法。数据挖掘的目的是让数据更加创新、智能、有影响和有价值,以实现人工智能系统的目标和功能。

(7)数据管理　对于大规模的数据集,人工智能系统需要进行数据管理,包括索引、查询优化和数据备份等操作,以提高数据的检索效率和可靠性。

人工智能包括机器学习、符号逻辑、计算机视觉等不同的分支。机器学习使计算机能够通过数据学习和改进性能,而深度学习则基于神经网络模型实现了更高级别的模式识别和抽象能力。这些技术的发展推动了人工智能在各个领域的广泛应用,如自然语言处理、计算机视觉、语音识别等。

2.1.1　机器学习

机器学习(machine learning)是人工智能的核心技术之一。它通过构建数学模型和算法,使用算法解析数据,让计算机从中学习,然后根据输入数据给出数据驱动型建议和决策。

2.1.1.1　机器学习分类

机器学习可以分为监督学习、无监督学习、强化学习和深度学习等不同类型,前三种类型的简单介绍如下,深度学习部分将在后面章节详细介绍。

1. 监督学习

监督学习需要给定带有标签的数据集,也就是每个数据都有一个正确的答案或类别。机器学习的目标是通过学习数据集中的特征和标签之间的关系,建立一个模型,用于对新的数据进行预测或分类。例如,将一些猫和狗的照片分好类,然后让机器学会如何识别猫和狗。当使用监督学习的时候,需要给这些照片打上标签。监督学习训练如图 2-4 所示。

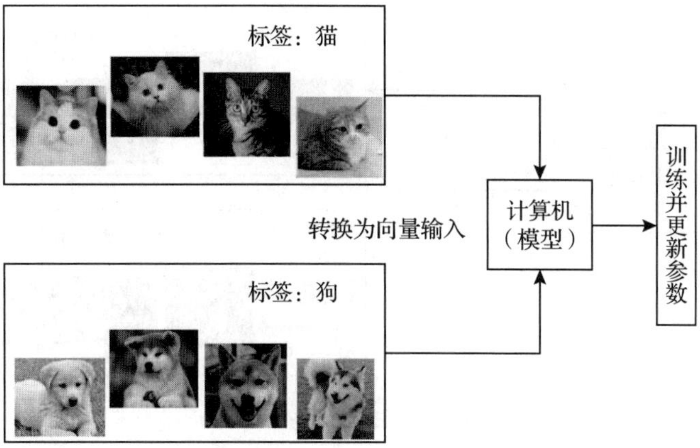

图 2-4　监督学习训练

我们给照片打的标签就是“正确答案”，机器通过大量学习，就可以学会在新照片中认出猫和狗，如图 2-5 所示。

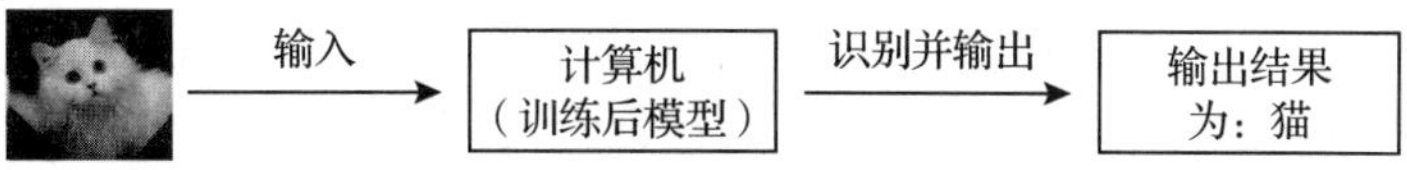

图 2-5　监督学习识别

常见的监督学习算法有线性回归、逻辑回归、支持向量机、决策树、随机森林、朴素贝叶斯、神经网络等。

2. 无监督学习

无监督学习方法不需要给定标签，而是让机器自己发现数据中的潜在结构或模式。也就是说给定的数据集没有“正确答案”，所有的数据都是一样的。无监督学习的目标是对数据进行聚类、降维、异常检测、关联规则挖掘等。例如，采用无监督学习的方法，把一堆猫和狗的照片给机器，同时不给这些照片打任何标签，但是希望机器能够将这些照片分类，如图 2-6 所示。

图 2-6　非监督学习训练

通过学习，机器会把这些照片分为两类：一类都是猫的照片，另一类都是狗的照片。虽然跟上文的监督学习看上去结果差不多，但是有着本质的差别：在非监督学习中，虽然照片分为了猫和狗，但是机器并不知道哪个是猫，哪个是狗。对于机器来说，相当于分成了 A、B 两类，如图 2-7 所示。

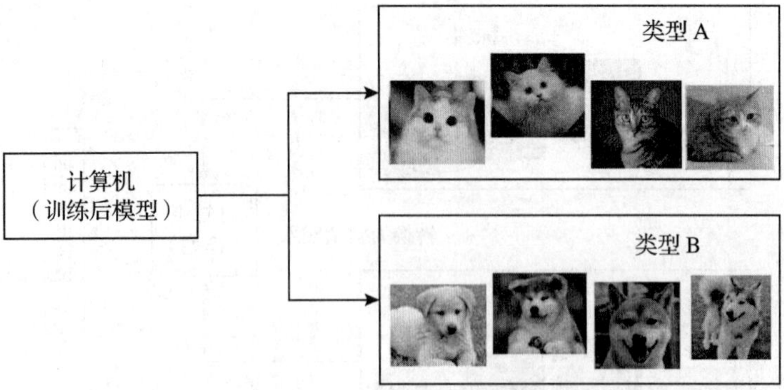

图 2-7　非监督学习识别

常见的无监督学习算法有 k 均值聚类、层次聚类、主成分分析、独立成分分析、自编码器、生成对抗网络等。

3. 强化学习

强化学习（reinforcement learning，RL）是让机器在与环境的交互中不断学习和改进自己的行为，从而获得最大化的累积奖励。强化学习的目标是找到一个最优的策略，指导机器在每个状态下应该采取什么行动。具体原理是让智能体在与环境的交互中，通过试错的方式，学习到一个最优的策略，使它能够最大化地累积奖励。

强化学习普适性强，主要基于决策进行训练，算法根据输出结果（决策）的成功或错误来训练自己，通过大量经验训练优化后的算法将能够给出较好的预测。类似有机体在环境给予的奖励或惩罚的刺激下，逐步形成对刺激的预期，产生能获得最大利益的习惯性行为。在运筹学和控制论的语境下，强化学习被称作"近似动态规划"（approximate dynamic programming，ADP）。

强化学习的基本框架可以表示如下：

（1）智能体（agent）　是强化学习的主体，负责感知环境的状态，选择和执行动作，接收和学习环境的奖励。

（2）环境（environment）　是强化学习的客体，负责根据智能体的动作，更新状态，给出奖励。

（3）状态（state）　是环境的一种描述，可以是完整的或者部分的，可以是离散的或者连续的。

（4）动作（action）　是智能体可以采取的行为，可以是离散的或者连续的。

（5）奖励（reward）　是环境对智能体动作的反馈，是一个标量值，表示动作的好坏程度。

（6）策略（policy）　是智能体决定动作的规则，可以是确定性的或者随机性的，可以是显式的或者隐式的。

（7）价值函数（value function）　是对状态或者动作的长期收益的预测，是一个标量值，表示状态或者动作的优劣程度。

（8）目标（objective）　是强化学习的优化目标，通常是最大化累积的折扣奖励。

强化学习讨论的问题是一个智能体怎么在一个复杂不确定的环境里面去极大化它能获得的奖励。如图 2-8 所示，智能体在环境中获取状态，智能体会利用这个状态输出一个动作、一个决策。然后这个决策会放到环境中去，环境会根据智能体采取的决策，输出下一个状态以及当前的这个决策得到的奖励。智能体的目的就是尽可能多地从环境中获取奖励。

强化学习主要有以下几个特点：

(1)试错学习　强化学习一般没有直接的指导信息,智能体要不断与环境进行交互,通过试错的方式来获得最佳策略(policy)。

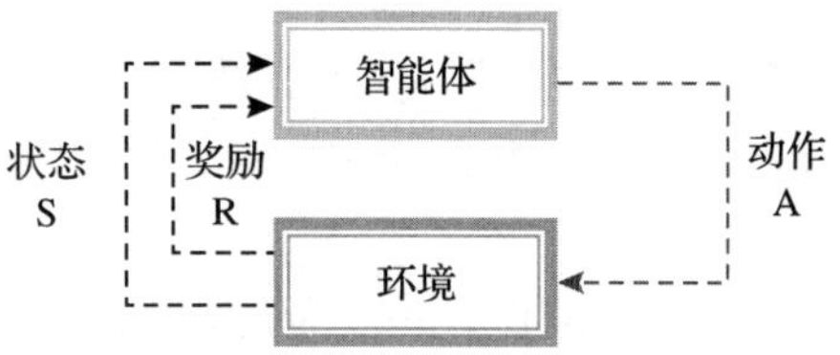

图 2-8　强化学习简化过程

(2)延迟回报　强化学习的指导信息很少,而且往往是在事后(最后一个状态)才给出的。例如,围棋中只有到了最后才能知道胜负。

强化学习的算法可以根据不同的角度进行分类,例如:根据环境是否已知,可以分为有模型学习(model-based)和免模型学习(model-free);根据策略是否显式,可以分为基于策略的方法(policy-based)和基于价值的方法(value-based);根据探索和利用的平衡,可以分为基于规划的方法(planning-based)和基于学习的方法(learning-based)。常见的强化学习算法有 Q 学习、SARSA、深度 Q 网络、策略梯度、演员-评论家等。

2.1.1.2　机器学习传统经典算法

在机器学习中根据不同的类型有不同对应的算法,机器学习中不同类型的经典算法简介如下。

1. 线性回归

线性回归(linear regression,LR)是一种简单而又强大的机器学习算法,它属于机器学习中的监督学习,用于预测一个连续的目标变量(也称为响应变量)与一个或多个自变量之间的线性关系。线性回归的基本思想是通过找到一条直线(或者一个平面),使这条直线尽可能地拟合数据的分布,从而可以利用这条直线来预测未来的值。也就是说,对于一堆散乱的点,需要找到一条直线,然后让这条线能够尽可能地在这些点的中间。其过程可以用图 2-9 和图 2-10 来表示,图中以 x 为横坐标轴,y 为纵坐标轴。

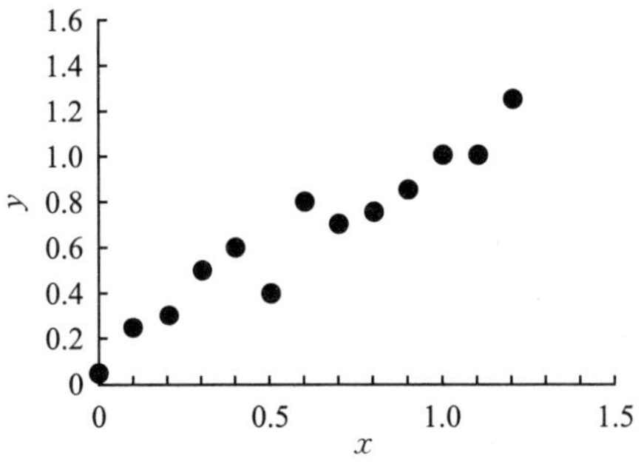

图 2-9　某散点分布图

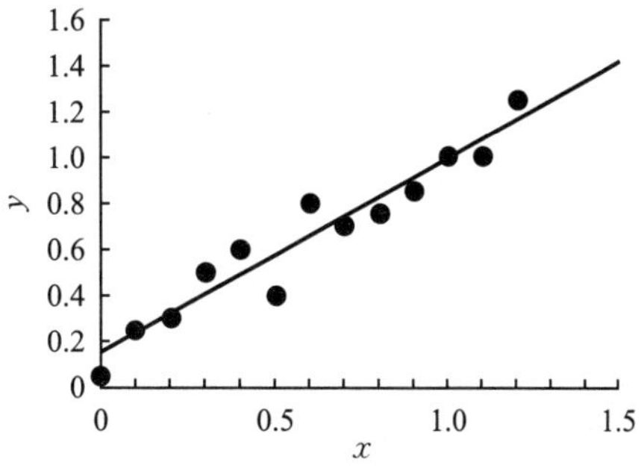

图 2-10　散点回归线图

图 2-10 中的这条拟合直线表示了 y 和 x 之间的规律,这个规律构成了线性回归模型。线性回归模型可以分为一元线性回归模型和多元线性回归模型,也就是我们平时接触的一元线性方程和多元线性方程,二者的主要区别在于未知项的个数。

一元线性回归模型的数学表达式可以表示为:

$$y=\omega_0+\omega_1 x_1+\varepsilon \tag{2-1}$$

式中，y 是根据已有的数据拟合出的函数，该函数只有一个变量；ω_0 表示偏置参数，在坐标轴中代表纵截距，即拟合出的直线与 y 轴的交点，通常是一个常数；ω_1 表示权重，在坐标轴中代表斜率，ε 表示存在的误差，在统计学中通常会使用到。通过 y 这个函数就可以对后续的 x 点进行预测。

但是真实的世界是复杂的，数量关系也不总是那么简单，往往很少能通过一元线性回归来完成预测。例如，以机器学习中经典的房价问题为例，要预测一个地区的房价，房屋的价格不仅仅与房屋面积相关，通常还会与它所在的楼层、朝向及是否为学区房等因素相关，需要从多个维度考察并综合衡量这些因素。因此我们需要更多的预测信息，也就是提供更多的特征，有了更多的特征就会需要更多的权重参数，让每一个特征对应一个参数。使用更多的 x 来对 y 进行预测，这样就形成了多元线性回归模型，其数学表达式为：

$$\hat{y}=\omega_0+\omega_1x_1+\omega_2x_2+\omega_3x_3+\cdots+\omega_nx_n+\varepsilon \tag{2-2}$$

式中，$\hat{y}$ 表示模型的预测值，用向量形式可以表示为：

$$\hat{y}=\hat{\boldsymbol{\omega}}^{\mathrm{T}}\boldsymbol{x},x_0=1 \tag{2-3}$$

式中，权重参数向量 $\hat{\boldsymbol{\omega}}=[\omega_0,\omega_1,\omega_2,\cdots,\omega_n]$，$\hat{\boldsymbol{\omega}}^{\mathrm{T}}$ 表示 $\hat{\boldsymbol{\omega}}$ 的转置，输入向量 $\boldsymbol{x}=[x_0,x_1,x_2,\cdots,x_n]$。这个预测函数的本质就是需要构建的模型，机器学习中也称“决策函数”。

通常预测的直线不会经过每一个数据，数据大部分都分布在直线的周围。所以需要找到一个评价标准，用于评价哪条直线才是最“合适”的。那么，对于线性回归模型预测结果的正确性如何评价呢？模型预测的结果 $\hat{y}$ 与真实值 y 之间通常存在误差项 ε，它可以表示为：

$$\varepsilon=y-\hat{y}=y-\hat{\boldsymbol{\omega}}^{\mathrm{T}}\boldsymbol{x} \tag{2-4}$$

由于计算出来的误差有正有负，计算机不太擅长表示和处理负数，所以把误差平方，这样就能把误差统一成正数，所以称为平方误差。它可以表示为：

$$\sum\varepsilon^2=\sum(y-\hat{y})^2=\sum(y-\hat{\boldsymbol{\omega}}^{\mathrm{T}}\boldsymbol{x})^2 \tag{2-5}$$

式(2-5)就是残差平方和(sum of squares for error，SSE)。在机器学习中，人们也称误差为损失，所以这种求误差的方法也可以说是求损失的方法，而 SSE 也就是线性回归中最常用的损失函数(loss function)。

线性回归的目标是通过训练数据来寻找最佳权重参数的值，使误差项的平方和最小化。线性回归中寻找最佳权重参数通常使用梯度下降法，它是一种基于迭代优化的方法，通过不断更新模型参数，使目标函数(如平方误差和)沿着梯度方向下降，直到达到最小值或者收敛。假设给定一个目标函数 $f(x)$，它的梯度函数为 $g(x)=\nabla f(x)$，即函数对各个自变量的偏导数组成的向量。计算损失函数在某一点的梯度值，然后沿着负梯度的方向按照一定的步长(学习率)α 调整参数的值，调整过程可以表示为：

$$\hat{\boldsymbol{\omega}}\leftarrow\hat{\boldsymbol{\omega}}-\alpha\frac{\partial\hat{y}}{\partial\hat{\boldsymbol{\omega}}} \tag{2-6}$$

调整后与原来的损失函数值进行比较和迭代，使更新之后的损失函数不断变小，直至找到使损失函数 SSE 最小的 $\hat{\boldsymbol{\omega}}$ 值，从而得到合适的回归模型参数。常用的梯度下降法可以分为批量梯度下降法(batch gradient descent,BGD)、随机梯度下降法(stochastic gradient descent,SGD)和小批量梯度下降法(mini-batch gradient descent,MBGD),它们主要区别在于每次更新参数时使用的样本数量。

线性回归相当于是一种单层神经网络,它的模型结构非常简单,只有一个输入层和一个输出层,输出层中的神经元与输入层中的所有特征完全连接,输出层的激活函数是恒等函数,即 $y=x$。人工神经网络的训练和预测过程与线性回归很相似,例如,要训练一个识别动物的神经网络模型,就需要先找到大量不同类型的动物图片样本并打上标记,然后调整模型的参数,使模型的输出和标记之间的误差尽可能小。在使用训练好的神经网络模型进行预测时,给模型一张未带标记的动物图片,模型会根据训练好的结果进行判断,从而得出结果。

2. 逻辑回归

逻辑回归(logistic regression)也称作 logistic 回归分析,是一种广义的线性回归分析模型,属于机器学习中的监督学习,其推导过程与计算方式类似于回归的过程,但实际上主要是用来解决二分类问题(也可以解决多分类问题)。通过给定的 n 组数据(训练集)来训练模型,并在训练结束后对给定的一组或多组数据(测试集)进行分类。例如,给出一个人的身高、体重这两个指标,然后判断这个人是属于"胖"还是"瘦"? 给出一个人两门课程的考试成绩,来判断这个人能否被某某大学录取? 一封邮件是否为垃圾邮件等。

对于身高、体重的这个问题,可以先测量 n 个人的身高、体重以及对应的指标"胖"或者"瘦",把胖和瘦分别用 0 和 1 来表示,再把这 n 组数据输入模型进行训练。训练之后再把待分类的某个人的身高、体重输入模型中,看这个人是属于"胖"还是"瘦"。

如果数据是有两个指标,可以用平面的点来表示数据,其中一个指标为 x 轴,另一个为 y 轴;如果数据有 3 个指标,可以用空间中的点表示数据;如果是 n 维的话($n>3$),就是 n 维空间中的点。

从本质上来说,二维逻辑回归训练后的模型是平面的一条线,并且这条线把平面中的散点分成两部分,属于同一类的数据大多数分布在曲线或直线的同一侧。其过程可以用图 2-11 和图 2-12 来表示,图中以 x 为横坐标轴,y 为纵坐标轴。

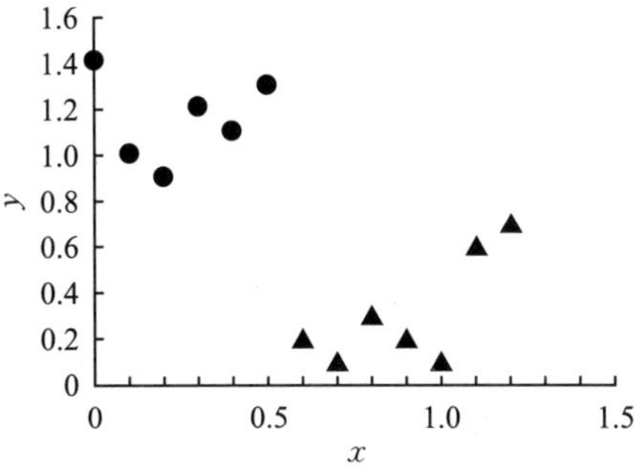

图 2-11　某散点分布图

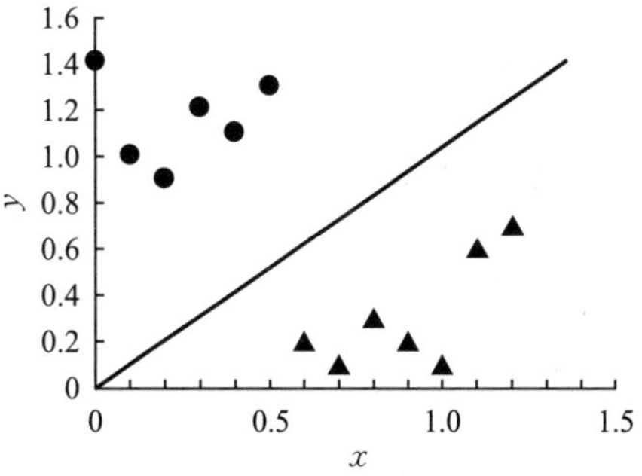

图 2-12　散点逻辑回归线图

图 2-11 表示待分类的散点数据,图 2-12 则表示逻辑回归算法得出的分类结果,即直线左边的为一类,直线右边的为另一类。

逻辑回归算法的基本思想是，首先假设输出变量和输入变量之间存在线性关系，即 $y=wx+b$，其中 w 和 b 是待求的参数，表示线性回归的斜率和截距。然后，为了将线性回归的输出映射到概率空间，即(0,1)区间，可使用一个对数概率函数（或称为 sigmoid 函数）来表示属于某个类别的概率。它的表达式为：

$$p(y=1|x)=\frac{1}{1+e^{-y}} \tag{2-7}$$

最后，使用极大似然估计法找到一组参数，使得在这组参数下，数据的似然度（概率）最大，即最符合的模型。具体来说，逻辑回归算法的步骤如下：

(1)数据预处理　将数值型特征标准化或归一化，将类别型特征转为独热编码，将输出值转为 0 或 1，表示两个类别。

(2)模型构建　定义逻辑回归模型的数学形式，即

$$p(y=1|x)=\frac{1}{1+e^{-(wx+b)}} \tag{2-8}$$

式中，w 和 b 是模型的参数，需要通过优化算法来求解。

(3)模型优化　定义逻辑回归模型的损失函数，即交叉熵损失函数，表示模型预测的概率和真实标签之间的差异，即

$$J(w,b)=-\frac{1}{n}\sum_{i=1}^{n}\{y_i\ln[p(y_i|x_i)]+(1-y_i)\ln[1-p(y_i|x_i)]\} \tag{2-9}$$

式中，n 是数据的个数，y_i 是第 i 个数据的真实标签，$p(y_i|x_i)$是第 i 个数据的预测概率。然后使用梯度下降法或牛顿法等优化算法，不断更新 w 和 b 的值，使损失函数最小化。

(4)模型预测　根据优化后的 w 和 b 的值，计算新的数据的预测概率，然后根据一个阈值（通常为小于 1 而大于 0 的数，如 0.5）来判断预测的类别。若令阈值为 0.5，则模型预测的数学表达式为：

$$\hat{y}=\begin{cases}0, p(y=1|x)<0.5\\1, p(y=1|x)\geqslant 0.5\end{cases} \tag{2-10}$$

式中，$\hat{y}$ 是预测的类别。

逻辑回归算法的优点是实现简单、分类时计算量小、速度很快、存储资源低、计算代价不高、易于理解和实现；缺点为当特征空间很大时，逻辑回归的性能就表现得不是很好、容易欠拟合、一般准确度不太高、不能很好地处理大量多类特征或变量以及只能处理两分类问题（在此基础上衍生出来的 softmax 可以用于多分类），且必须线性可分。

3. *k*-最近邻域算法

k-最近邻域（*k*-nearest neighbor，KNN）算法是最简单的机器学习算法之一，可以用于分类和回归，是一种监督学习算法。它的思路是：如果一个样本在特征空间中的 k 个最相似（即特征空间中最邻近）的样本中的大多数属于某一个类别，则该样本也属于这个类别。也就是说，该方法在分类决策上只依据最邻近的一个或者几个样本的类别来决定待分样本所属的类别。某一 KNN 算法的简单示例如图 2-13 所示，图中的正方形和三角形是打好了标签（label）

的数据，分别代表不同的标签，中间的椭圆形表示待分类的数据。

如果选 $k=1$，那么离椭圆点最近 k 个点中有 1 个正方形，于是椭圆的这个待分类点属于正方形类别；如果选 $k=5$，那么离椭圆点最近 k 个点中有 3 个三角形和 2 个正方形，这 5 个点投票，三角形的比例占 3/5，于是椭圆的这个待分类点属于三角形类别。从上述举例可以看出，KNN 算法本质是一种基于数据统计的方法，其实很多机器学习算法也是基于数据统计的。同时，KNN 算法是一种基于距离的算法，它没有明显的前期训练过程，而是程序开始运行时，把数据集加载到内存后，就可以直接开始分类。其中，每次判断一个未知的样本点时，就在该样本点附近找 k 个最近的点进行投票，这就是 KNN 算法中 k 的意义，通常 k 是不大于 20 的整数。

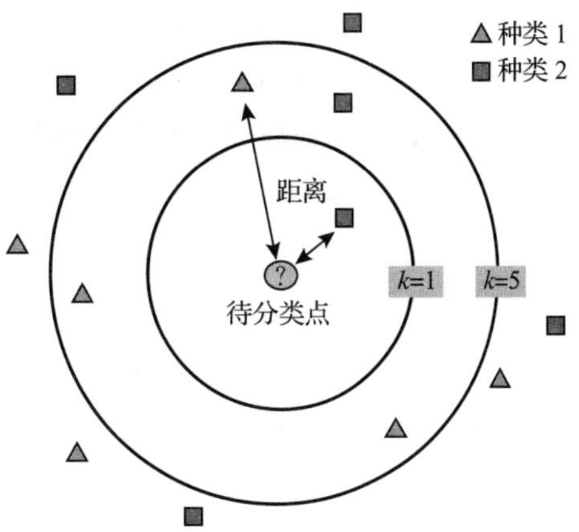

图 2-13　KNN 算法的简单示例

作为 KNN 算法中唯一的一个超参数，k 值的选择对最终算法的预测结果会产生直观而重要的影响。如果选择较小的 k 值，就相当于用较小的邻域中的训练实例进行预测，“学习”的近似误差会减小，只有与输入实例较近的训练实例才会对预测结果起作用。但缺点是“学习”的估计误差会增大，预测结果会对近邻实例点非常敏感。如果邻近的实例点恰巧是噪声，预测就会出错。换句话说，k 值的减小就意味着整体模型非常复杂，容易发生过拟合。如果选择较大的 k 值，就相当于用较大邻域中的训练实例进行预测，其优点是减少学习的估计误差，但缺点是学习的近似误差会增大。这时与输入实例较远的训练实例也会起预测作用，使预测发生错误，k 值的增大就意味着整体的模型变得简单，容易发生欠拟合。可以假定极端条件 $k=N$，N 是所有训练样本，那么无论输入实例是什么，都将简单地预测它属于训练实例中最多的类。这时，模型过于简单，完全忽略训练中的大量有用信息，是不可取的。在应用中，通常采用交叉验证法来选择最优 k 值。从以上分析可知，我们会选取 k 值在较小的范围，同时在验证集上准确率最高的那个确定为最终的算法超参数 k。

KNN 算法的思想可以总结为在训练集中数据和标签已知的情况下，输入测试数据，将测试数据的特征与训练集中对应的特征进行相互比较，找到训练集中与之最为相似的前 k 个数据，则该测试数据对应的类别就是 k 个数据中出现次数最多的那个分类，其算法的描述为：①计算测试数据与各个训练数据之间的距离；②按照距离的递增关系进行排序；③选取距离最小的 k 个点；④确定前 k 个点所在类别的出现频率；⑤返回前 k 个点中出现频率最高的类别作为测试数据的预测分类。

4. 决策树

决策树(decision tree)算法是一种基于树结构的机器学习方法，它可以用于分类或回归问题。同时它是一个预测模型，它代表的是对象属性与对象值之间的一种映射关系。树中每个节点表示某个对象，而每个分叉路径则代表某个可能的属性值，而每个叶节点则对应从根节点到该叶节点所经历的路径所表示的对象的值。

决策树是一种树形结构，其中每个内部节点表示一个特征或属性，每个叶子节点表示一个类别或值。决策树的构建过程是一个递归分割的过程，通过选择最佳的特征对数据进行划分，使每个子节点中的数据具有更高的纯度或信息增益。从数据产生决策树的机器学习技术叫作决策树学习，通俗说就是决策树。

决策树由 3 种元素构成，它们分别是根节点、内部节点和叶子节点。根节点包含了样本的全集，内部节点对应特征属性测试，叶子节点代表决策的结果，如图 2-14 所示。

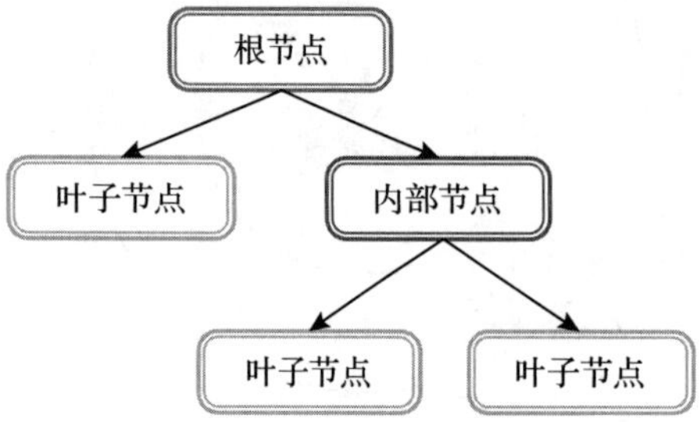

图 2-14　决策树结构

预测时，在树的内部节点处用某一属性值进行判断，根据判断结果决定进入哪个分支节点，直至到达叶子节点处，得到分类结果。这是一种基于 if-then-else 规则的有监督学习算法，决策树的这些规则通过训练得到，而不是人工制定。决策树学习的过程如下：

(1)特征选择　特征选择决定了使用哪些特征来进行判断。在训练数据集中，每个样本的属性可能有很多个，不同属性的作用有大有小。因而特征选择的作用就是筛选出跟分类结果相关性较高的特征，也就是分类能力较强的特征。在特征选择中通常使用的准则是信息增益。

(2)决策树生成　选择好特征后，就从根节点触发，对节点计算所有特征的信息增益，选择信息增益最大的特征作为节点特征，根据该特征的不同取值建立子节点；对每个子节点使用相同的方式生成新的子节点，直到信息增益很小或者没有特征可以选择为止。

(3)决策树剪枝　剪枝的主要目的是对抗“过拟合”，通过主动去掉部分分支来降低过拟合的风险。

5. 朴素贝叶斯

朴素贝叶斯(naive Bayesian)算法是一种基于贝叶斯定理和特征条件独立假设的分类方法。它可以用于处理二分类或多分类问题，也可以用于文本分类、垃圾邮件过滤、情感分析等领域。朴素贝叶斯算法的核心思想是，给定一个样本的特征向量，计算它属于每个类别的后验概率，即在已知特征的条件下，类别发生的概率。然后选择最大的后验概率对应的类别作为预测结果。

根据贝叶斯定理，后验概率可以由先验概率、类条件概率和证据概率计算得到，即：

$$P(y|\boldsymbol{x})=\frac{P(\boldsymbol{x}|y)P(y)}{P(\boldsymbol{x})} \tag{2-11}$$

式中，y 是类别，$\boldsymbol{x}$ 是特征向量，$P(y)$是先验概率，表示类别在样本中出现的频率；$P(\boldsymbol{x}|y)$是类条件概率，表示在某个类别下，特征的取值分布；$P(\boldsymbol{x})$是证据概率，表示特征在所有样本中出现的频率。

$P(\boldsymbol{x})$对于所有类别都是相同的，因此在比较后验概率时，可以忽略它，只比较分子部分，即：

$$P(y|\boldsymbol{x})\propto P(\boldsymbol{x}|y)P(y) \tag{2-12}$$

如果特征向量有多个维度，即 $\boldsymbol{x}=(\boldsymbol{x}_1,\boldsymbol{x}_2,\cdots,\boldsymbol{x}_n)$，那么类条件概率就需要计算在某个类别下，所有特征同时取值的概率，即：

$$P(\boldsymbol{x}|y)=P(\boldsymbol{x}_1,\boldsymbol{x}_2,\cdots,\boldsymbol{x}_n|y) \tag{2-13}$$

这个概率很难直接计算，因为需要统计在某个类别下，所有特征的组合出现的频率，而这个频率可能非常小或者为零。因此，朴素贝叶斯算法引入了一个简化的假设，就是特征之间是相互独立的，也就是说，一个特征的取值不影响另一个特征的取值。这样，类条件概率就可以拆分成各个特征的条件概率的乘积，即：

$$P(\boldsymbol{x} \mid y)=P(\boldsymbol{x}_1 \mid y)P(\boldsymbol{x}_2 \mid y)\cdots P(\boldsymbol{x}_n \mid y) \tag{2-14}$$

这就是朴素贝叶斯算法中的“朴素”二字的含义，它简化了计算的复杂度，但也牺牲了一定的准确性，因为在实际的数据中，特征之间往往是有相关性的。

综上，朴素贝叶斯算法的后验概率可以表示为：

$$P(y \mid \boldsymbol{x})=P(y)\prod_{i=1}^{n}P(\boldsymbol{x}_i \mid y) \tag{2-15}$$

朴素贝叶斯算法的学习过程就是根据训练数据集，估计先验概率和类条件概率，然后根据测试数据集，计算后验概率，选择最大的后验概率对应的类别作为预测结果。

根据特征的类型，可以有不同的朴素贝叶斯算法。如果特征是离散的，如性别、颜色等，那么可以使用多项式朴素贝叶斯算法，它假设特征的取值服从多项式分布，即每个特征的取值有限，且有固定的概率。类条件概率可以通过统计每个特征在每个类别下的频数和频率来估计，例如：

$$P(\boldsymbol{x}_i \mid y)=\frac{N_{y_i}+\alpha}{N_y+\alpha_n} \tag{2-16}$$

式中，N_{y_i} 是训练集中类别为 y 且第 i 个特征的取值为$\boldsymbol{x}_i$ 的样本数，N_y 是训练集中类别为 y 的样本数，n 是第 i 个特征的可能取值数，α 是一个平滑参数，用于避免某个特征在某个类别下没有出现而导致概率为零的情况，通常取 1。

如果特征是连续的，如身高、体重等，那么可以使用高斯朴素贝叶斯算法，它假设特征的取值服从正态分布，即每个特征的取值呈现钟形曲线，且有固定的均值和方差。类条件概率可以通过计算每个特征在每个类别下的均值和方差来估计，例如：

$$P(\boldsymbol{x}_i \mid y)=\frac{1}{\sqrt{2\pi\sigma_{y_i}^2}}\mathrm{e}^{\left(-\frac{(\boldsymbol{x}_i-\mu_{y_i})^2}{2\sigma_{y_i}^2}\right)} \tag{2-17}$$

式中，μ_{y_i} 是训练集中类别为 y 且第 i 个特征的均值，σ_{y_i} 是训练集中类别为 y 且第 i 个特征的标准差。

如果特征是文本，如新闻、评论等，那么可以使用伯努利朴素贝叶斯算法，它假设特征是由一个词汇表构成的，每个特征表示一个单词是否出现，即只有 0 和 1 两种取值。类条件概率可以通过统计每个单词在每个类别下的出现次数和概率来估计，例如：

$$P(\boldsymbol{x}_i \mid y)=p_{y_i}^{\boldsymbol{x}_i}(1-p_{y_i})^{(1-\boldsymbol{x}_i)} \tag{2-18}$$

式中，p_{y_i} 是训练集中类别为 y 且第i 个单词出现的概率，$\boldsymbol{x}_i$ 是测试集中第 i 个单词是否出现，取值为 0 或 1。

朴素贝叶斯的目标是通过最大化后验概率，找到最可能的类别。朴素贝叶斯的算法过程是：

(1)数据预处理　将数值型特征离散化或标准化，将类别型特征转为独热编码。

(2)模型训练　根据训练数据集，计算每个类别的先验概率和每个特征在每个类别下的条件概率。

(3)模型预测　根据贝叶斯公式，计算每个类别的后验概率，选择最大的后验概率对应的类别作为预测结果。

6. 支持向量机

支持向量机(support vector machine，SVM)是一种监督学习算法，广泛应用于分类和回归问题。它大致经历了以下 4 个阶段：①线性分类器(linear classifier)；②线性支持向量机(linear support vector machine，LSVM)；③线性不可分问题改进(引入软间隔，soft margin)；④非线性支持向量机(引入核函数方法，kernal method)。

其中，非线性支持向量机才是现代意义上的支持向量机，它引入了核函数方法，能够将非线性问题转化到高维空间(线性化)，使支持向量机能够处理非线性问题。支持向量机中常用的是线性支持向量机与非线性支持向量机，本书中将只介绍这两种。

在了解支持向量机之前，需要了解超平面的概念，对于一个 n 维空间，它的超平面可以由如下方程确定：

$$\boldsymbol{\omega}^{\mathrm{T}}\boldsymbol{x}+b=0 \tag{2-19}$$

式中，$\boldsymbol{\omega}$ 是超平面的法向量，$\boldsymbol{x}$ 是超平面上一个点的坐标。通常在 n 维空间中超平面的维度为 $n-1$，例如二维平面的超平面是一条直线，三维空间中的超平面是一个二维平面。空间内的某一点到超平面 A：$\boldsymbol{\omega}^{\mathrm{T}}\boldsymbol{x}+b=0$ 上的距离 d 可以表示为：

$$d=\frac{|\boldsymbol{\omega}^{\mathrm{T}}\boldsymbol{x}+b|}{\|\boldsymbol{\omega}\|} \tag{2-20}$$

式中，$\|\boldsymbol{\omega}\|$ 为二范数，对于 $\boldsymbol{\omega}^{\mathrm{T}}=(\omega_1,\omega_2)$，$\|\boldsymbol{\omega}\|=\sqrt{\omega_1^2+\omega_2^2}$。

支持向量机的核心思想是在特征空间中找到一个最优超平面，使两个类别的样本点之间的间隔最大化。这里的“支持向量”是指距离超平面最近的那些训练样本点，而这些支持向量才是决定超平面位置的关键因素。支持向量与超平面示意图如图 2-15 所示。

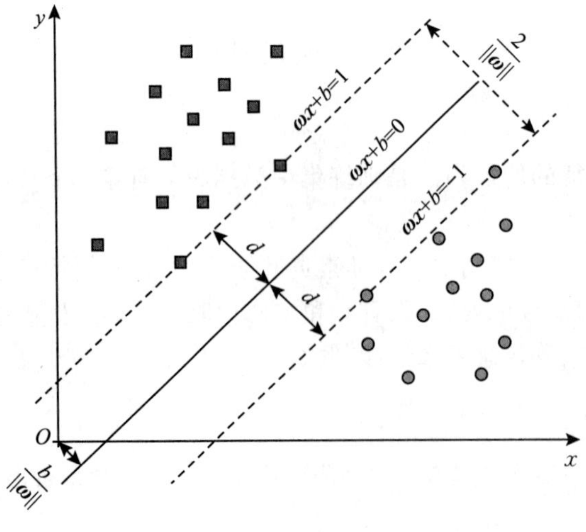

图 2-15　支持向量与超平面示意图

(1)线性支持向量机　对于像图 2-15 这种数据集属于线性可分的情况来说，能够将其分为两类的超平面(直线)不止一个，因此线性支持向量机的任务在于从众多的超平面中选取鲁棒性最佳的一条，通常可以选择分离两类数据的两个平行超平面，使它们之间的距离尽可能大。在这两个超平面范围内的区域的间隔称为“几何间隔”，最大几何间隔超平面是位于它们正中间的超平面，最大几何间隔用 $2d$ 表示。

首先需要人为地给数据集贴上标签，例如在图 2-15 中将左侧正方形标记为 $y=-1$，将右侧圆点标记为 $y=+1$，可以表示为：

$$\begin{cases} y=-1, & \text{black} \\ y=+1, & \text{white} \end{cases} \tag{2-21}$$

如果问题是可以用超平面分类的，那么在数据空间内就会存在超平面，使数据点满足如下约束：

$$\begin{cases} \dfrac{|\boldsymbol{\omega}^{\mathrm{T}}\boldsymbol{x}+b|}{\|\boldsymbol{\omega}\|} \leqslant -d, & y=-1 \\ \dfrac{|\boldsymbol{\omega}^{\mathrm{T}}\boldsymbol{x}+b|}{\|\boldsymbol{\omega}\|} \geqslant d, & y=1 \end{cases} \tag{2-22}$$

对式(2-22)中不等式两边进行转化可以得到：

$$\begin{cases} \dfrac{|\boldsymbol{\omega}^{\mathrm{T}}\boldsymbol{x}+b|}{\|\boldsymbol{\omega}\|d} \leqslant -1, & y=-1 \\ \dfrac{|\boldsymbol{\omega}^{\mathrm{T}}\boldsymbol{x}+b|}{\|\boldsymbol{\omega}\|d} \geqslant 1, & y=1 \end{cases} \tag{2-23}$$

可以令 $\|\boldsymbol{\omega}\|d=1$，这样对于寻找超平面中最佳的 ω 没有影响，因为一个超平面的系数总是可以成比例缩放的，之后表示的还是同一个超平面。所以就能得到超平面的方程为：

$$\begin{cases} |\boldsymbol{\omega}^{\mathrm{T}}\boldsymbol{x}+b| \leqslant -1, & y=-1 \\ |\boldsymbol{\omega}^{\mathrm{T}}\boldsymbol{x}+b| \geqslant 1, & y=1 \end{cases} \tag{2-24}$$

这样就可以将该分类问题转化为标准的形式，将式(2-23)中两式合并可以得到：

$$(\boldsymbol{\omega}^{\mathrm{T}}\boldsymbol{x}+b)y \geqslant 1 \tag{2-25}$$

可分离超平面有无穷多个，但是几何间隔最大的分离超平面是唯一的，在线性可分的情况下，这种间隔称为硬间隔（近似线性可分的情况下为软间隔）。求解间隔最大的超平面可以表示为如下约束问题：

$$\begin{aligned} &\max\ 2d=\frac{2}{\|\boldsymbol{\omega}\|} \\ &\text{s.t.}\ \ y_i(\boldsymbol{\omega}^{\mathrm{T}}\boldsymbol{x}_i+b) \geqslant 1, \quad i=1,2,3,\cdots \end{aligned} \tag{2-26}$$

因为最大化 $\dfrac{1}{\|\boldsymbol{\omega}\|}$ 与最小化 $\|\boldsymbol{\omega}\|$ 问题等价，所以式(2-26)可以进一步等价转化为求最小值问题：

$$\begin{aligned} &\min\ \frac{1}{2}\|\boldsymbol{\omega}\|^2=\frac{1}{2}\boldsymbol{\omega}^{\mathrm{T}}\boldsymbol{\omega} \\ &\text{s.t.}\ \ y_i(\boldsymbol{\omega}^{\mathrm{T}}\boldsymbol{x}_i+b) \geqslant 1, \quad i=1,2,3,\cdots \end{aligned} \tag{2-27}$$

其中 $\dfrac{1}{2}$ 和平方均码是为了求导方便。这是一个含有不等式约束的凸二次规划问题，求解起来步骤比较烦琐，需要进行转换，大致的思路上需要用到拉格朗日乘子法、对偶问题和KKT条件3个部分，求解的大致思路为：

第一步可以先对式(2-27)使用拉格朗日乘子法得到无约束问题；第二步是获得无约束问题的对偶问题(dual problem，max问题)；第三步则是将对偶问题添加负号再次转换为最小值问题(min问题)；第四步转换得到的优化问题为：

$$\begin{aligned} &\min \frac{1}{2}\sum_{i=1}^{n}\sum_{j=1}^{n}\lambda_i\lambda_j y_i y_j(\boldsymbol{x}_i \cdot \boldsymbol{x}_j) - \sum_{i=1}^{n}\lambda_i \\ &\text{s. t.}\quad \sum_{i=1}^{n}\lambda_i y_i = 0, \lambda_i \geqslant 0, i=1,2,3,\cdots \end{aligned} \tag{2-28}$$

式中，决策变量为拉格朗日乘子 λ_i。对于该优化问题通常利用SMO(sequential minimal optimization)方法求解，求得最优值后，在略去的拉格朗日乘子法推导过程中得到 $\boldsymbol{\omega}$、b 与拉格朗日乘子 λ_i 的关系：

$$\begin{aligned} \omega &= \sum_{i=1}^{n}\lambda_i y_i \boldsymbol{x}_i \\ b &= y_s - \sum_{i=1}^{n}\lambda_i y_i(\boldsymbol{x}_i, \boldsymbol{x}_s) \end{aligned} \tag{2-29}$$

式中，$(\boldsymbol{x}_i, \boldsymbol{x}_s)$是任意选择的一个支持向量训练样本。根据这种关系可以求出最终的分割超平面。获得分割超平面后可以求得最终的分类决策函数：

$$y = f(\boldsymbol{x}) = \text{sign}(\boldsymbol{\omega}^{\mathrm{T}} \cdot \boldsymbol{x} + b) \tag{2-30}$$

式中，sign( )表示符号函数，即根据一个数的正负返回相应的符号。例如，sign(3)=+1，sign(−2)=−1，sign(0)=0。此几何描述的一个显而易见却重要的结果是，最大间隔超平面完全是由最靠近它的那些点 $\boldsymbol{x}_i$ 确定的。这些点 $\boldsymbol{x}_i$ 叫作支持向量。

(2)非线性支持向量机　对于输入空间中的非线性分类问题，可以通过非线性变换将它转化为某个维度特征空间中的线性分类问题，在高维特征空间中学习线性支持向量机。由于在线性支持向量机学习的对偶问题里，目标函数和分类决策函数都只涉及实例与实例之间的内积，所以不需要显式地指定非线性变换，而是用核函数替换当中的内积。核函数可以将数据从低维空间映射到高维空间，从而实现非线性分类。核函数的基本思想是，如果在原始空间中，两个类别的数据是线性不可分的，那么可能存在一个变换函数 ϕ，将数据从原始空间映射到一个更高维的特征空间，使数据在特征空间中变得线性可分。例如，如果数据在二维空间中是一个圆形的分布，那么可以通过一个变换函数 $\phi(x_1, x_2)=(x_{12}, x_{22})$，将数据映射到一个三维空间，使数据在三维空间中呈现一个圆锥形的分布，从而可以用一个平面将其分开。

然而，直接计算变换函数 ϕ 可能非常复杂或者无法实现，因此，可以利用核技巧来避免显式地计算变换函数。核技巧的关键是，只需要知道特征空间中两个向量的内积，而不需要知道它们具体的坐标。因此，可以定义一个核函数 K，使得：

$$K(x_i, y_j) = \phi(x_i) \cdot \phi(x_j) \tag{2-31}$$

这样，就可以用核函数 K 来替代原始空间中的内积 $w \cdot x$，从而实现非线性分类。常见的核函数有以下几种。

线性核函数：

$$K(x_i, x_j) = x_i \cdot x_j \tag{2-32}$$

多项式核函数：

$$K(x_i, x_j) = (x_i \cdot x_j + c)^d \tag{2-33}$$

高斯径向基核函数：

$$K(x_i, x_j) = \mathrm{e}^{(-\gamma |x_i - x_j|^2)} \tag{2-34}$$

sigmoid 核函数：

$$K(x_i, x_j) = \tanh(\alpha x_i \cdot x_j + \beta) \tag{2-35}$$

支持向量机的优点如下：①支持向量机算法可以解决小样本情况下的机器学习问题，简化了通常的分类和回归等问题。②由于采用核函数方法克服了维数灾难和非线性可分的问题，所以向高维空间映射时没有增加计算的复杂性。换句话说，由于支持向量计算法的最终决策函数只由少数的支持向量所确定，所以计算的复杂性取决于支持向量的数目，而不是样本空间的维数。

支持向量机也有一些不足，表现为如下 3 点：①支持向量机算法对大规模训练样本难以实施。这是因为支持向量机算法借助二次规划求解支持向量，其中会涉及高阶矩阵的计算，所以矩阵阶数很大时将耗费大量的机器内存和运算时间。②经典的支持向量机算法只给出了二分类的算法，而在数据挖掘的实际应用中，一般要解决多分类问题，但支持向量机对于多分类问题解决效果并不理想。③SVM 算法效果与核函数的选择关系很大，往往需要尝试多种核函数，即使选择了效果比较好的高斯核函数，也要调参选择恰当的参数。另外就是现在常用的 SVM 理论都是使用固定惩罚系数，但正负样本的两种错误造成的损失是不一样的。

2.1.2　神经网络

人工神经网络是一种模仿生物神经网络的结构和功能的数学模型，它将生物的神经细胞网络进行了大幅度的抽象和简化，把每个神经元的输入和输出都抽象成了一个数字，用于对函数进行估计或近似。人工神经网络由节点层组成，它包含输入层、一个或多个隐藏层和输出层。每个节点也称为一个人工神经元，它们连接到另一个节点，具有相关的权重和阈值。如果任何单个神经元的输出高于指定的阈值，那么会激活该神经元，并将数据发送到网络的下一层。否则，不会将数据传递到网络的下一层。人工神经元的结构如图 2-16 所示。

图 2-16 中，$x_1, x_2, x_3, \cdots, x_n$ 表示输入信号，$\omega_1, \omega_2, \omega_3, \cdots, \omega_n$ 表示神经元中对应于每个输入信号的权重值。b 表示偏置或者阈值，通常为一个常数，它的大小决定了网络产生正激励的程度。$\sum$ 表示求和，将所有带权重的输入值和偏置相加。f 表示传递函数，通常为非线性函数。out 表示输出。用数学的形式可以表示为：

$$\text{out} = f(\omega_1 x_1 + \omega_2 x_2 + \cdots + \omega_n x_n + b) = f(\boldsymbol{W}^{\mathrm{T}} \boldsymbol{X} + b) \tag{2-36}$$

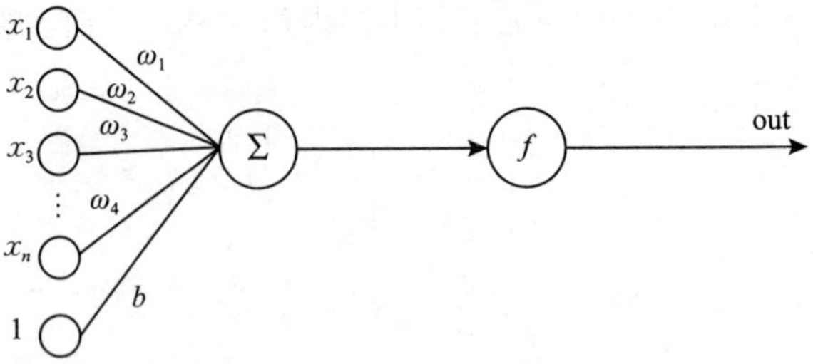

图 2-16 人工神经元的结构示意图

式中，$\boldsymbol{W}$ 为权重向量，$\boldsymbol{W}^{\mathrm{T}}$ 为其转置，$\boldsymbol{X}$ 表示输入向量。由此可知，一个人工神经元的功能是求得输入向量与权重向量的内积后，经一个非线性传递函数得到一个标量结果。

人工神经网络按照层数来分可以分为单层神经网络和多层神经网络。单层神经网络是最基本的神经元网络形式，由有限个神经元构成，所有神经元的输入向量都是同一个向量。也就是说，它只有一个输入层和一个输出层，没有隐藏层。输出层中的每个神经元都与输入层中的所有特征完全连接，图 2-17 所示为单层神经网络的一种结构。

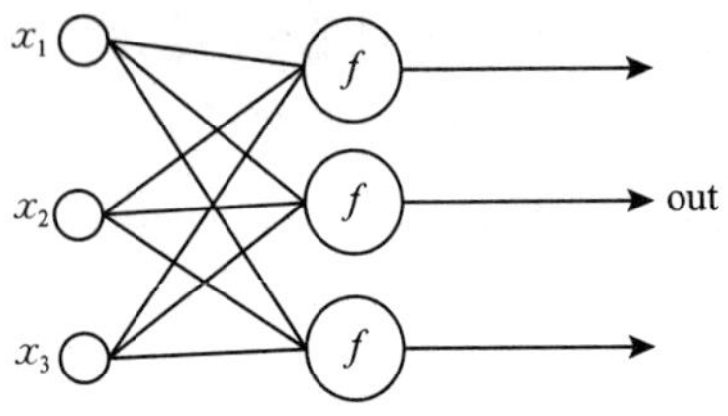

图 2-17 单层神经网络示意图

由于每一个神经元都会产生一个标量结果，所以单层神经元的输出是一个向量，向量的维数等于神经元的数目。输出层的激活函数可以是任意的，如线性函数、sigmoid 函数、ReLU 函数等。单层神经网络可以用于回归或分类问题，如线性回归、逻辑回归、感知机等。单层神经网络只能表示线性可分的函数，即输出与输入之间是线性关系的函数。对于非线性可分的问题，如异或问题，单层神经网络无法得到正确的解。为了解决这个问题，需要引入多层神经网络和非线性激活函数。

与单层神经网络相比，多层神经网络在输入层与输出层之间有一个或多个隐藏层，它可以表示复杂的非线性函数。一个常见的多层神经网络的基本结构可以表示为：

（1）输入层　接收输入数据，如图像、文本、语音等，将其转换为数值向量。

（2）隐藏层　对输入数据进行非线性变换，提取特征或抽象信息。隐藏层可以有一个或多个，每个隐藏层由若干个神经元组成，每个神经元都有一个激活函数，如 sigmoid 函数、ReLU 函数、tanh 函数等。神经元的数目不定，但数目越多神经网络的非线性越显著，从而神经网络的强健性（控制系统在一定结构、大小等的参数摄动下，维持某些性能的特性）更显著。

（3）输出层　根据隐藏层的输出，生成最终的预测结果，如分类标签、回归值、生成样本等。输出层的神经元和激活函数取决于具体的任务和目标函数。

可使用图像结构来更直观地了解多层神经网络，图 2-18 所示为一个含有 2 个隐藏层的神经网络结构。

通过训练样本的校正，对各个层的权重进行校正而建立模型的过程，称为自动学习过程。具体的学习方法则因网络结构和模型不同而不同，人工神经元网络模型的基本原理是利用训练数据来调整网络中的连接权重和偏置，使网络的输出能够尽可能地接近真实的标签或期望的输出。常用的训练方法有反向传播算法和梯度下降法等优化技术。

多层神经网络是深度学习的基础和核心，它可以应用于各种领域和任务，如图像识别、语

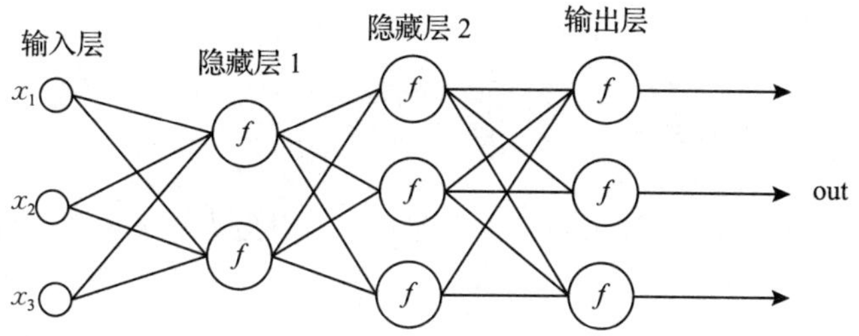

图 2-18　多层神经网络示意图

音识别、自然语言处理、推荐系统、生成对抗网络等。多层神经网络也有不同的变体和扩展，如卷积神经网络、循环神经网络、残差神经网络等。

2.1.2.1　神经网络训练

神经网络的训练是使用一定的算法和数据来调整网络中隐藏层和输出层的权重参数，使神经网络计算出来的结果 $\hat{y}$ 与真实的结果 y 误差减小，从而更好地完成某项任务。神经网络的训练主要有前向传播和反向传播两个过程。

前向传播(也称为正向传播)是指神经网络从输入层到输出层的计算过程，它是神经网络进行预测或推理的基本操作。基于训练好的神经网络模型，输入信号通过每一层的权重、偏置和激活函数来得到下一层的结果，经过逐层的迭代，输入的特征向量从低级特征逐步转化为抽象特征，并最终变成输出结果。也就是说，在前向传播的过程中，每一层的神经元接收来自上一层的加权信号，并通过一个非线性函数(称为激活函数)产生一个输出信号，然后将这个输出信号传递给下一层。这个过程一直持续到最后一层，从而得到神经网络的最终预测结果。

神经网络中每层的传播过程可以表示为：权重矩阵的转置乘以输入向量，再通过非线性激活函数得到输出。以图 2-19 为例，神经网络的输入为 3 个神经元。

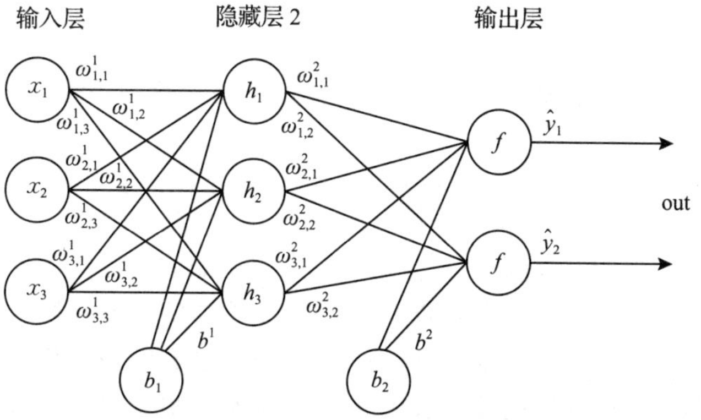

图 2-19　多层神经网络示意图

假设输入为 $\boldsymbol{x}=[x_1, x_2, x_3]$。同时，隐藏层也由 3 个神经元组成，假设神经元节点为 $\boldsymbol{h}=[h_1, h_2, h_3]$，输出层有 2 个神经元，它们的输出记为 $\hat{\boldsymbol{y}}=[y_1, y_2, y_3]$。输入层和隐藏层之间的链接对应的偏置向量为 $\boldsymbol{b}^1$，对应的权重矩阵为：

$$\boldsymbol{W}^1=\begin{bmatrix}\omega_{1,1}^1 & \omega_{1,2}^1 & \omega_{1,3}^1\\ \omega_{2,1}^1 & \omega_{2,2}^1 & \omega_{2,3}^1\\ \omega_{3,1}^1 & \omega_{3,2}^1 & \omega_{3,3}^1\end{bmatrix} \tag{2-37}$$

隐藏层和输出层之间的链接对应的偏置向量为 $\boldsymbol{b}^2$,对应的权重矩阵为:

$$\boldsymbol{W}^2=\begin{bmatrix}\omega_{1,1}^2 & \omega_{1,2}^2\\ \omega_{2,1}^2 & \omega_{2,2}^2\\ \omega_{3,1}^2 & \omega_{3,2}^2\end{bmatrix} \tag{2-38}$$

其中输入层到隐藏层的前向传播过程为:将权重矩阵 $\boldsymbol{W}^1$ 的转置乘以输入向量 $\boldsymbol{x}$,再加上对应的偏置向量 $\boldsymbol{b}^1$,从而得到一个输出 $\boldsymbol{\alpha}$,该过程以数学形式可以表示为:

$$\boldsymbol{\alpha}=\boldsymbol{W}^{1\mathrm{T}}\boldsymbol{x}+\boldsymbol{b}^1=\begin{bmatrix}\omega_{1,1}^1 & \omega_{2,1}^1 & \omega_{3,1}^1\\ \omega_{1,2}^1 & \omega_{2,2}^1 & \omega_{2,3}^1\\ \omega_{1,3}^1 & \omega_{2,3}^1 & \omega_{3,3}^1\end{bmatrix}\begin{bmatrix}x_1\\ x_2\\ x_3\end{bmatrix}+\begin{bmatrix}b_1^1\\ b_2^1\\ b_3^1\end{bmatrix} \tag{2-39}$$

然后假设激活函数使用 sigmoid 函数,输出 $\boldsymbol{\alpha}$ 再经过激活函数,就能得到隐藏层的输出 $\boldsymbol{h}$,可以表示为:

$$\boldsymbol{h}=\begin{bmatrix}h_1\\ h_2\\ h_3\end{bmatrix}=\frac{1}{1+\mathrm{e}^{-\boldsymbol{\alpha}}} \tag{2-40}$$

再计算输出层激活函数之前的输出,注意权重矩阵和偏置要使用隐藏层到输出层之间的 $\boldsymbol{W}^2$ 和 $\boldsymbol{b}^2$,得到的输出 $\boldsymbol{z}$ 可以表示为:

$$\boldsymbol{z}=\begin{bmatrix}z_1\\ z_2\end{bmatrix}=\boldsymbol{W}^{2\mathrm{T}}\boldsymbol{h}+\boldsymbol{b}^2 \tag{2-41}$$

最后再对输出向量 $\boldsymbol{z}$ 中的参数分别进行 sigmoid 函数计算,得到最终输出:

$$\hat{y}=\begin{bmatrix}\hat{y}_1\\ \hat{y}_2\end{bmatrix}=\frac{1}{1+\mathrm{e}^{-\boldsymbol{z}}} \tag{2-42}$$

至此就是一种前向传播过程的表示,隐藏层到输出层的前向传播过程与上述过程类似,就不再赘述了。前向传播可以看作一个复合函数,它由多个激活函数和权重矩阵相乘组成。

反向传播是对多层人工神经网络进行梯度下降的算法,它利用导数链式法则,将损失函数对网络参数的梯度从输出层逐层向输入层传递,并根据梯度更新参数,以达到降低损失函数的目的。

在前向传播过程中,我们得到了神经网络计算出的预测结果,对于反向传播来说,首先需要计算出期望值和预测结果的损失函数值,其次计算损失函数对每个权重参数或偏置的偏导数值,最后对参数进行更新。

反向传播的具体公式和过程取决于神经网络的具体结构和它所使用的激活函数。一般来说,每一层的反向传播都需要以下几个要素。

(1)损失函数对该层输出的梯度,记为 δ。

(2)该层输出对该层输入的梯度,记为$\frac{\partial y}{\partial x}$。

(3)该层输入对该层参数的梯度,记为 $\frac{\partial x}{\partial \omega}$ 和 $\frac{\partial x}{\partial b}$。

根据链式法则,可以得到损失函数 $L(W)$对该层参数的梯度,记为$\frac{\partial L}{\partial \omega}$和 $\frac{\partial L}{\partial b}$,它们等于梯度 δ 乘以 $\frac{\partial x}{\partial \omega}$和$\frac{\partial x}{\partial b}$。损失函数对该层输入的梯度,记为 $\frac{\partial L}{\partial x}$,它等于 δ 乘以 $\frac{\partial y}{\partial x}$。

至此,就可以将梯度 δ 从输出层向前进行传递,并计算出每一层的参数梯度值。更新的参数的过程可以用以下公式表示:

$$\omega=\omega-\alpha\frac{\partial L}{\partial \omega} \tag{2-43}$$

$$b=b-\alpha\frac{\partial L}{\partial b} \tag{2-44}$$

式中,α 是学习率,控制参数更新的步长。

以图 2-19 所示的神经网络为例,简单说明一下某一节点反向传播的过程。一般情况下权重参数矩阵 $\boldsymbol{W}$ 的初始值是随机给出的,所以损失函数也可能有大有小。以隐藏层中第一个节点到输出层的第一个节点的权重参数 $\omega_{1,1}^{2}$ 为例,采用链式法则计算损失函数 $L(W)$对 $\omega_{1,1}^{2}$ 的偏导数。为了能够更方便地感受计算过程,假设神经网络的输出 $\hat{y}_1$ 为 0.7,期望输出值 y 为 0.9,该隐藏层节点的输出 h_1 为 0.6。首先需要计算出损失函数 $L(W)$对输出 $\hat{y}_1$ 的偏导数,接着再计算 $\hat{y}_1$ 对 z_1 的偏导数,然后计算 z_1 对 $\omega_{1,1}^{2}$ 的偏导数,最后将三个式子相乘,得到 $L(W)$对 $\omega_{1,1}^{2}$ 的偏导数为:

$$\frac{\partial L(W)}{\partial \omega}=\frac{\partial L(W)}{\partial \hat{y}_1}\frac{\partial \hat{y}_1}{\partial z_1}\frac{\partial z_1}{\partial \omega_{1,1}^{2}} \tag{2-45}$$

假设损失函数采用均方误差来表示,那么损失函数可以表示为:

$$L(W)=\frac{1}{2}(y_1-\hat{y}_1)^2+\frac{1}{2}(y_2-\hat{y}_2)^2 \tag{2-46}$$

式中,y_1 和 y_2 表示期望输出值,系数采用$\frac{1}{2}$是为了方便进行求导。然后计算损失函数 $L(W)$对 $\hat{y}_1$ 的偏导数,可以表示为:

$$\frac{\partial L(W)}{\partial \hat{y}_1}=-(y_1-\hat{y}_1)=-(0.9-0.7)=-0.2 \tag{2-47}$$

接着就是求出 $\hat{y}_1$ 对 z_1 的偏导数,因为神经网络的输出值 $\hat{y}_1$ 是 z_1 通过 sigmoid 激活函数得到的,其对 z_1 的偏导数可以表示为:

$$\frac{\partial \hat{y}_1}{\partial z_1}=\frac{\partial \dfrac{1}{1+\mathrm{e}^{-z_1}}}{\partial z_1}=\hat{y}_1(1-\hat{y}_1)=0.7(1-0.7)=0.21 \tag{2-48}$$

而 z_1 是通过隐藏层的输出 h_1, h_2, h_3 与它们对应的权重参数 $\omega_{1,1}^2, \omega_{2,1}^2, \omega_{3,1}^2$ 分别相乘后求和，再加上对应的偏置 b^2 得到的，z_1 以数学形式表示为：

$$z_1 = \omega_{1,1}^2 \times h_1 + \omega_{2,1}^2 \times h_2 + \omega_{3,1}^2 \times h_3 + b^2 \tag{2-49}$$

因此，z_1 对 $\omega_{1,1}^2$ 的偏导数可以表示为：

$$\frac{\partial z_1}{\partial \omega_{1,1}^2} = h_1 = 0.6 \tag{2-50}$$

最后就可以得到损失函数 $L(W)$ 对 $\omega_{1,1}^2$ 的偏导数为：

$$\frac{\partial L(W)}{\partial \omega} = -(y_1 - \hat{y}_1) \times \hat{y}_1(1 - \hat{y}_1) \times h_1 = -0.2 \times 0.21 \times 0.6 = -0.025\ 2 \tag{2-51}$$

有了偏导数的值后，就可以把它代入反向传播参数更新的式(2-43)中更新 ω 的值。假设学习率(步长)α 为 1，ω 的初始值为 0.3，那么就可以得到更新后的 ω 值为：

$$\omega = \omega - \alpha \frac{\partial L}{\partial \omega} = 0.3 - (-0.025\ 2) = 0.325\ 2 \tag{2-52}$$

因此，也可以按同样的方法更新权重矩阵 $\boldsymbol{W}^2$ 中其他元素的数值。包括输入层到隐藏层、隐藏层到输出层的全部权重矩阵 $\boldsymbol{W}$ 也可以按同样的链式法则进行参数的计算和更新。

这就完成了一次反向传播的过程。如果有多个输入数据，可以对每个数据进行反向传播，并将参数梯度累加起来，然后再更新参数。一次传播完成之后，接着输入下一批样本，计算出损失函数之后就又可以利用反向传播更新一轮，再继续输入和更新不断迭代，就可以缩小预测值和期望值之间的差距，最终完成神经网络的训练。

2.1.2.2 神经网络损失函数

虽然以上不断地迭代更新模型参数的方法可以减小神经网络的训练误差，使神经网络的输出与期望值几乎相同理论上是可行的。但是在实际运用中难免会受到多种因素的影响，即使经过长时间的训练，训练的准确度依然很低，甚至可能不收敛。为了提高模型的精度，通常情况下需要从损失函数、激活函数、网络结构等方面对神经网络模型进行改善。

在反向传播过程中，首先需要定义损失函数，然后计算损失函数对梯度的偏导，所以损失函数的定义对梯度计算有着重要的影响。

神经网络中的损失函数 $L = f(\hat{y}, y)$ 有很多种，它们的作用是衡量模型预测值和真实值之间的差异。它们反映了模型的性能和准确性，损失函数越小，说明模型的预测越接近真实值，模型的鲁棒性越好，从而指导模型参数的优化。根据模型的任务类型，损失函数可以分为回归损失和分类损失。回归损失用于处理连续型变量，如预测房价、股票等。分类损失用于处理离散型变量，如识别图片、文本等。

1. 回归问题中常用的损失函数

在回归问题中，常用的损失函数是均方误差(mean squared error，MSE)，也称为 L_2 loss，它表示预测值与期望值之差平方的期望，数学形式可以表示为：

$$\text{MSE}(y, \hat{y}) = \frac{1}{n} \sum_{i=1}^{n} (y_i - \hat{y}_i)^2 \tag{2-53}$$

它是预测值和真实值之间距离的平方和的均值，MSE 的函数曲线光滑、连续，处处可导，便于使用梯度下降算法进行优化。受算法本身的影响，MSE 会对较大的误差给予较大的惩罚。也就是说，MSE 对于样本中的离群点（异常值）比较敏感，受其影响较大。如果样本中存在离群点，MSE 会给离群点更高的权重，这就会牺牲其他正常点数据的预测效果，最终降低整体的模型性能。但由于无参数、计算成本低和具有明确物理意义等优点，均方误差成为一种优秀的距离度量方法。尽管 MSE 在图像和语音处理方面表现较弱，但它仍是评价信号质量的标准，在回归问题中，MSE 常被作为模型的经验损失或算法的性能指标。需要注意的是，预测值和期望值要在相同的数据分布内，即如果预测值使用 sigmoid 等函数进行了归一化处理，那么真实值也要进行相同的归一化处理。

除了均方误差之外，还有许多其他的回归损失函数，其中比较常用的有如下几种。

（1）平均绝对误差（mean absolute error，MAE）　也称为 L_1 损失。它衡量的是预测值与真实值之间距离的平均误差幅度，作用范围为 0 到正无穷。它的数学形式表示为：

$$\mathrm{MAE}(y,\hat{y})=\frac{1}{n}\sum_{i=1}^{n}|y_i-\hat{y}_i| \tag{2-54}$$

它的优点在于对离群点或者异常值更具有鲁棒性。但它在残差为零处的导数不连续，使得求解效率低下，导致收敛速度慢；而对于较小的损失值，其梯度也同其他区间损失值的梯度一样大，不利于网络的学习和收敛。针对它的收敛问题，一般的解决办法是在优化算法中使用变化的学习率，在损失接近最小值时降低学习率。

（2）平滑 L_1 损失（smooth L_1 loss，SLL）　它是 L_1 损失和 L_2 损失的结合，它在 0 点附近使用 L_2 损失，使得梯度更加平滑，解决了 L_1 损失在 0 点处梯度不连续的问题。此外，在其他的区间上，它又采用了 L_1 损失中的线性函数，使得梯度能够快速下降。它的数学形式表示为：

$$\text{smooth } L_1 \text{ loss}(y,\hat{y})=\begin{cases}0.5(y_i-\hat{y_i})^2, \text{if } |y_i-\hat{y}_i|<1\\ |y_i-\hat{y_i}|-0.5, \text{otherwise}\end{cases} \tag{2-55}$$

平滑 L_1 损失是由 Girshick(2015)在 Fast R-CNN 神经网络中提出的，主要用在目标检测中防止梯度爆炸。通过上文中这三个损失函数求导对比就能发现，L_1 损失的导数为常数，如果不及时调整学习率，那么当值过小时，会导致模型趋向于一个固定值附近波动，很难收敛到一个较高的精度。而对于 L_2 损失来说，在训练初期值较大时，其导数值也会相应较大，导致训练不稳定。最后，可以发现 smooth L_1 在训练初期输入数值较大时能够较为稳定地保持在某一个数值，而在后期趋向于收敛时也能够加速梯度的回传，很好地解决了前面两者所存在的问题。

（3）交并比损失（intersection over union loss，IoU loss）　是一种用于边界框回归的损失函数，反映了预测边界框和真实边界框之间的重叠程度，它的数学表达式为：

$$\text{IoU loss}(A,B)=1-\text{IoU}=1-\frac{|A\cap B|}{|A\cup B|} \tag{2-56}$$

式中，A 和 B 分别表示预测边界框和真实边界框的面积，$|A\cap B|$ 表示两者的交集面积，$|A\cup B|$ 表示两者的并集面积。它是两个边框之间的交集和并集的比值的补集，它可以作为

一个整体来回归边框信息，具有尺度不变性，即对边界框的大小不敏感，只关注重叠区域。交并比损失函数的值越小，说明两者的重叠程度越高，模型的性能越好。但是它目前还存在一定的不足，例如它不能直接优化没有重叠区域的情况，即当两个边界框没有相交时，损失函数为0，没有梯度信息，无法进行学习；同时也不能精确地反映两个边界框之间的距离和形状差异，即当两个边界框有相同的交并比时，它们可能有不同的位置和纵横比。

为了解决交并比损失函数的缺点，一些改进的损失函数被提出，如广义交并比损失函数(GIoU loss)、距离交并比损失函数(DIoU loss)、完整交并比损失函数(CIoU loss)等。这些损失函数不仅考虑了重叠区域，还考虑了其他因素，如最小闭合区域、中心点距离、纵横比等。这些损失函数可以提高边界框回归的性能和稳定性。

2. 分类问题中常用的损失函数

分类问题中最常用的损失函数是交叉熵损失函数(cross entropy loss)，在信息论里面，熵是用于描述对不确定性的度量。所以，这个概念可以延伸到深度神经网络中，比如模型在做分类时，其实也是在判断一个物体到底是不是属于某个类别。熵是一种衡量系统不确定性的指标，它反映了系统的平均信息量，也就是消除系统不确定性所需的最小比特数，熵的数学表达式为：

$$\text{Entropy}(p) = -\sum_{x} p(x)\ln p(x) \tag{2-57}$$

式中，p 是系统的概率分布，x 是可能的取值，$p(x)$是 x 在 p 中的概率。熵的值越大，说明系统的不确定性越大，平均信息量越大。

而交叉熵是一种衡量两个概率分布之间差异的指标，它反映了两个分布的相似度。最初用于估算平均编码长度，引入机器学习后，用于评估当前训练得到的概率分布与真实分布的差异情况，它的数学表达式为：

$$\text{Cross entropy}(p) = -\sum_{x} p(x)\ln q(x) \tag{2-58}$$

式中，p 和 q 是两个概率分布，x 是可能的取值，$p(x)$是 x 在 p 中的概率，$q(x)$是 x 在 q 中的概率。在神经网络中，$p(x)$代表期望值，$q(x)$代表预测值。交叉熵损失函数刻画了期望值与预测值之间的相似度，即交叉熵的值越小，两个概率分布就越接近。交叉熵总是大于或等于熵，并且仅在 $p=q$ 时等于熵。这意味着使用错误的概率分布来编码真实概率分布总是比使用真实概率分布来编码真实概率分布需要更多的比特数。

在二分类问题中，交叉熵损失函数也可以称为二值交叉熵损失(binary cross entropy loss)，它的数学表达式为：

$$\text{Binary cross entropy}(y, \hat{y}) = -\sum_{i=1}^{n}[y_i \ln \hat{y}_i + (1-y_i)\ln(1-\hat{y}_i)] \tag{2-59}$$

在正负样本不均衡的分类问题中，常用交叉熵作为损失函数，可以有效避免梯度消散。交叉熵还可以有效配合 sigmoid 或 softmax 函数进行梯度下降优化，因为它可以保证梯度始终为正，且随着误差的减小，梯度也在减小，有利于收敛。

除了交叉熵之外，其他比较常用的分类损失函数有：

(1)KL 散度(K-L divergence)　也被称为相对熵，是一种非对称度量方法，常用于度量两个概率分布之间的距离。KL 散度也可以衡量两个随机分布之间的距离，两个随机分布的相似度越高，它们的 KL 散度越小；当两个随机分布的差别增大时，它们的 KL 散度也会增大，因此 KL 散度可以用于比较文本标签或图像的相似性。它可以看作交叉熵和熵之间的差，数学形式表示为：

$$\text{KL divergence}(p,q)=-\sum_x p(x)\ln q(x)+\sum_x p(x)\ln p(x)=\sum_x p(x)\ln\left[\frac{p(x)}{q(x)}\right] \tag{2-60}$$

式中，p 和 q 是两个概率分布，x 是可能的取值，$p(x)$是 x 在 p 中的概率，$q(x)$是 x 在 q 中的概率。KL 散度函数的值越小，说明 p 和 q 越接近。KL 散度是恒大于或等于 0 的。当且仅当两分布相同时，KL 散度等于 0。

(2)焦点损失(focal loss)　是一种用来解决分类问题中样本不平衡和难于分类的问题的损失函数，它是在交叉熵损失函数的基础上添加了一个调节因子，使得易分类的样本的损失值降低，而难分类的样本的损失值增加，它的数学形式为：

$$\text{Focal loss}(y,\hat{y})=-\alpha(1-\hat{y})^{\gamma}y\ln\hat{y}-(1-\alpha)\hat{y}^{\gamma}(1-y)\ln(1-\hat{y}) \tag{2-61}$$

式中，y 是真实标签，$\hat{y}$ 是预测概率，α 是正负样本的平衡系数，α 和$(1-\alpha)$分别用于控制正和负样本的比例，其取值范围为$[0,1]$。α 的取值一般可通过交叉验证来选择合适的值。参数 γ 称为聚焦参数，取值范围为$[0,+\infty)$，目的是通过减少易分类样本的权重，使模型在训练时更专注于难分类样本。当 $\gamma=0$ 时，focal loss 就变为交叉熵损失函数。当 $\gamma>0$ 时，focal loss 会根据 p 的大小来调整损失值，γ 越大，对易分类样本的惩罚力度就越大(Lin 等，2017)。

焦点损失最初用于解决目标检测中正负样本比例严重失衡的问题。后来，focal loss 函数也被应用到其他领域，如文本分类、语音识别等，以提高模型对少数类别和难分类别的性能。

2.1.2.3　神经网络激活函数

激活函数是一种在人工神经网络中的神经元上运行的函数，它负责将神经元的输入映射到输出端，激活函数的输出决定了下一层神经网络的输入。激活函数的作用是为神经网络提供非线性特征，使神经网络可以拟合复杂的数据分布和函数关系。神经网络训练中通常会使用可微且输出范围有限的激活函数，由于反向传播过程中使用梯度下降法进行优化训练，通常会要求激活函数是可微的。而且激活函数的输出范围如果是有限的，那么其特征的表示受到有限权重的影响会更加明显，基于梯度的优化方法就会更加稳定。

激活函数可以分为线性激活函数和非线性激活函数。线性激活函数是一种保持输入和输出之间线性关系的函数，如 $f(x)=x$。非线性激活函数是一种破坏输入和输出之间线性关系的函数，如 $f(x)=\max(0,x)$。

线性激活函数的优点是简单易计算，但是缺点是表达能力有限，无法拟合非线性的数据和函数。非线性激活函数的优点是表达能力强，可以拟合非线性的数据和函数，但是缺点是计算复杂度高，可能存在梯度消失或爆炸等问题。

在神经网络模型中通常会使用非线性激活函数，常用的激活函数有以下 7 种。

1. sigmoid 函数

sigmoid 函数曾经是最常用的激活函数。它可以将一个实数映射到(0,1)的区间，可以用来进行二分类或者表示概率。它的数学表达式为：

$$f(x)=\frac{1}{1+e^{-x}} \tag{2-62}$$

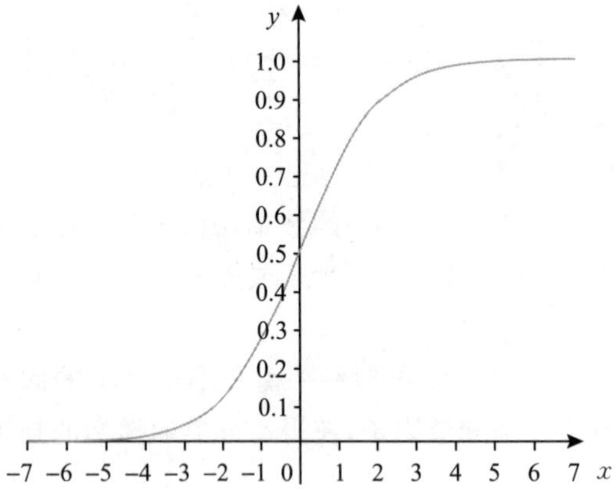

图 2-20 sigmoid 函数图像

sigmoid 函数图像如图 2-20 所示，它的图形类似一个 S 形曲线。可以看出，当 x 非常小时，sigmoid 函数的输出接近于 0；而当 x 非常大时，sigmoid 函数的输出接近于 1。也就是说，sigmoid 函数的输出范围是 0 到 1。由于输出值限定在 0 到 1，因此它对每个神经元的输出进行了归一化，从而可以使神经网络中的每一层权重对应的输入都是一个固定范围内的值，权重值也会更加稳定。同时它的输出梯度平滑，可以避免跳跃的输出值。但是它也存在着一定的不足，首先函数的输出不是以 0 为中心的，会导致下一层输入的均值产生偏移，这会降低权重更新的效率，也可能会影响网络的收敛；其次是表达式中含有指数运算，导致计算复杂度高，计算效率低，也因为限定的范围比较小，导致输入的值比较大的话容易出现梯度消失。所以目前 sigmoid 函数主要用于二分类的输出层，否则很少使用。

2. tanh 函数

该函数也称为双曲正切函数。为了避免 sigmoid 函数存在的缺陷，tanh 函数曾短暂流行过一段时间。它是一种非线性激活函数，可以将任意的实数映射到(−1,1) 的区间，可以用来进行二分类或者表示概率。它的数学表达式为：

$$\tanh(x)=\frac{\sin h(x)}{\cos h(x)}=\frac{\frac{e^{z}-e^{-z}}{2}}{\frac{e^{z}+e^{-z}}{2}}=\frac{e^{z}-e^{-z}}{e^{z}+e^{-z}} \tag{2-63}$$

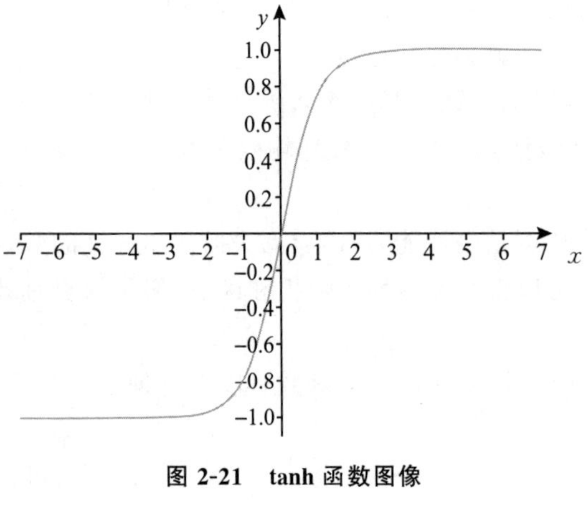

图 2-21 tanh 函数图像

tanh 函数图像如图 2-21 所示，也类似一个 S 形曲线。

与 sigmoid 函数相比，tanh 函数的图像是中心对称的，tanh 函数的输出范围是−1 到 1，即均值为零。所以它解决了 sigmoid 函数中均值不为零的问题，但当输入值较大或较小时，输出值同样几乎是平滑的并且梯度较小，不利于权重更新，所以 tanh 函数仍然存在梯度消失的问题。在一般的二元分类问题中，tanh 函数用于隐藏层，而 sigmoid 函数用于输出层，但这并不是固定的，需要根据特定问题进行调整。

3. ReLU 函数

ReLU 函数也称线性整流函数，是一种常用的非线性激活函数，目前在深度神经网络中十分常用，它可以将任意的实数映射到 $[0,+\infty)$ 的区间，可以用来增强神经网络的表达能力和收敛速度。其数学表达式为：

$$\text{ReLU}(x)=\max(0,x) \tag{2-64}$$

它表示当输入是正数时，输出值则不变；当输入是负数时，输出值为零。其函数图像如图 2-22 所示，图像类似一个斜坡。

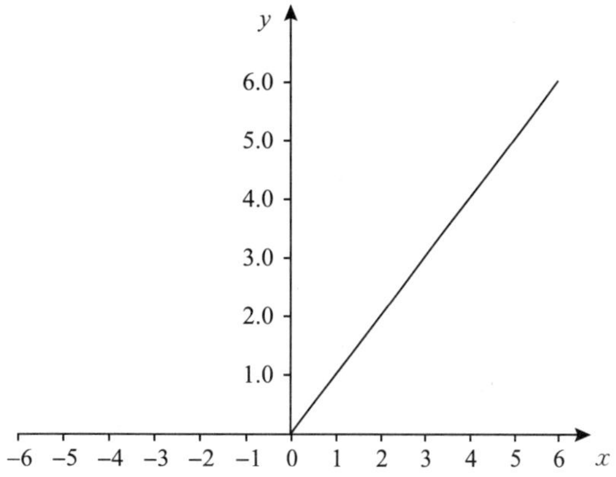

图 2-22　ReLU 函数图像

ReLU 函数的优点在于，简单易计算，没有 sigmoid 函数和 tanh 函数中复杂的指数运算，只是单纯的线性计算。而且当 $x>0$ 时，ReLU 函数可以保持梯度不衰减，缓解了梯度消失的问题，在层数较多的神经网络中通常会使用 ReLU 函数。

但是 ReLU 函数中也有一定的缺点，首先是它的输出均值同样也不为零，其次是存在着某些样本的神经元死亡现象，也就是当输入为负时，ReLU 输出为零，效果完全失效，在前向传播过程中，这不是问题。但是在反向传播过程中，如果输入是负数，则梯度将完全为零，相关的参数值就不会再变化，从而导致这部分神经元的输入始终是负数，输出始终为零。最后由于它的输出范围是无限的，可能会导致神经网络中的输出值随着层数增加而不断增大。

4. Leaky ReLU

该函数是一种改进版的 ReLU 函数。为了应对 ReLU 函数中出现的神经元死亡现象，Maas(2013)等提出了在负值区间引入一个小的斜率的方法，一定程度上解决了 ReLU 函数在负值区间输出为零的问题。它的表达式为：

$$\text{Leaky ReLU}(x)=\max(\alpha x,x)=\begin{cases}x, & \text{if } x>0\\ \alpha x, & \text{if } x<0\end{cases} \tag{2-65}$$

式中，α 是一个小于 1 的常数，称为 leaky 系数。一般情况下，α 取一个较小的值，如 0.01。Leaky ReLU 的函数的输出范围是负无穷到正无穷，其函数图像如图 2-23 所示。

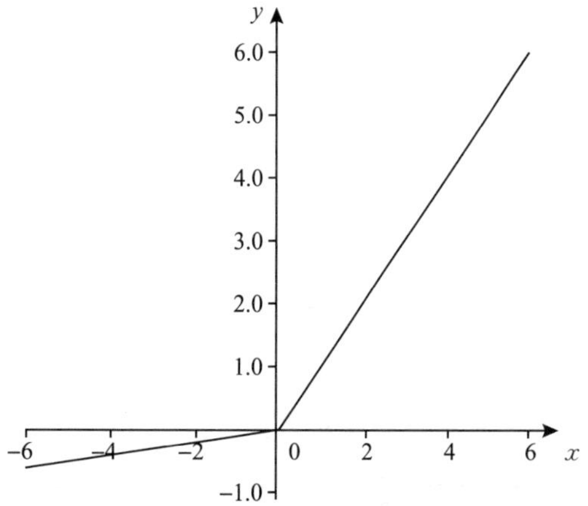

图 2-23　Leaky ReLU 函数图像

从理论上讲，Leaky ReLU 具有 ReLU 的所有优点，而且不会有神经元死亡的问题，但在实际操作中，尚未完全证明 Leaky ReLU 总是比 ReLU 更好。

5. PReLU 函数

该函数是一种 ReLU 函数的改进函数，它的定义与 Leaky ReLU 函数类似。只是它们的参数 α 存在区别，PReLU 函数中的 α 是可调参数，在每个通道都有一个参数，参数的值通过反向传播训练得到(He 等，2015)。

6. ELU 函数

该函数也称为指数线性函数，同样是针对 ReLU 的负数部分进行的改进，它融合了 sigmoid 函数和 ReLU 函数，在负值区间引入一个指数形式的斜率。它的数学表达式为：

$$f(x)=\text{ELU}(x)=\begin{cases}x, & \text{if } x>0\\ \alpha(e^{x}-1), & \text{if } x<0\end{cases} \tag{2-66}$$

式中，α 是一个可调参数，可以设置 ELU 在负值区间的饱和位置。当 x 小于 0 时，ELU 函数将返回一个指数特征值减 1 的值。当 $x\geqslant 0$ 时，ELU 函数将返回 x 本身，避免梯度的消失。ELU 函数通过减少偏置偏移的影响，使正常梯度更接近于单位自然梯度，从而使均值向零加速学习缺点是涉及指数运算，提高了计算复杂度。它的函数图像如图 2-24 所示。

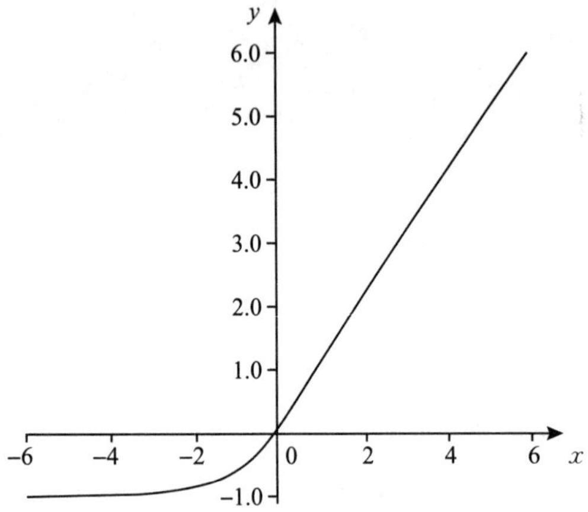

图 2-24 ELU 函数图像

7. Softplus 函数

该函数可以看作是 ReLU 函数的平滑版本。根据神经科学家的相关研究，Softplus 函数和 ReLU 函数与脑神经元激活频率函数有相似的地方。也就是说，与早期的激活函数相比，Softplus 函数和 ReLU 函数更加接近脑神经元的激活模型，而神经网络正是基于脑神经科学发展而来的，这两个激活函数的应用促成了神经网络研究的新浪潮(Glorot，2011)。它的数学表达式为：

$$f(x)=\ln(1+e^{x}) \tag{2-67}$$

Softplus 函数图像如图 2-25 所示。

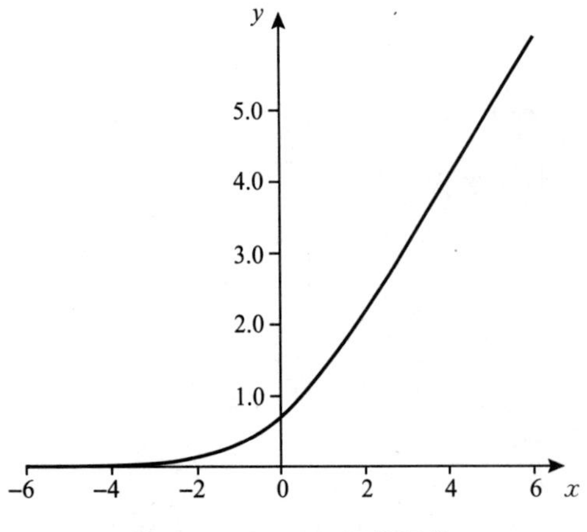

图 2-25 Softplus 函数图像

除了这些比较常见的激活函数，目前的深度学习神经网络中还有很多其他的激活函数及其变体，适用于不同的网络结构。

2.1.2.4 神经网络正则化

在神经网络训练过程中，有时尝试了很多种网络结构、不同的激活函数和损失函数之后，训练的精度仍然很低，这就可能是因为训练神经网络模型时出现了过拟合现象。过拟合是指模型在训练数据上表现优秀，但在新数据上表现不佳。深层的神经网络结构对特征有很好的表现能力，但通常容易出现过拟合的现象，导致模型的泛化能力差。正则化就是一种在机器学习和统计建模中用于防止模型过拟合的技术。

正则化的基本思想是在模型训练过程中，给模型参数加上一些限制或惩罚，使得模型不能过分地适应训练数据，从而提高模型的泛化能力。例如在一个最高有四次项的回归模型中，其函数为：

$$f(x)=\omega_0+\omega_1 x_1+\omega_2 x_2^2+\omega_3 x_3^3+\omega_4 x_4^4 \tag{2-68}$$

它的损失函数是 $L(W)$，但是存在着过拟合现象，就在损失函数中加上高次项的惩罚项 $C_1\omega_3^2+C_2\omega_4^2$，式中 C_1 和 C_2 为常数，其损失函数就可以表示为：

$$\widetilde{L}(W)=L(W)+C_1\omega_3^2+C_2\omega_4^2 \tag{2-69}$$

在函数中增加两个限制条件，分别对 ω_3 和 ω_4 进行限制，不能让它们过高。这不仅可以最小化误差，也能最小化高次项参数。假设 C_1 和 C_2 都取值 1 000 时，损失函数训练出来的 ω_3 和 ω_4 都接近于 0，提高了模型泛化能力。

模型训练过程中，一方面要使损失函数 $\widetilde{L}(W)$ 的取值最小，ω 的绝对值就会取到很大，这样模型才能完美拟合训练样本点；另一方面当 ω 的绝对值很大时，容易变得过拟合，因此为了权衡，只有使 ω 取值适当，才能保证值取到最优。损失函数中加入的正则项通常是一个关于模型参数的函数，它会随着参数的增大而增大。这样，在优化损失函数时，不仅要使损失函数最小化，同时也要使正则项最小化，从而防止参数过大或过复杂。

在实际运用中比较常用的正则化有 L_2 正则化、L_1 正则化及 Dropout 正则化。

1. L_2 正则化

它可以避免过拟合时某些区间里的导数值非常大、曲线特别不平滑的情况，L_2 正则化又称为权重衰减（从梯度下降的角度），因为其导致权重趋向于 0 但不全为 0。其数学表达式为：

$$R(\omega)=\frac{1}{2}\|\omega\|_2^2=\frac{1}{2}\sum_i \omega_i^2 \tag{2-70}$$

式中，$\|\omega\|$ 表示 ω 的二范式，平方和 1/2 是为了求解的方便。将它加入损失函数 $L(W)$ 中，可以得到正则化之后的函数表达式为：

$$\widetilde{L}(\boldsymbol{W};x,y)=L(\boldsymbol{W};x,y)+\frac{\alpha}{2}\sum_i \omega_i^2=L(\boldsymbol{W};x,y)+\frac{\alpha}{2}\|\omega\|^2 \tag{2-71}$$

式中，$\boldsymbol{W}$ 是模型参数向量，x 和 y 是训练数据和标签，α 是一个超参数，控制正则化项的大小。L_2 正则化对于绝对值较大的权重参数会予以很重的惩罚，对于绝对值很小的权重参数予以比较小的惩罚，当权重参数的绝对值趋近于 0 时，基本不惩罚。这个性质与 L_2 的平方项有关，即越大的数，其平方越大，越小的数，如小于 1 的数，其平方反而越小。

2. L_1 正则化

与 L_2 正则化相似但又不相同，L_2 是所有权重的平方和，而 L_1 是所有权重的绝对值的和，其数学表达式为：

$$R(\omega)=\|\omega\|_1=\sum_i |\omega_i| \tag{2-72}$$

式中，$\|\omega\|_1$ 为 ω 的一范式。将其加入损失函数 $L(W)$ 中，可以得到正则化后的函数表达式为：

$$\widetilde{L}(\mathbf{W};x,y)=L(\mathbf{W};x,y)+\alpha\sum_i|\omega_i|=L(\mathbf{W};x,y)+\alpha\|\omega\|_1 \tag{2-73}$$

L_1 正则化对所有的权重予以同样的惩罚，也就是说，不管模型参数的大小，对它们都施加同等力度的惩罚，因此，较小的权重在被惩罚后，它的参数值就会变成 0。通常在经过 L_1 正则化后，许多模型参数的值变为 0 或趋于 0，由于大量模型参数变为 0，这些参数就不会出现在最终的模型中，因此达到了稀疏化的作用，这也说明了 L_1 正则化自带特征选择的功能。

要了解 L_1 正则化和 L_2 正则化的应用区别，就需要先了解稀疏化的概念。稀疏化是在神经网络训练过程中让一部分权重参数或者神经元直接为 0，也就是将不必要的参数或层减少或者去除，从而获得更加轻量化的模型。

近年来，在实际工程中对模型稀疏化的要求逐渐增多，而 L_2 正则化不能满足稀疏化的需求，因为它只是使模型的参数值趋近于 0，而不是等于 0，这样就无法丢掉模型里的任何一个特征，无法做到稀疏化。而 L_1 正则化的作用是使得部分模型权重参数的值等于 0，这些权值等于 0 的特征可以省去，从而达到稀疏化的目的。因此，L_1 正则化在需要稀疏化模型的场景下，才能发挥很好的作用并且效果远胜于 L_2 正则化。其他情况下，一般选择优先选择 L_2 正则化。

3. Dropout 正则化

它是最有趣的正则化技术之一，可以实现非常好的效果，因此是深度学习领域中最常用的正则化技术。L_1 正则化和 L_2 正则化的目的都是在目标函数中增加惩罚项，而 Dropout 正则化则是在训练阶段的每个迭代过程中，随机选择某些节点，并且删除它的前向和后向连接。这样，每个迭代过程都会有不同的节点组合，从而导致不同的输出。这可以看成机器学习中的集成方法。集成模型一般优于单一模型，因为它们可以捕获更多的随机性。Dropout 正则化丢掉一些节点有时会带来更好的效果，不仅可以防止模型过拟合，还能降低模型的复杂度（Hinton 等，2012）。

选择移除多少节点的概率值（采样概率）是一个超参数，由用户指定。例如，输入节点采样的概率值可以设为 0.8，隐藏层节点的采样概率可以设为 0.5，就能够达到很好的效果，这也意味着隐藏层中可能有一半的节点会被丢弃。

2.1.3 深度学习

深度学习是一种基于人工神经网络的机器学习方法，通过多层神经网络对输入数据进行逐层抽象和表示学习，从而实现对复杂数据结构和非线性关系的建模。深度学习模型通常包含多个隐藏层，每个隐藏层都有许多神经元。这些神经元通过权重连接，模拟了生物神经元之间的信号传递过程。

深度学习的优势在于它可以自动从数据中学习特征，而不需要人为地设计和提取特征。这使得深度学习能够处理高维、非结构化、复杂的数据，如图像、语音、文本、视频等。深度学习在计算机视觉、自然语言处理、语音识别、自动驾驶、机器人、医疗健康等领域都有广泛的应用和突破。

深度学习的关键技术之一是神经网络的结构和类型，如卷积神经网络、循环神经网络、生成对抗网络、变分自编码器等。这些神经网络都有各自的特点和适用的场景，可以根据不同的数据和任务进行选择和组合。

深度学习的另一个关键技术是图形处理单元(GPU),它是一种专门用于图形处理和并行计算的硬件加速器。GPU拥有大量的计算核心和高速的内存带宽,可以有效加速深度学习的训练和推理过程。GPU的发展和普及极大地推动了深度学习的发展和应用。

下文将对卷积神经网络进行介绍,以便更好地了解深度学习。

2.1.3.1 卷积神经网络概述

在深度学习的神经网络模型中,通常会有非常多的隐藏层,而每一层的神经元数量也可能不止100个,如果像上文中提到的神经网络结构一样采用全连接的方式,那么假设输入信号是一个224×224大小的RGB图像,第一个隐藏层有1 000个神经元,仅在输入层和隐藏层之间的权重参数就有1.5亿个。这么多参数的神经网络是很难训练的,需要耗费大量的时间,即使训练出来往往也容易过拟合。

于是便有了卷积神经网络(convolutional neural network,CNN)的诞生,它在某种意义上能够很好地解决上述的问题。第一个完整的卷积神经网络结构是由纽约大学的Yann Lecun等(1998)提出的LeNet5模型,其本质是一个多层感知机。

卷积神经网络是一种具有局部连接、权值共享等特点的深层前馈神经网络(feedforward neural network),是深度学习(deep learning)的代表算法之一,擅长处理图像特别是图像识别等相关的机器学习问题,如图像分类、目标检测、图像分割等,是目前应用最广泛的模型之一。CNN的核心思想就是局部连接和权重共享。

(1)局部连接 是指卷积层(convolution layer)中的每个神经元只与输入层中的一小块区域相连,而不是与整个输入层全连接。因为视觉有很强的局部性,相邻的几个点可能就能构成一个完整的物体,而距离越远的两个点之间的联系可以越弱,所以在用神经网络模型进行图像处理时,一般不用进行全连接,而是局部的邻域信息进行稠密连接,这样可以减少参数数量,加快学习速度。

(2)权重共享 是指卷积层中的每个神经元只使用一组固定的权重参数来与输入数据进行卷积运算,从而提取输入数据中的局部特征。这样可以减少模型的参数数量,降低模型的复杂度和计算量。这组固定的权重参数也称为卷积核,它的原理是每一组权重参数抽取图像的一种特征。例如某一输入图像通过卷积运算,相当于这张图的每个位置是被同样的卷积核扫描,所以权重是一样的。

基于这两种主要思想,卷积神经网络可以很大程度地减少处理输入信号时所需的参数量,提高模型的鲁棒性和泛化能力。

2.1.3.2 卷积神经网络的组成

一个卷积神经网络模型通常由输入层、卷积层、激活层、池化层和全连接层组成。

(1)输入层 负责接收原始数据,如图像的像素值、语音的波形值、文本的词向量等,并进行一些预处理,如去均值、归一化等。

(2)卷积层 负责对输入数据进行卷积运算,使用多个卷积核来提取输入数据中的不同特征,并生成多个特征图(feature map),输入和输出的特征图尺寸一般变化不大,为了缩小特征图尺寸,一般会在一个卷积层之后加入一个池化层(pooling layer)。卷积层可以设置不同的参数,如卷积核的大小、数量、步长、填充等,以控制输出特征图的尺寸和数量。

(3)激活层(activation layer) 负责对卷积层的输出进行非线性变换,增强网络的表达能力。一般情况下激活层和卷积层会放在一起使用。

(4)池化层　负责对卷积层的输出进行下采样,降低特征图的尺寸和数量,减少模型的复杂度和参数量。常用的池化方式有最大池化、平均池化等。

(5)全连接层　负责将池化层或卷积层的输出展平为一维向量,然后将这些神经元全部一一连接起来,并进行线性变换和分类。全连接层往往在分类问题中用作网络的最后层,作用是将数据矩阵进行全连接,计算每一类的得分,然后按照得分来输出类型,在回归问题中,全连接层则可以省略,但是需要增加卷积层来对数据进行逆卷积操作。卷积神经网络中主要部分的作用如下。

1. 卷积层

卷积层是卷积网络中最为重要的部分,通过卷积核对输入数据进行卷积运算,提取数据中的局部特征,并生成输出特征图。与传统全连接层不同,全连接计算一个输出需要用到所有输入,而卷积层中某一个节点的输出只需要用到 $K_1 \times K_2$ 个输入,其中 K_1 和 K_2 表示卷积核的长和宽,通常它们的取值为1、3、5、7、9等,在实际运用中卷积核常用的大小有 3×3 或者 5×5,有些地方也称卷积核为过滤器(filter)。

(1)卷积运算　卷积运算是一种在信号处理和图像处理中常用的操作,它可以看作一种特殊的矩阵乘法,即使用一个固定大小的矩阵(卷积核)在输入的矩阵上自左向右、自上而下地滑动,并与每个区域进行矩阵地点乘并求和,得到输出数据。假设有一个输入矩阵 $\boldsymbol{X}$ 的尺寸为 3×3,卷积核 $\boldsymbol{K}$ 是一个大小为 2×2 的矩阵,卷积的步长为1,其卷积运算过程如图2-26所示。

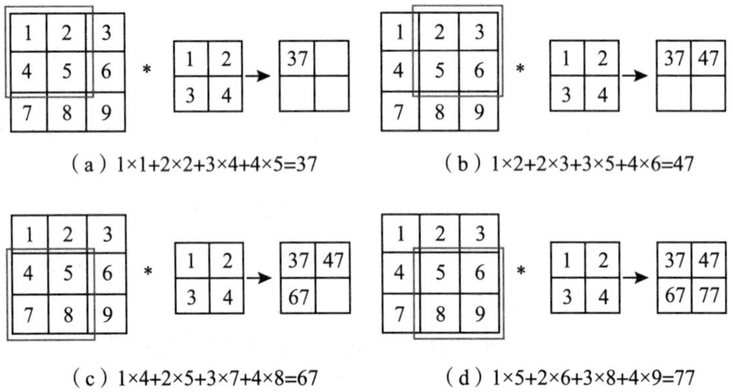

(a) 1×1+2×2+3×4+4×5=37　(b) 1×2+2×3+3×5+4×6=47

(c) 1×4+2×5+3×7+4×8=67　(d) 1×5+2×6+3×8+4×9=77

图2-26　卷积运算过程

卷积运算的目的是提取输入的不同特征,某些卷积层可能只能提取一些低级的特征如边缘、线条和角等层级,更多层的网络结构能从低级特征中迭代提取更复杂的特征。

(2)边界填充　假设输入矩阵的大小为 $n\times n$,而卷积核的大小为 $k\times k$,卷积的步长为1,则卷积后的输出矩阵大小就为 $(n-k+1)\times(n-k+1)$,相当于去除了图像最外面一圈的像素。从图2-26中也可以看出,大小为 3×3 的矩阵与大小为 2×2 的卷积核进行卷积运算后得到的结果是大小为 2×2 的矩阵。也就是说,在进行卷积之后的输出尺寸会减小,在一些应用场合下,为了保持输入矩阵的大小,在卷积操作前需要对数据进行边界填充(padding),在输入矩阵的周围填入固定的数据,以调整输出数据的大小或保持输入数据的边缘信息。常见的扩充方法为0填充方式,即在输入矩阵周围补一圈0。

(3)步长　是指卷积核在输入数据上滑动的间隔,以控制输出数据的稀疏程度或降低输出数据的维度。

除此之外,卷积层中还有两个重要的参数,分别是偏置和激活。偏置向量的作用是对卷积后的数据进行简单线性的加法,就是卷积后的数据加上偏置向量中的数据。激活函数是为了增加神经网络的非线性能力。

2. 池化层

池化层能够降低特征图的尺寸,从而减少模型的复杂度和参数量,加快计算速度,防止过拟合。池化层的原理是将输入数据划分为若干个矩形区域,对每个区域进行某种统计操作,如最大值、平均值、随机值等,得到新的、维度较小的特征图,池化层一般没有参数,训练时很简单。

池化的方式一般有两种:一种为最大池化法,另一种为平均池化法。池化的过程也是一个采用一个固定大小的池化矩阵在输入矩阵上进行滑动,滑动过程中根据不同的方法提取不同的数据作为输出。最大池化法是提取池化矩阵的最大值进行输出,这样可以提取特征图中响应最强烈的部分,保留图像的边缘和纹理信息;平均池化法则是对池化矩阵中所有的参数求平均值,会把图像的一些特征平均化,也就是模糊化。除此之外还有随机池化、中值池化等,池化层的大小一般可以设为 2×2。

池化层一般夹在连续的卷积层中间,用于压缩数据和参数的量,减小过拟合。池化层的作用是对数据进行降维处理,在一定程度上防止过拟合,更方便优化。如果输入是图像的话,那么池化层的最主要作用就是压缩图像。

3. softmax 层

一般的神经网络最终输出是由全连接层决定的,但也有些神经网络是将 softmax 层用于输出。softmax 是适用于多分类问题的输出层,它可以将一个数值向量归一化为一个概率分布向量,且各个概率之和为 1。softmax 函数是 softmax 层的核心组成部分,其数学表达式为:

$$\mathrm{softmax}(z_i)=f(z_i)=\frac{\mathrm{e}^{z_i}}{\sum\limits_{j=0}^{n}\mathrm{e}^{z_j}} \tag{2-74}$$

式中 $\boldsymbol{z}$ 是一个向量,z_i 和 z_j 是其中的一个元素。从 softmax 的公式中可以看出,通过归一化的计算,可以凸显较大的值并抑制较小的值,从而抑制次要特征,决定分类概率。softmax 函数在实际运用中可以从多个类别中选择一个概率最高的作为预测结果。例如,在手写数字识别问题中,需要从 10 个数字中选择一个作为输出,可以使用 softmax 层来输出每个数字的概率,并选择概率最高的数字作为结果。

2.1.3.3　典型 CNN 网络的运算过程举例

以比较常用的 VGG16 网络为例,介绍卷积神经网络的数据运算过程,VGG 网络的结构如表 2-1 所示。

表 2-1　VGG 网络结构

卷积网络配置					
A	A-LRN	B	C	D	E
11 个权重层	11 个权重层	13 个权重层	16 个权重层	16 个权重层	19 个权重层
输入(224×224 RGB 彩色图片)					
conv3-64	conv3-64 本地响应归一化	conv3-64 **conv3-64**	conv3-64 conv3-64	conv3-64 conv3-64	conv3-64 conv3-64
最大池化层					
conv3-128	conv3-128	conv3-128 **conv3-128**	conv3-128 conv3-128	conv3-128 conv3-128	conv3-128 conv3-128
最大池化层					
conv3-256 conv3-256	conv3-256 conv3-256	conv3-256 conv3-256	conv3-256 conv3-256 **conv1-256**	conv3-256 conv3-256 **conv3-256**	conv3-256 conv3-256 conv3-256 **conv3-256**
最大池化层					
conv3-512 conv3-512	conv3-512 conv3-512	conv3-512 conv3-512	conv3-512 conv3-512 **conv1-512**	conv3-512 conv3-512 **conv3-512**	conv3-512 conv3-512 conv3-512 **conv3-512**
最大池化层					
conv3-512 conv3-512	conv3-512 conv3-512	conv3-512 conv3-512	conv3-512 conv3-512 **conv1-512**	conv3-512 conv3-512 **conv3-512**	conv3-512 conv3-512 conv3-512 **conv3-512**
最大池化层					
全连接层-4 096 维					
全连接层-4 096 维					
全连接层-1 000 维					
softmax 分类					

注：参照 Simonyan 等(2014)。conv3-64 表示一个卷积层，该层具有以下特征：①conv3：卷积核的尺寸是 3×3。②64：该卷积层中有 64 个卷积核(或滤波器)。

其中，VGG16 的简化结构如图 2-27 所示。

VGG16 中卷积计算具体的过程如下：

(1)输入层　输入的数据是一个 224×224×3 的图像，其中 224×224 表示图像的尺寸，3 表示 RGB 三个通道，也就是彩色图像。

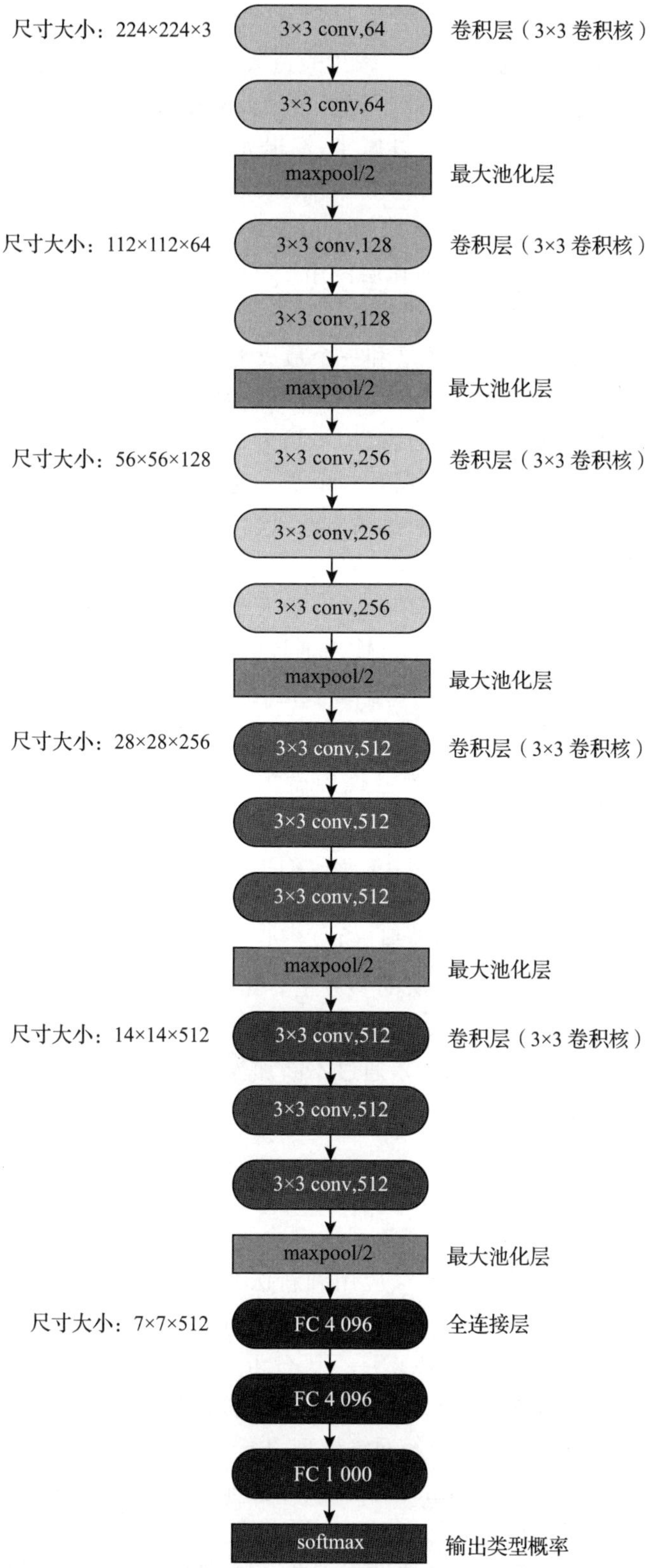

图 2-27　VGG16 的简化结构

(2)第一段卷积层　包含两个卷积层和一个最大池化层。每个卷积层都使用3×3的卷积核，卷积的步长为1，图像边界的填充为1，输出通道数为64，激活函数为ReLU。这样，每个卷积层的输出大小都保持为224×224×64。再通过最大池化层，池化层使用2×2的窗口，步长为2，对每个通道进行下采样，将图像尺寸减半，输出大小降为112×112×64。

(3)第二段卷积层　包含两个卷积层和一个最大池化层。每个卷积层都使用3×3的卷积核，卷积的步长为1，图像边界的填充为1，输出通道数为128，激活函数为ReLU。每个卷积层的输出大小为112×112×128。最大池化层使用2×2的窗口，步长为2，对每个通道进行下采样，将输出大小降为56×56×128。

(4)第三段卷积层　包含三个卷积层和一个最大池化层。每个卷积层都使用3×3的卷积核，卷积的步长为1，图像边界的填充为1，输出通道数为256，激活函数为ReLU。输出大小为56×56×256。最大池化层使用2×2的窗口，步长为2，将输出大小降为28×28×256。

(5)第四段卷积层　包含三个卷积层和一个最大池化层。每个卷积层都使用3×3的卷积核，卷积的步长为1，图像边界的填充为1，输出通道数为512，激活函数为ReLU。输出大小为28×28×512。经过同样的池化层输出大小降为14×14×512。

(6)第五段卷积层　包含三个卷积层和一个最大池化层。每个卷积层都使用3×3的卷积核，卷积的步长为1，图像边界的填充为1，输出通道数为512，激活函数为ReLU。这样，每个卷积层的输出大小都保持为14×14×512。最大池化层使用2×2的窗口，步长为2，对每个通道进行下采样，将输出大小降为7×7×512。

(7)全连接层　将最后一个池化层的输出展平为一个一维向量，长度为7×7×512＝25 088。然后经过3个全连接层，第一个和第二个全连接层都有4 096个神经元，激活函数为ReLU，使用0.5的dropout率进行正则化。第三个全连接层有1 000个神经元，对应于1 000个类别，激活函数为softmax，输出每个类别的概率。

总体来说，VGG16的网络结构由5段卷积层和3个全连接层组成，卷积层的参数主要是卷积核的大小、数量和激活函数，池化层的参数主要是窗口大小和步长，全连接层的参数主要是神经元的数量和激活函数。VGG16的网络结构非常简洁，整个网络都使用了同样大小的卷积核尺寸(3×3)和最大池化尺寸(2×2)，通过不断加深网络结构来提升性能。VGG16的优点是结构清晰、易于理解和实现，缺点是参数量较大、计算量较高、需要较多的内存和显存。

2.1.3.4　卷积神经网络模型简介

卷积神经网络的发展历史可以追溯到20世纪80年代，当时日本学者提出了神经认知机(neocognitron)模型，这是一种受生物视觉系统启发的神经网络结构，能够识别平移不变的模式。后来，Yann LeCun将反向传播算法应用到新认知机的训练上，提出了LeNet-5模型，这是第一个成功应用于手写数字识别的卷积神经网络。自此，卷积神经网络开始了快速的发展和创新，出现了许多经典的模型，如AlexNet、VGGNet、GoogLeNet等。这些模型在不同的数据集和任务上取得了显著的效果，推动了深度学习领域的进步。

(1)LeNet-5　作为第一个卷积神经网络模型，LeNet-5由2个卷积层、2个池化层和2个全连接层组成，最后通过一个softmax层输出结果，共有约6×10^4个参数。模型使用了sigmoid作为激活函数，以及平均池化作为下采样方法。

(2)AlexNet　它是深度学习领域的重要成果，它在2012年的ImageNet大规模视觉识别竞赛(ImageNet Large Scale Visual Recognition Challenge，ILSVRC)中取得突破性成果，top5

错误率为 16.4%。它由 5 个卷积层、3 个池化层和 3 个全连接层组成，最后经过 softmax 层输出，共有约 6 000 万个参数。AlexNet 模型的特点在于使用了 ReLU 作为激活函数，以及最大池化作为下采样方法。同时它还引入了 dropout、局部响应归一化(local response normalization，LRN，后来被证明 LRN 层作用不大，现在已经很少使用了)、数据增强，以及使用 GPU 并行计算等技术来提高模型的性能和泛化能力。

(3)VGGNet 该模型于 2014 年提出，是一种使用多个重复的卷积层和池化层来构建深度网络的模型。它有多个版本，其中 VGG16 和 VGG19 较为常用(16、19 指网络层数)。以 VGG16 为例，VGG16 由 13 个卷积层、5 个池化层和 3 个全连接层组成，共有约 1.38×10^{8} 个参数。VGGNet 比 AlexNet 有更深的网络结构，同时它使用了多层的小卷积核来代替大卷积核，例如采用连续的几个 3×3 卷积核代替较大的卷积核(11×11，7×7，5×5)，这样可以保证在相同的感受野下有效地减少参数数量，提高训练速度。同时它还加入了预训练，对部分网络层的参数进行初始化，提高训练收敛速度。

(4)GoogLeNet GoogLeNet 是 2014 年 ILSVRC 分类比赛冠军，创造了新的性能纪录，GoogLeNet 神经网络使用多个并行的子网络来构建深度网络的模型。它有多个版本，其中最初的一个由 22 层组成，共有约 5×10^{6} 个参数。GoogLeNet 中引入了 Inception 模块，这是一种将不同大小的卷积核和池化核进行组合和拼接的结构，可以增加网络的宽度和深度，即在同一层网络内使用不同尺寸的卷积核，提取不同尺寸的特征，并减少参数量。除此之外，它还在训练时使用了批量归一化(batch normalization，BN)，用于缓解梯度消失或爆炸，加速训练；GoogLeNet 还使用了全局平均池化来替代全连接层，以及两个辅助的分类网络来防止梯度消失，解决了多层神经网络的训练问题。

以上模型都是在深度学习中经典的模型，近几年随着神经网络的快速发展，在生物特征识别领域中也开始大规模地应用神经网络模型，生物特征识别中常用的有 ResNet、U-Net 和 MobileFaceNet 等神经网络模型。

1. ResNet 简介

在 AlexNet、VGGNet、GoogLeNet 等经典模型中，可以看出，研究者们一直在尝试使用各种各样的技术来加深神经网络模型的层数，因为在理论上加深层数可以增加网络的表达能力，使得网络可以学习更抽象和高层次的特征，从而提高识别的精度和鲁棒性。从 AlexNet 的 8 层结构，再到 GoogLeNet 的 22 层结构，技术一直在进步。但是随后人们意识到，随着神经网络层数的不断增加，网络训练结果并没有得到提升，反而出现了准确率下降的问题。

神经网络的深度问题一直阻碍了神经网络在更深层次的表现，直到后来 ResNet(Residual Network，残差网络)的出现才解决了这样的问题。ResNet 在 2015 年由微软实验室中的何凯明等提出，它获得了当年 ILSVRC 中分类任务第一名、目标检测第一名，同时也获得了 COCO 数据集中目标检测第一名、图像分割第一名，分类的准确率远高于其他算法，并且在 ResNet 提出之后，神经网络的层数就基本没有上限了。

为了了解深度神经网络的表现问题，ResNet 作者何凯明等曾经分别用 56 层和 20 层的传统卷积神经网络在 CIFAR-10 数据集上进行训练和测试，得到的实验结果如图 2-28 所示。

图 2-28(a)表示两个神经网络的训练误差，图 2-28(b)表示测试误差。可以看出 56 层的 CNN 表现整体不如 20 层的 CNN。由此可以发现，随着网络层级的不断增加，模型精度会不断得到提升，而当网络层级增加到一定的数目以后，训练精度和测试精度却出现了下降，这说

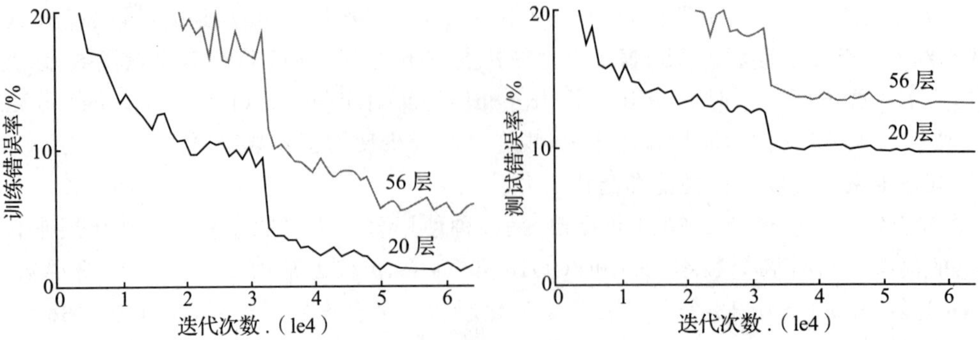

图 2-28　56 层和 20 层网络训练误差

（He 等，2016）

明当网络变得很深以后，深度网络就变得更加难以训练了。56 层的 CNN 不仅在测试误差上表现不如 20 层的 CNN，在训练误差上同样高，这说明不是过拟合的问题。同时深层网络存在着梯度消失或者爆炸的问题，使得深度学习模型难以训练。但在实验中已经存在一些技术手段如 BN 来缓解梯度消失，至少梯度不会完全消失。那么为什么会出现这样的问题？何凯明等认为，深层的神经网络准确率降低是因为层数增加导致的神经网络退化，也就是说，神经网络的层数越多，在训练时就越容易收敛到一些局部最优的极值点上，而局部最优点不一定是全局最优点，导致了误差比较大。

为了避免神经网络退化的问题，ResNet 模型采用了一种不同于常规卷积神经网络的残差结构。了解残差结构之前，假设有一个比较浅的网络模型，并且它已经达到了饱和的准确率（再继续训练准确率也不会增加），这时在它后面再加上几个恒等映射层（identity mapping，即 $y=x$，输出等于输入），它相当于只是复制浅层网络的特征，这样就增加了网络的深度，并且起码误差不会增加。这样即使是更深的网络也不应该带来训练集上误差的上升。而这里提到的使用恒等映射直接将前一层输出传到后面的思想，便是深度残差网络 ResNet 的灵感来源。两种网络结构的对比如图 2-29 所示。

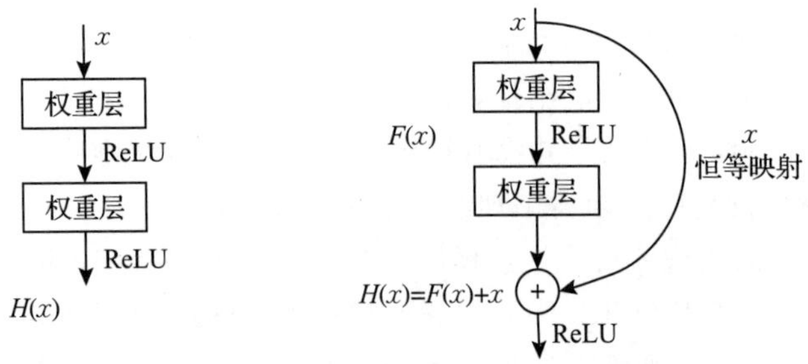

（a）常规神经网络结构　　（b）ResNet 网络残差模块

图 2-29　网络结构的对比

从 ResNet 的网络结构可以看出，残差模块比常规的神经网络结构增加了从输入到输出的直连，这种链接也称为短接（shortcut connection）。残差网络的设计借鉴了高速网络的跨层连接的思想，但是对其进行了改进，残差项原本是带权值的，ResNet 用恒等映射代替了它。

假设神经网络的输入为 x，期望的输出为 $H(x)$。此时，如果已经学习到较为饱和的准确率，或者发现下层的误差变大时，接下来的目标就转化为恒等映射的学习，也就是使得输入 x 近似于输出 $H(x)$，以保持在后面的层次中不会造成精度下降。在 ResNet 网络中，残差模块通过直连的方式直接将输入 x 传到输出作为初始结果，其输出结果为 $H(x)=F(x)+x$，当 $F(x)=0$ 时，$H(x)=x$，也就是恒等映射。于是，ResNet 相当于将学习目标改变了，不再是学习一个完整的输出，而是学习期望输出值 $H(x)$ 和输入 x 的差值(即残差)，也就是所谓的残差函数 $F(x)=H(x)-x$，因此，后面的训练目标就是要将残差结果逼近于 0，使得模型随着网络加深，准确率不下降。由于输入和输出都做了批量归一化处理，批量归一化是将一批数据的特征图转化为满足均值为 0、方差为 1 的分布。处理后的数据都符合正态分布，所以输入和输出可以直接做减法。简单地说就是，残差模块提出了一个新的假设，即让卷积层学习输入和输出之间的残差，而不是直接学习输出。

残差网络降低了网络的优化难度，同时也解决了深度网络的退化问题，提高了网络的表达能力。因为在反向传播法过程中一般需要计算权重的梯度，然后加以更新。然而在深层的神经网络中，受各种原因影响，如激活函数的饱和性、权重的分布不佳等，导致梯度在反向传播的过程中，信号会逐渐消失，这会导致顶层权重更新速度快，而底层权重几乎不更新的情况。但是一般情况下底层所提取到的特征往往更为重要，如边缘、纹理等更为重要的性质，从而使得训练效果不佳。有了残差模块的加入，在进行反向传播中，即使几层还没有开始学习(残差函数的梯度接近 0)，由于恒等函数 x 的导数恒为 1，整个函数的梯度依然接近于 1，根据链式法则，先前的梯度依然可以进行反向传播。借助残差结构，信号可以轻松地在整个网络中传播，从而在一定程度上避免梯度消失的情况。

ResNet 网络中残差模块的处理过程可以这样描述：模块的输入 x 经过一个卷积层，再使用激活函数 ReLU 处理，然后经过另一个卷积层得到 $F(x)$，再加上恒等映射的输入 x，得到输出 $H(x)=F(x)+x$，然后再经过一次 ReLU 处理，得到模块的最终输出 y。注意输入 x 的维度和 $F(x)$ 的维度需要相同。如果不同的话，需要先对 x 做一定的处理，使维度相同，一般有两种方法：一种是采用补 0 的方法增加维度，也就是缺少的维度用 0 补齐，这种方式不会增加额外的参数，此时一般要先进行一个下采样操作，可以采用池化层进行操作；另一种是采用新的映射，即使用 1×1 的卷积核来改变数据的维度。1×1 的卷积核学习能力小，无法提取重要的特征，这里 1×1 的目的是压缩，减少其他尺寸卷积核的运算量，尽量不改变额外层 x 的特征信息。

在 ResNet 网络中作者提出了两种不同的残差结构，应用于不同深度的神经网络，两种网络结构如图 2-30 所示。

图 2-30(a)的模块称为 Basic Block 结构，也是上文中所讲到的模块，由两个 3×3 卷积核组成，适用于较浅层的网络结构，在 ResNet 网络中应用于 ResNet34(34 层)网络。图 2-30(b)的模块被称为 Bottleneck Block 结构，也就是将一个 3×3 的卷积核换成两个 1×1 的卷积核，第一层的 1×1 卷积核的作用是对特征矩阵进行降维操

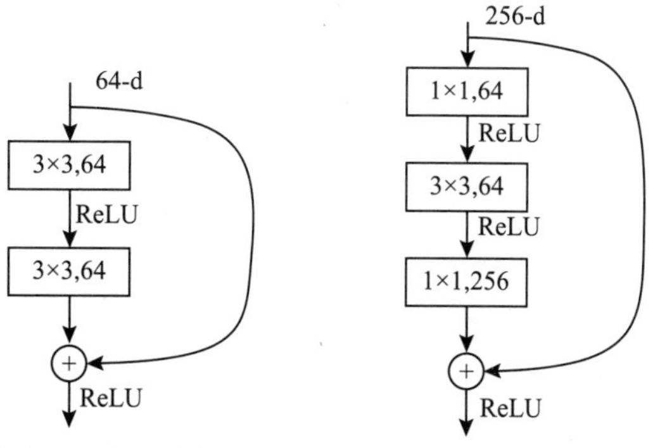

(a) Basic Block 结构　(b) Bottleneck Block 结构

图 2-30　ResNet 网络的两种残差模块

(He 等，2016)

作，将特征从 256 维降为 64 维，而第三层的 1×1 卷积核对特征矩阵进行升维操作，将特征从 64 维升为 256 维。这样做的目的是减少参数的个数，对于图 2-30(b)的网络结构，如果采用 Basic Block，参数的个数应该是 256×256×3×3×2=1 179 648；而采用 Bottleneck Block，参数的个数就是 1×1×256×64+3×3×64×64+1×1×256×64=69 632，可见参数量明显地减少。先降后升则是为了保持 $F(x)$ 和 x 的特征矩阵维度相同，以便进行加法操作。Bottleneck Block 结构适用于深层的网络结构，在 ResNet 网络中应用于 ResNet50/101/152 网络。

完整的 ResNet34 网络结构如图 2-31 所示，可以看出，ResNet34 的网络结构是基于 VGG19 发展而来的。将 VGG 中 3×3 的卷积核变为了残差模块，这些残差模块由两个 3×3 的卷积层组成。在 ResNet 中直接使用步长为 2 的卷积层做下采样，以此减小特征图的尺寸。如果特征图的尺寸减小一半，特征图的数量就会增加 1 倍，这保持了网络层的复杂度，并且在每层的卷积之后、激活函数之前做 BN 处理，使得残差模块的输入输出在同一值域，同时缓解梯度消失，最后使用平均池化层代替了全连接层。

除此之外还发现，在 ResNet 网络中有些短接线是实线，有些则是虚线。实线表示特征图的尺寸和数量都不变，采用计算方式：$H(x)=F(x)+x$。虚线表示特征图尺寸减半，数量翻倍，采用的计算方式是：$H(x)=F(x)+Wx$，其中 W 是卷积操作，使用 1×1 的卷积核让特征图数量翻倍，用来调整 x 的维度，并且处理时步长设置为 2，满足特征图尺寸减半。ResNet 不同层数网络结构如表 2-2 所示。

表 2-2　ResNet 不同层数网络结构

层名称	输出大小	18-层	34-层	50-层	101-层	152-层
conv1	112×112	7×7,64，步长 2				
conv2_x	56×56	3×3 最大池化，步长 2				
		$\begin{bmatrix}3\times3,64\\3\times3,64\end{bmatrix}\times2$	$\begin{bmatrix}3\times3,64\\3\times3,64\end{bmatrix}\times3$	$\begin{bmatrix}1\times1,64\\3\times3,64\\1\times1,256\end{bmatrix}\times3$	$\begin{bmatrix}1\times1,64\\3\times3,64\\1\times1,256\end{bmatrix}\times3$	$\begin{bmatrix}1\times1,64\\3\times3,64\\1\times1,256\end{bmatrix}\times3$
conv3_x	28×28	$\begin{bmatrix}3\times3,128\\3\times3,128\end{bmatrix}\times2$	$\begin{bmatrix}3\times3,128\\3\times3,128\end{bmatrix}\times4$	$\begin{bmatrix}1\times1,128\\3\times3,128\\1\times1,512\end{bmatrix}\times4$	$\begin{bmatrix}1\times1,128\\3\times3,128\\1\times1,512\end{bmatrix}\times4$	$\begin{bmatrix}1\times1,128\\3\times3,128\\1\times1,512\end{bmatrix}\times8$
conv4_x	14×14	$\begin{bmatrix}3\times3,256\\3\times3,256\end{bmatrix}\times2$	$\begin{bmatrix}3\times3,256\\3\times3,256\end{bmatrix}\times6$	$\begin{bmatrix}1\times1,256\\3\times3,256\\1\times1,1\ 024\end{bmatrix}\times6$	$\begin{bmatrix}1\times1,256\\3\times3,256\\1\times1,1\ 024\end{bmatrix}\times23$	$\begin{bmatrix}1\times1,256\\3\times3,256\\1\times1,1\ 024\end{bmatrix}\times36$
conv5_x	7×7	$\begin{bmatrix}3\times3,512\\3\times3,512\end{bmatrix}\times2$	$\begin{bmatrix}3\times3,512\\3\times3,512\end{bmatrix}\times3$	$\begin{bmatrix}1\times1,512\\3\times3,512\\1\times1,2\ 048\end{bmatrix}\times3$	$\begin{bmatrix}1\times1,512\\3\times3,512\\1\times1,2\ 048\end{bmatrix}\times3$	$\begin{bmatrix}1\times1,512\\3\times3,512\\1\times1,2\ 048\end{bmatrix}\times3$
	1×1	平均池化层，全连接层-1 000 维，softmax				
浮点数		1.8×10^9	3.6×10^9	3.8×10^9	7.6×10^9	11.3×10^9

注：参照 He 等(2016)。

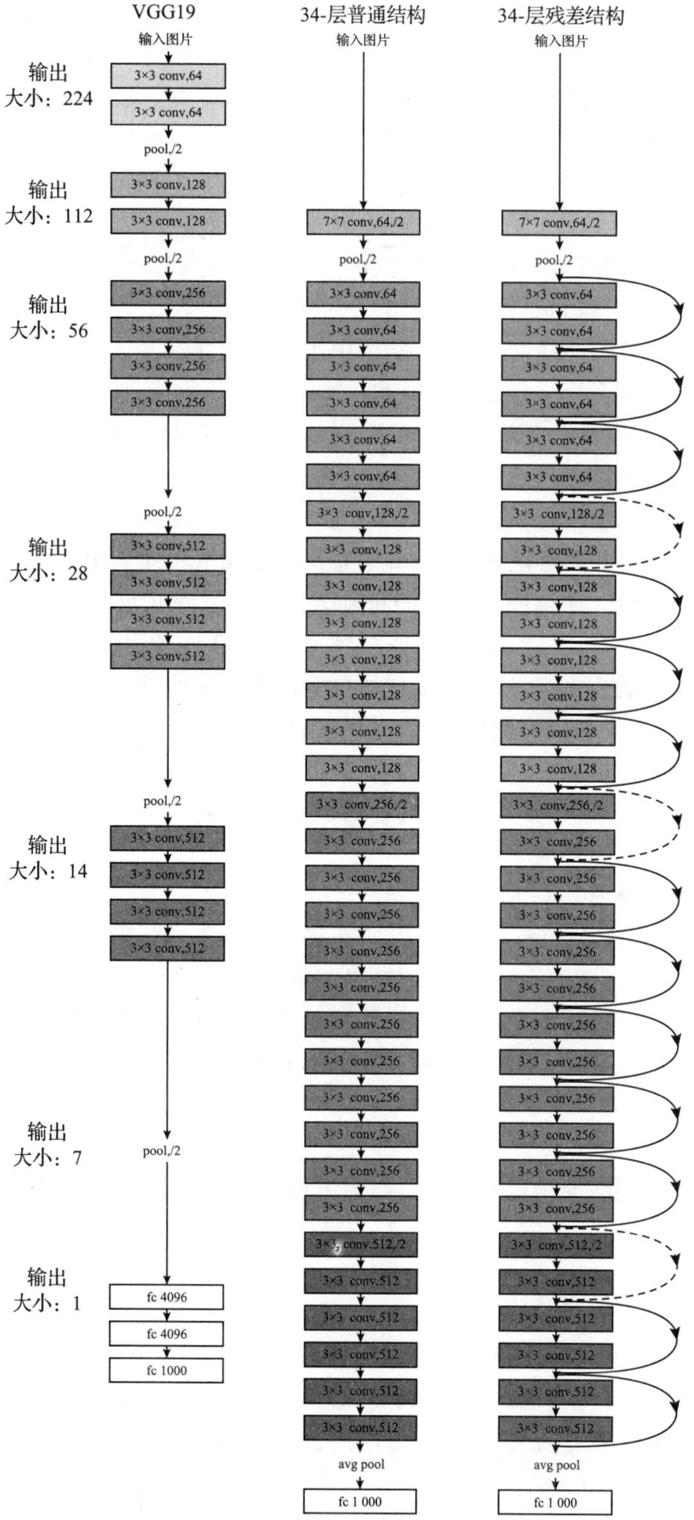

图 2-31　ResNet34 网络结构

（He 等，2016）

表 2-2 中的残差结构给出了主分支上卷积核的大小与卷积核个数，表中的×N 表示将该残差结构重复 N 次。

ResNet 的出现在很大程度上推动了深度学习领域的发展。如今，虽然现在已经有了很多更深、更快且更加准确的神经网络结构，但是它们一般都在一定程度上继承了 ResNet 模型的思想。

2. U-Net

U-Net 模型是语义分割中应用十分广泛的一个模型，它兼具轻量化与高性能，能够通过少量的图片训练集，实现对像素点类别的预测。

U-Net 是一种全卷积神经网络模型，网络中没有全连接操作。它的取名来源于其架构形状：模型整体呈现“U”形，由一个收缩路径和一个扩展路径组成，收缩路径用于提取图像的特征，扩展路径用于恢复图像的分辨率并进行精细的分割。它的产生是为了解决医疗影像语义分割问题，但之后几年的发展，也证实了它是语义分割任务中的全能选手，或许这就是优秀网络架构的优异之处。

U-Net 网络的特点主要有跳跃连接、有效卷积和带权重的损失函数。

(1)引入了跳跃连接，使得图像分割的精度大大提升。在扩展路径(图 2-32 右边部分)中使用了反卷积和跳跃连接，反卷积用于上采样特征图，跳跃连接用于将收缩路径中的特征图与扩展路径中的特征图进行拼接，这样可以保留更多的上下文信息和位置信息。

(2)使用了有效卷积和镜像操作，有效卷积可以减少边界效应，镜像操作可以增加输入图像的边缘信息，这样可以提高分割的精度和鲁棒性。

(3)使用了带权重的损失函数，给靠近分割边界的像素更高的权重，这样可以增强网络对紧密相邻物体之间分割边界的识别能力。

U-Net 网络结构如图 2-32 所示。

结构左侧的压缩路径由 4 个模块组成，每个模块使用了 3 个有效卷积和 1 个 Max Pooling 采样，每次采样之后特征图的个数变为 2 倍，最终得到了尺寸为 32×32 的特征图。网络的右侧的扩展路径同样由 4 个模块组成，每个模块开始之前通过反卷积将特征图的尺寸乘 2，同时将其个数减半(最后一层略有不同)，然后和左侧对称的压缩路径的特征图进行合并，由于左侧和右侧的特征图尺寸不一样，U-Net 是通过将压缩路径的特征图裁剪到和扩展路径相同尺寸后进行归一化的。

U-Net 轻量化的网络架构也使我们可以更方便地根据具体的任务特点进行模型改进，实现更快速的开发。

3. MobileFaceNet

近年来，MobileNet 和 ShuffleNet 等轻量级网络在嵌入式终端上的应用越来越广泛，但是由于人脸结构的特殊性，这些网络在人脸识别任务上并没有获得满意的效果。针对这一问题，Chen 等(2018)提出了一种专门针对人脸识别的轻量级网络 MobileFaceNet。

该结构的一个特点在于使用全局深度卷积层(global depthwise convolution，GDconv)代替全局平均池化层(global average pooling，GAP)。对于人脸识别，一些研究表明，采用全局平均池化会使精度下降，原因是每个单元都有同等的权重，会导致网络获取的信息不够丰富。使用 GDConv 替代 GAP，可以满足最后一层特征图在不同位置具有的不同重要程度，实现更精确的识别效果。

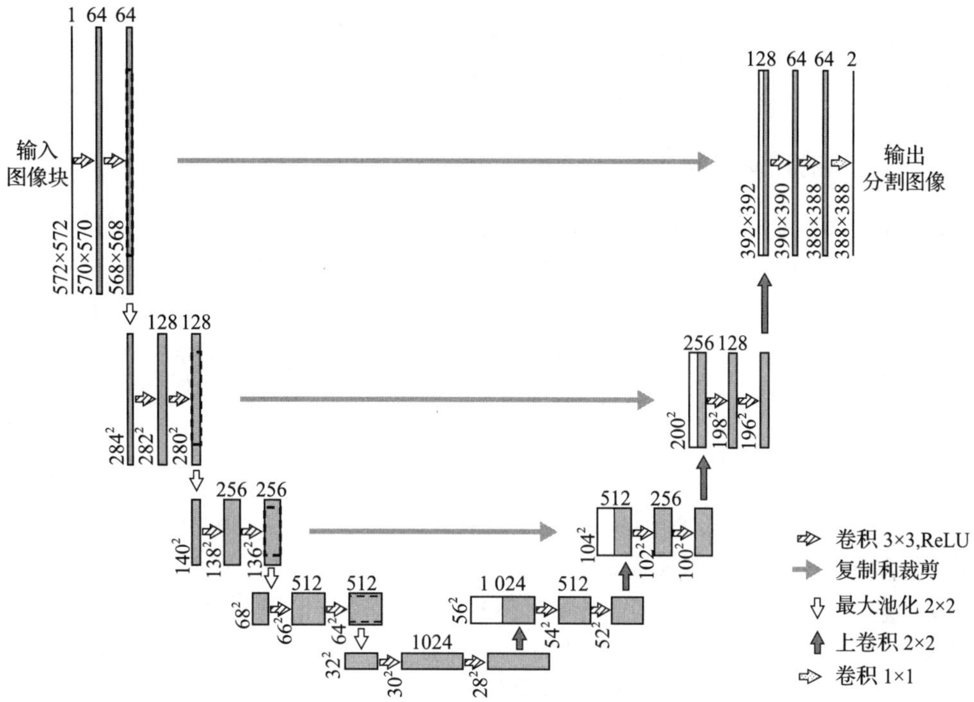

图 2-32 U-Net 网络结构

(Ronneberger,2015)

MobileFaceNet 的结构(图 2-33)是基于 MobileNetV2 优化的,有着更加简化和轻量化的特性,只有不到 100 万个参数,适合在移动和嵌入式设备上运行。

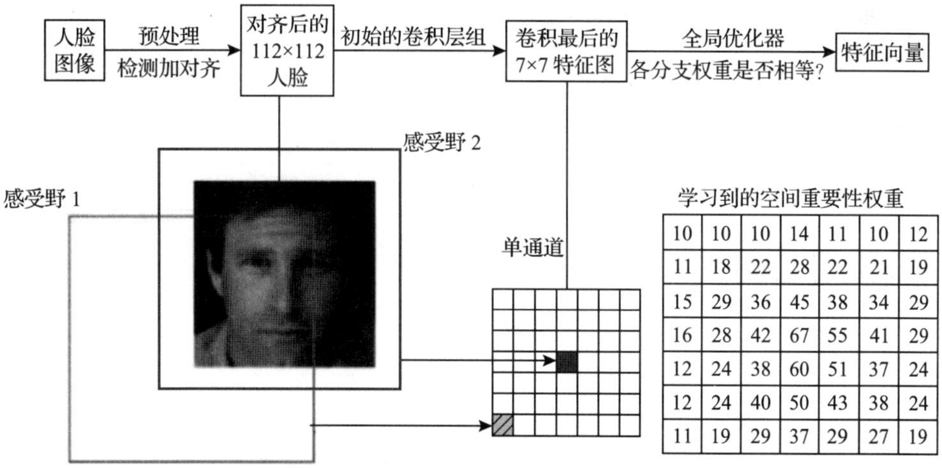

图 2-33 MobileFaceNet 网络结构

(Chen 等,2018)

MobileFaceNet 还使用了 SphereFace 损失函数,可以增强特征的判别性和鲁棒性,提高人脸验证的性能,同时也能保证在嵌入式设备中的高效运行。

2.2 图像处理算法基础

2.2.1 图像的几何变换

几何变换(平移、镜像、转置、旋转、缩放)是数字图像处理中的一种常用手段,也是深度学习中数据增强的一种常见方法,通常是用于图像识别工作前的数据预处理。图像几何变换又称为图像空间变换,它不会改变图像的像素值,只是改变像素所在的几何位置,使原始图像按照需要产生位置、形状和大小的变化。几何变换的过程可以看作将各像素在图像内移动的过程,可以表示为式(2-75)。

$$g(x,y)=f(x',y')=f\big(a(x,y),b(x,y)\big) \tag{2-75}$$

式中,$f(x,y)$表示输入图像,$g(x,y)$表示输出图像,$a(x,y)$和$b(x,y)$表示空间变换。常见的图像变换方法有平移、镜像、转置、旋转、缩放、仿射、透视等(Vince,2008)。

图像几何变换过程中会建立一种原图像像素与变换后图像像素之间的映射关系,通过这种关系,能够从一方的像素计算出另一方像素的坐标位置。通常将图像坐标映射到输出的过程称作向前映射,反之,将输出图像映射到输入的过程称作向后映射。在实践中向后映射使用的比较多,原因是能够避免使用向前映射中出现映射不完全和映射重叠的问题。

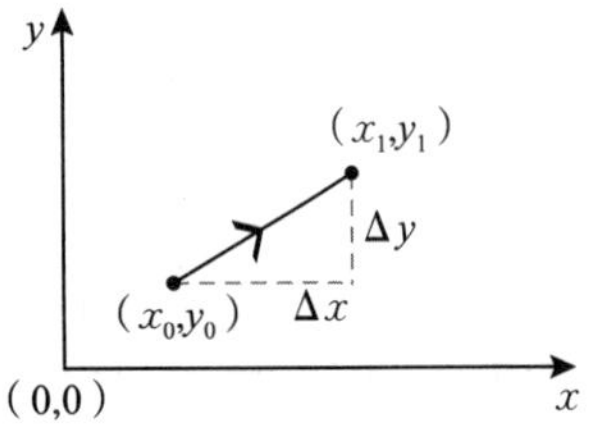

图 2-34 平移变换示意图

2.2.1.1 平移变换

图像的平移变换是将一幅图像上的所有点都按照给定的偏移量在水平方向和垂直方向上移动,平移后的图像与原图像大小相同。例如,设(x_0,y_0)为原图像上的一点,图像水平平移量为Δx,垂直平移量为Δy,则平移后点(x_0,y_0)坐标将变为(x_1,y_1),坐标平移过程如图 2-34 所示。

用数学表达式可以表示为:

$$\begin{cases} x_1=x_0+\Delta x \\ y_1=y_0+\Delta y \end{cases} \tag{2-76}$$

用矩阵的形式可以表示为:

$$\begin{bmatrix} x_1 \\ y_1 \\ 1 \end{bmatrix}=\begin{bmatrix} 1 & 0 & \Delta x \\ 0 & 1 & \Delta y \\ 0 & 0 & 1 \end{bmatrix}\begin{bmatrix} x_0 \\ y_0 \\ 1 \end{bmatrix} \tag{2-77}$$

式中,矩阵$\begin{bmatrix} 1 & 0 & \Delta x \\ 0 & 1 & \Delta y \\ 0 & 0 & 1 \end{bmatrix}$称为平移变换矩阵(因子),$\Delta x$ 和 Δy 为平移量。为了适应像素、拓展适应性,这里将变换矩阵变为三行三列可以满足所有几何变换要求。

2.2.1.2 镜像变换

图像的镜像变换通常分为两种:水平镜像和垂直镜像。水平镜像变换以图像垂直中线为轴，将图像的像素进行对换，也就是将图像的左半部和右半部对调。假设某一图像的宽为 W，高为 H，水平镜像变换的过程如图 2-35 所示。

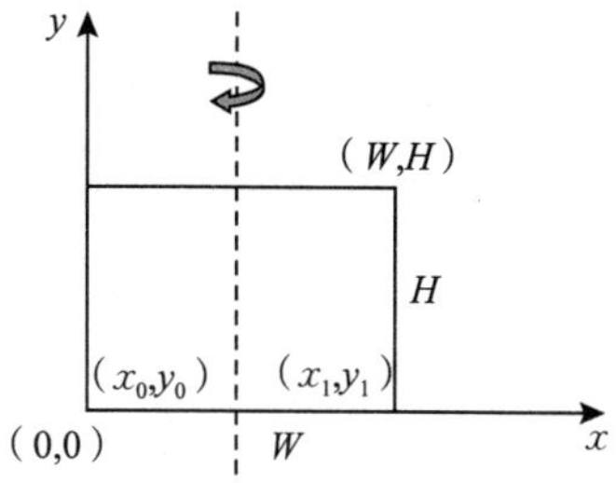

图 2-35　水平镜像变换示意图

在水平镜像中，原图中的 (x_0, y_0) 经过水平镜像变换后，坐标变成了 $(W-x_0, y_0)$，即对应的图像的行不变，列发生变化。用数学表达式可以表示为：

$$\begin{cases} x_1 = W - x_0 \\ y_1 = y_0 \end{cases} \tag{2-78}$$

用矩阵的形式可以表示为：

$$\begin{bmatrix} x_1 \\ y_1 \\ 1 \end{bmatrix} = \begin{bmatrix} -1 & 0 & W \\ 0 & 1 & 0 \\ 0 & 0 & 1 \end{bmatrix} \begin{bmatrix} x_0 \\ y_0 \\ 1 \end{bmatrix} \tag{2-79}$$

式中，矩阵 $\begin{bmatrix} -1 & 0 & W \\ 0 & 1 & 0 \\ 0 & 0 & 1 \end{bmatrix}$ 称为水平镜像变换矩阵(因子)。

垂直镜像变换以图像水平中线为轴，将图像的像素进行对换，也就是将图像的上半部和下半部对调。假设某一图像的宽为 W，高为 H。垂直镜像变换的过程如图 2-36 所示。

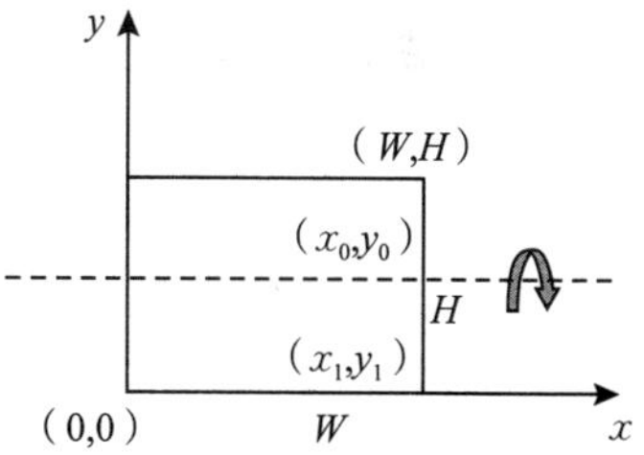

图 2-36　垂直镜像变换示意图

在垂直镜像中，原图中的 (x_0, y_0) 经过垂直镜像变换后，坐标变成了 $(x_0, H-y_0)$，即对应的图像的列不变，行发生变化。用数学表达式可以表示为：

$$\begin{cases} x_1 = x_0 \\ y_1 = H - y_0 \end{cases} \tag{2-80}$$

用矩阵的形式可以表示为：

$$\begin{bmatrix} x_1 \\ y_1 \\ 1 \end{bmatrix} = \begin{bmatrix} 1 & 0 & 0 \\ 0 & -1 & H \\ 0 & 0 & 1 \end{bmatrix} \begin{bmatrix} x_0 \\ y_0 \\ 1 \end{bmatrix} \tag{2-81}$$

式中，矩阵 $\begin{bmatrix} 1 & 0 & 0 \\ 0 & -1 & H \\ 0 & 0 & 1 \end{bmatrix}$ 称为垂直镜像变换矩阵(因子)。无论是水平镜像变换还是垂直镜像变换，镜像后高度和宽度都不变。

2.2.1.3　转置变换

图像的转置变换，就是将图像像素的 x 坐标与 y 坐标互换。这样会改变图像的高度和宽度，转置后图像的高度和宽度也将互换。转置变换用数学表达式可以表示为：

$$\begin{cases}x_1=y_0\\y_1=x_0\end{cases}\tag{2-82}$$

用矩阵的形式可以表示为：

$$\begin{bmatrix}x_1\\y_1\\1\end{bmatrix}=\begin{bmatrix}0&1&0\\1&0&0\\0&0&1\end{bmatrix}\begin{bmatrix}x_0\\y_0\\1\end{bmatrix}\tag{2-83}$$

式中，矩阵$\begin{bmatrix}0&1&0\\1&0&0\\0&0&1\end{bmatrix}$称为转置矩阵(因子)。

2.2.1.4 旋转变换

图像旋转是指图像以某一点为中心旋转一定的角度，形成一幅新的图像的过程。图像旋转变换会有一个旋转中心，这个旋转中心一般为图像的中心，图像旋转后不会变形，但是其垂直对称轴和水平对称轴都会发生改变，旋转后图像的坐标和原图像坐标之间的关系已不能通过简单的加减乘除得到，而需要通过一系列的复杂运算，图像在旋转后其宽度和高度一般都会发生变化。

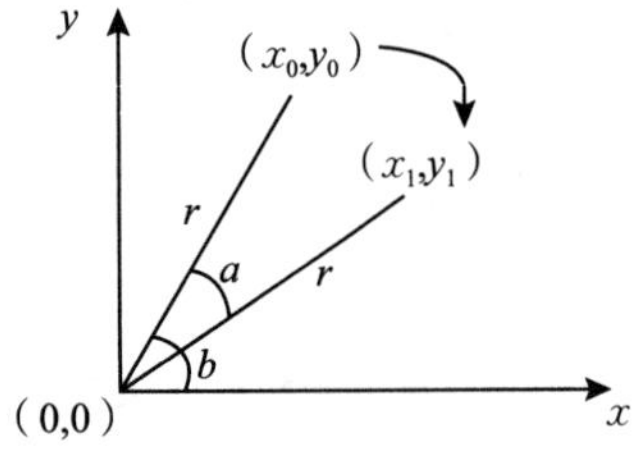

图 2-37 旋转变换示意图

在旋转的过程中，一般使用旋转中心为坐标原点的笛卡儿坐标系，所以图像旋转的第一步就是坐标系的变换。假设旋转前的点坐标为(x_0,y_0)，(x_1,y_1)是旋转后的坐标，旋转变换的过程如图 2-37 所示。

其中，(x_0,y_0)到(x_1,y_1)的旋转角为a，(x_0,y_0)与x轴的角度为b，线段的长度为r。旋转变换前坐标点(x_0,y_0)的数学表达式为：

$$\begin{cases}x_0=r\cos b\\y_0=r\sin b\end{cases}\tag{2-84}$$

旋转角度a后的数学表达式为：

$$\begin{cases}x_1=r\cos(b-a)=r\cos b\cos a+r\sin b\sin a=x_0\cos a+y_0\sin a\\y_1=r\sin(b-a)=r\sin b\cos a-r\cos b\sin a=-x_0\sin a+y_0\cos a\end{cases}\tag{2-85}$$

用矩阵的形式可以表示为：

$$\begin{bmatrix}x_1\\y_1\\1\end{bmatrix}=\begin{bmatrix}\cos a&\sin a&0\\-\sin a&\cos a&0\\0&0&1\end{bmatrix}\begin{bmatrix}x_0\\y_0\\1\end{bmatrix}\tag{2-86}$$

式中，矩阵$\begin{bmatrix}\cos a&\sin a&0\\-\sin a&\cos a&0\\0&0&1\end{bmatrix}$被称为旋转矩阵(因子)。

由于在旋转的时候是以旋转中心为坐标原点的，旋转结束后还需要将坐标原点移到图像左上角，也就是还要进行一次变换。假设旋转中心的坐标为(m,n)，因为旋转中心的坐标是在以原图像的左上角为坐标原点的坐标系中得到，而在旋转后图像的宽和高发生了变化，也就导致了旋转后图像的坐标原点和旋转前的发生了变换。图像旋转过程如图 2-38 所示。

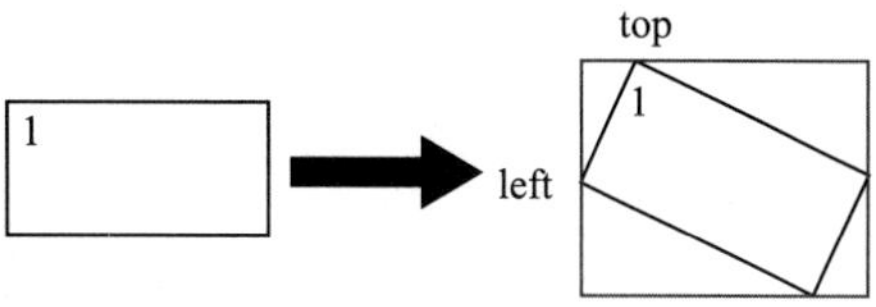

图 2-38　图像旋转过程

从图 2-38 的变换中，可以清晰地看到，旋转前后图像的左上角，也就是坐标原点发生了变换。在求图像旋转后左上角的坐标前，首先需要确定旋转后图像的宽和高。从图中变化后的图像可以看出，旋转后图像的宽和高与原图像的 4 个角旋转后的位置有关。假设 top 为旋转后的图像最高点的纵坐标，$left$ 为旋转后最左边点的横坐标。就可以得出旋转后图像左上角坐标为（$left$，top）（以旋转中心为原点的坐标系）。

所以在旋转完成后要将坐标系转换为以图像的左上角为坐标原点，变换的表达式为：

$$\begin{cases} x' = x + left \\ y' = -y + top \end{cases} \tag{2-87}$$

式中，(x',y')为变换后的坐标，(x,y)为变换前的坐标。

用矩阵形式可以表示为：

$$[x' \quad y' \quad 1] = [x \quad y \quad 1]\begin{bmatrix} 1 & 0 & 0 \\ 0 & -1 & 0 \\ left & top & 1 \end{bmatrix} \tag{2-88}$$

综上所述，图像的旋转变换中，像素坐标要经过 3 次的坐标变换：首先是将坐标原点由图像的左上角变换到旋转中心，然后以旋转中心为原点，将图像旋转角度 a 得到旋转后图像，旋转结束后，将坐标原点变换到旋转后图像的左上角。

整个变换过程用矩阵形式可以表示为：

$$[x_1 \quad y_1 \quad 1] = [x_0 \quad y_0 \quad 1]\begin{bmatrix} 1 & 0 & 0 \\ 0 & -1 & 0 \\ -m & n & 1 \end{bmatrix}\begin{bmatrix} \cos a & -\sin a & 0 \\ \sin a & \cos a & 0 \\ 0 & 0 & 1 \end{bmatrix}\begin{bmatrix} 1 & 0 & 0 \\ 0 & -1 & 0 \\ left & top & 1 \end{bmatrix} \tag{2-89}$$

式中，(m,n)为旋转中心坐标，a 为旋转的角度，$(left,top)$是旋转后图像的左上角坐标。图像旋转之后，有时会出现许多空洞点。对这些空洞点必须进行填充处理，否则画面效果不好，一般也称这种操作为插值处理，最简单的方法是行插值方法或列插值方法。

2.2.1.5　缩放变换

图像的缩放变换是指对数字图像的大小进行调整的过程。常见的两种图像缩放方式为：第一种是直接将原图像设置为指定的像素大小，第二种是将原始图像通过给定的比例进行缩放，从而获得一幅新的图像。假设某一图像在 x 轴方向按比例缩放 k_x 倍，在 y 轴方向缩放 k_y 倍，比例缩放前后两点 (x_1,y_1)、(x_0,y_0)之间的关系用数学表达式可以表示为：

$$\begin{cases} x_1 = k_x \cdot x_0 \\ y_1 = k_y \cdot y_0 \end{cases} \tag{2-90}$$

用矩阵的形式可以表示为：

$$\begin{bmatrix} x_1 \\ y_1 \\ 1 \end{bmatrix} = \begin{bmatrix} k_x & 0 & 0 \\ 0 & k_y & 0 \\ 0 & 0 & 1 \end{bmatrix} \begin{bmatrix} x_0 \\ y_0 \\ 1 \end{bmatrix} \tag{2-91}$$

式中，矩阵$\begin{bmatrix} k_x & 0 & 0 \\ 0 & k_y & 0 \\ 0 & 0 & 1 \end{bmatrix}$称为缩放矩阵（因子）。

2.2.1.6 仿射变换

图像的仿射变换是指在向量空间中进行一次线性变换（乘以一个矩阵）并加上一个平移（加上一个向量），变换为另一个向量空间的过程。简单地讲就是："线性变换"加"平移"。其中，线性变换是把点、直线、平面等几何图形按照一定的规则进行移动或变形，但不改变它们的本质。而点、直线、平面之所以会移动，有 3 种原因：一是在相同的坐标空间下，点、线、面自身移动而产生；二是这些点、线、面本身没有移动，坐标空间发生了变换，如坐标轴进行放缩、旋转、平移，导致点、线、面的坐标值发生变换，也就相当于移动了；三是二者都因变换而产生移动，但移动的相对量不一致，这些移动就是仿射变换。一种正方形到平行四边形的仿射变换如图 2-39 所示。

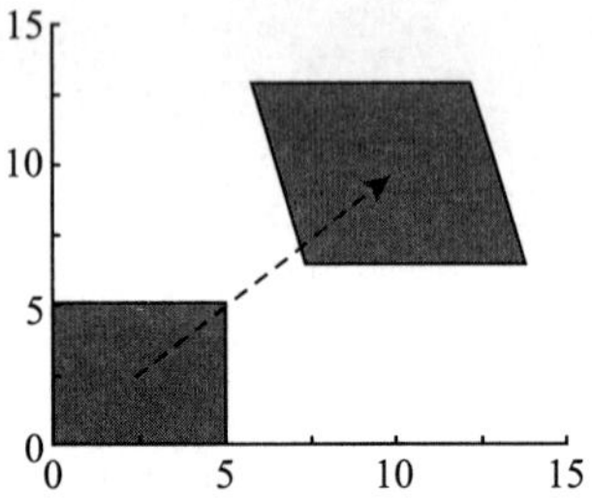

图 2-39 仿射变换
（正方形变平行四边形）

可以看出，图像数据经过仿射变换后，变换后的图像仍能够保持平直性（直线经过仿射变换后还是直线）和平行性（平行线经过仿射变换后还是平行线）。在有限维的情况下，每个仿射变换可以由一个矩阵 **A** 和一个向量 **B** 给出，它可以写作 A 和一个附加的列 B。

假设矩阵 **A** 和向量 **B** 为：

$$\boldsymbol{A} = \begin{bmatrix} a_{00} & a_{01} \\ a_{10} & a_{11} \end{bmatrix} \quad \boldsymbol{B} = \begin{bmatrix} b_{00} \\ b_{01} \end{bmatrix} \tag{2-92}$$

一个仿射变换对应于一个矩阵和一个向量的乘法，而仿射变换的复合对应于普通的矩阵乘法，只要加入一个额外的行到矩阵的底下，这一行全部是 0（除了最右边是一个 1），而列向量的底下要加上一个 1。

事实上，仿射变换代表的是两幅图之间的关系，它可以由矩阵表示为：

$$\begin{bmatrix} x_1 \\ y_1 \\ 1 \end{bmatrix} = \begin{bmatrix} a_{00} & a_{01} & b_{00} \\ a_{10} & a_{11} & b_{01} \\ 0 & 0 & 1 \end{bmatrix} \begin{bmatrix} x_0 \\ y_0 \\ 1 \end{bmatrix} \tag{2-93}$$

用数学表达式的形式可以表示为：

$$\begin{cases} x_1 = a_{00}x_0 + a_{01}y_0 + b_{00} \\ y_1 = a_{10}x_0 + a_{11}y_0 + b_{01} \end{cases} \tag{2-94}$$

式中，等号右边的矩阵被称为仿射变换矩阵，子矩阵 **A** 是坐标系的缩放、旋转数据，右边的列向量 **B** 是坐标轴的平移值。

应用图像的仿射变换矩阵，可以得到大部分的几何变换结果，例如上文中提到的图像的平移、缩放、旋转、翻转等，将仿射矩阵变成各种图像变换矩阵(因子)，就可以实现上文提到的图像变换的功能，相当于是另一种实现相同功能变换的方法。一幅图像进行仿射变换的重点在于找到这个变换矩阵。仿射变换的各个特例如图 2-40 所示。

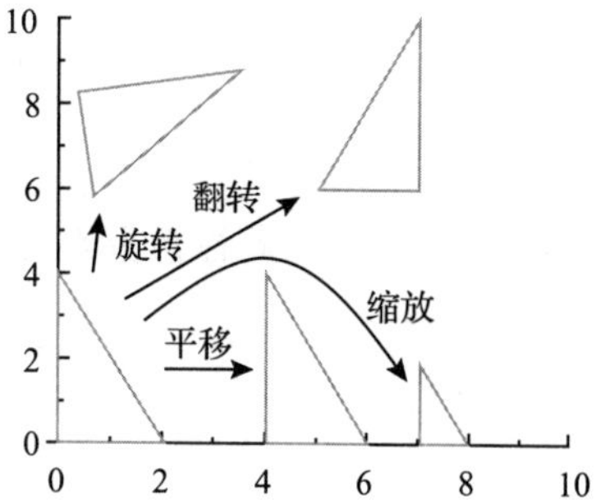

图 2-40　仿射变换各个特例

2.2.1.7　透视变换

图像数据是二维的，而真实的世界是三维的，如果要以二维图像描述三维世界，并且看起来足够真实，那么三维世界向二维图像转化的过程就需要满足一定的几何投影关系，即透视关系。也就是近处的物体在图像中显得比较大，远处的物体在图像中显得比较小。

透视变换是把一个图像投影到一个新的视平面的过程，也称作投影映射，该过程需要两步来实现，包括把一个二维坐标系转换为三维坐标系，然后把三维坐标系投影到新的二维坐标系。该过程是一个非线性变换过程，因此，一个平行四边形经过透视变换后虽然还是得到四边形，但它却不平行了。透视变换的示例如图 2-41 所示。

透视变换和仿射变换的一个重要区别在于两条平行的线在经过仿射变换之后依然保持平行，但透视变换并不保证这一点，仿射变换和透视变换的对比如图 2-42 所示。

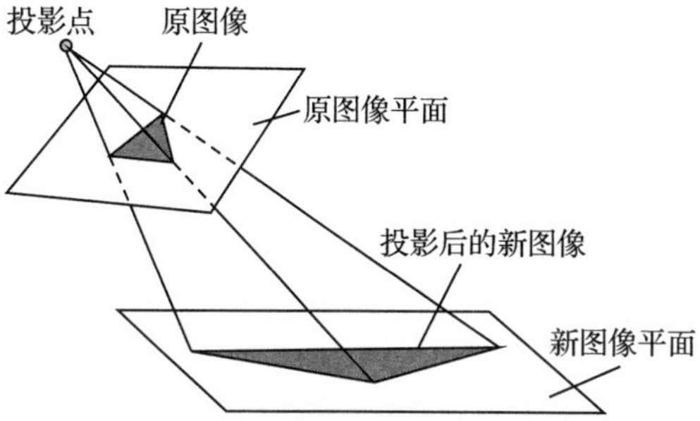

图 2-41　透视变换(投影变换)的示例

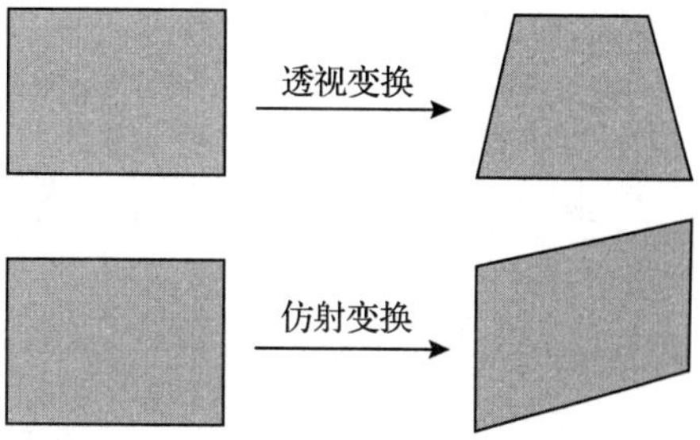

图 2-42　仿射变换与透视变换的对比

透视变换目前也是一种十分常用的变换，它的过程分为两步。

第一步，将二维坐标转化为三维坐标，此过程以矩阵形式可以表示为：

$$\begin{bmatrix} X \\ Y \\ Z \end{bmatrix} = \begin{bmatrix} m_{00} & m_{01} & m_{02} \\ m_{10} & m_{11} & m_{12} \\ m_{20} & m_{21} & m_{22} \end{bmatrix} \begin{bmatrix} x_0 \\ y_0 \\ 1 \end{bmatrix} \tag{2-95}$$

式中，(x_0, y_0)是原图坐标，(X, Y, Z)是转换到三维的坐标，m_{00}, m_{01}, m_{10}， m_{11}, m_{20}, m_{21} 为旋转量，而 m_{02}, m_{12}, m_{22} 为平移量。因为透视变换是非线性的，所以不能齐次性表示，透视变换矩阵(因子)为 3×3 矩阵。

用数学表达式的形式可以表示为：

$$\begin{cases}X=m_{00}x_0+m_{01}y_0+m_{02}\\Y=m_{10}x_0+m_{11}y_0+m_{12}\\Z=m_{20}x_0+m_{21}y_0+m_{22}\end{cases} \tag{2-96}$$

第二步，把三维坐标系投影到新的二维坐标系，此过程可以表示为：

$$x_1=\frac{X}{Z}=\frac{m_{00}x_0+m_{01}y_0+m_{02}}{m_{20}x_0+m_{21}y_0+m_{22}} \tag{2-97}$$

$$y_1=\frac{Y}{Z}=\frac{m_{10}x_0+m_{11}y_0+m_{12}}{m_{20}x_0+m_{21}y_0+m_{22}} \tag{2-98}$$

式中，(x_1,y_1)是经过透视变换之后的新坐标。仿射变换常用于旋转和平移等图像处理操作，原理较简单。而透视变换的实际应用较大，如视角纠正、全景拼接等。

2.2.2 傅里叶分析与离散余弦变换

傅里叶变换(Fourier transform，FT)简单地说就是一种将函数(或信号)在时域和频域之间进行转换的数学方法。它的基本思想是将任意函数分解为一系列正弦函数的叠加，从而可以分析函数的频率特征。

2.2.2.1 一维信号与傅里叶变换

信号有各种各样的形式，傅里叶变换就是对各种信号在时域和频域进行变换，可以根据时域和频域的特性分为以下 4 种类型。

(1)连续时间周期信号与连续时间傅里叶级数：

$$x(t)=\sum_{k=-\infty}^{+\infty}a_k\mathrm{e}^{\mathrm{j}k\omega_0 t}=\sum_{k=-\infty}^{+\infty}a_k\mathrm{e}^{\mathrm{j}k\frac{2\pi t}{T}} \tag{2-99}$$

式中，ω_0 为基波角频率，a_k 为傅里叶系数，可以表示为：

$$a_k=\frac{1}{T}\int_{-\frac{T}{2}}^{\frac{T}{2}}f_T(t)\mathrm{e}^{-\mathrm{j}k\omega_0 t}\mathrm{d}t \tag{2-100}$$

(2)连续时间非周期信号与连续时间傅里叶变换：

$$X(j\omega)=\int_{-\infty}^{+\infty}x(t)\mathrm{e}^{-\mathrm{j}\omega t}\mathrm{d}t \tag{2-101}$$

傅里叶变换的逆变换为：

$$x(t)=\frac{1}{2\pi}\int_{-\infty}^{+\infty}X(\mathrm{j}\omega)\mathrm{e}^{\mathrm{j}\omega t}\mathrm{d}\omega \tag{2-102}$$

(3)离散时间周期信号与离散时间傅里叶级数：

$$x[n]=\sum_{k=0}^{N-1}X[k]\mathrm{e}^{\mathrm{j}\frac{2\pi}{N}kn} \tag{2-103}$$

式中，$X[k]$是傅里叶级数的系数，可以通过式(2-104)求得：

$$X[k]=\frac{1}{N}\sum_{n=0}^{N-1}x[n]e^{-j\frac{2\pi}{N}kn} \tag{2-104}$$

这种信号在时域上是离散的，且有固定的周期。而在频域上也是离散的，同时也有固定的周期。这种信号适合用离散傅里叶级数(discrete Fourier series，DFS)来分析，即将信号分解为一系列复指数序列的叠加。

(4)离散时间非周期信号与离散时间傅里叶变换：

$$X(e^{j\omega})=\sum_{n=-\infty}^{+\infty}x[n]e^{-j\omega n} \tag{2-105}$$

离散时间傅里叶变换的指数形式也可以逆变换回时域信号，逆变换公式为：

$$x[n]=\frac{1}{2\pi}\int_{-\pi}^{\pi}X(e^{j\omega})e^{-j\omega n}\,d\omega \tag{2-106}$$

傅里叶变换总共可以分为表 2-3 中所示 4 类。

表 2-3　傅里叶变换各类表现

变换类型	时域	频域
连续时间傅里叶级数	连续，周期	离散，非周期
连续时间傅里叶变换	连续，非周期	连续，非周期
离散时间傅里叶变换	离散，非周期	连续，周期
离散时间傅里叶级数	离散，周期	离散，周期

不难看出，信号在时(频)域的离散对应于其像函数在频(时)域的周期性。反之，连续则意味着在变换域的信号的非周期性。

为了进行有限长度的序列的傅里叶变换，在离散时间傅里叶级数的基础上，时域和频域都截取有限的长度，定义了离散傅里叶变换(DFT)：

$$X[k]=\sum_{n=0}^{N-1}x[n]\,e^{-j\frac{2\pi}{N}kn} \tag{2-107}$$

其中，$x[n]$是离散时间信号，$X[k]$是它的离散傅里叶变换，N 是采样点数。

2.2.2.2　图像傅里叶变换

傅里叶变换可以应用于图像处理中，经过对图像进行变换得到其频谱图。图像傅里叶变换也被称为二维傅里叶变换，二维傅里叶变换将一个二维函数或图像从空域转换到频域，显示了图像中不同频率的成分和强度。

1. 二维傅里叶变换基本概念

二维傅里叶变换可以分析和处理图像中不同频率的成分，如边缘、纹理、平滑区域等。它的数学表达式为：

$$F(u,v)=\int_{-\infty}^{+\infty}\int_{-\infty}^{+\infty}f(x,y)e^{-i2\pi(ux+vy)}\,dx\,dy \tag{2-108}$$

式中，$f(x,y)$是图像的空间域表示，$F(u,v)$是图像的频域表示，u 和 v 是空间频率变量，i 是虚数单位。二维傅里叶变换的逆变换是：

$$f(x,y)=\int_{-\infty}^{+\infty}\int_{-\infty}^{+\infty}F(u,v)e^{i2\pi(ux+vy)}\,du\,dv \tag{2-109}$$

从前文可知，一维的傅里叶变换可以分解为若干个简单函数之和，在二维傅里叶变换中是将一个图像分解为很多个复平面波之和，可以由图 2-43 表示。

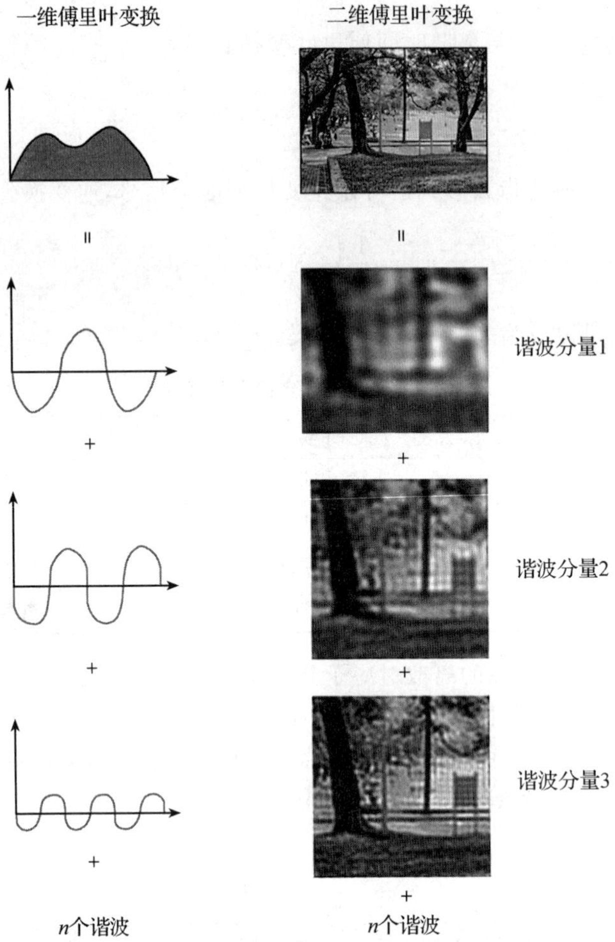

图 2-43　一维傅里叶变换与二维傅里叶变换对比

二维傅里叶变换可以将一个二维函数或图像表示为一组复数值，这些复数值代表了图像中不同频率的成分。这组复数值通常表示为频谱图，频谱图展示了图像中不同频率的成分的幅度和相位信息。通过谱频图里频率的高低来表示图像中灰度变化的剧烈程度。我们将两张相同尺寸的图片进行傅里叶变换可以得到其对应的频谱图，变换过程分别如图 2-44 和图 2-45 所示。

图 2-44 和图 2-45 是不同的图像经过傅里叶变换和频谱中心化处理后得到的频谱图，频谱图里描述了频率、幅度及方向等信息。(b)为幅度谱，图中的每一个点可以理解为它在描述一种平面波，而(b)图中的点所描述的波是构成(a)中对应的点的无数个波面中的其中一个。(c)为相位谱，相位谱中的信息主要体现在相邻频率成分之间的相对相位关系上。在某些应用中，相位谱对于图像重建和纹理合成等任务非常重要。

（a）原图　　（b）幅度谱　　（c）相位谱

图 2-44　草坪图像傅里叶变换后结果

（a）原图　　（b）幅度谱　　（c）相位谱

图 2-45　手部图像傅里叶变换后结果

2. 二维傅里叶变换的频谱图

在图 2-44 和图 2-45 变换后的幅度谱图中，每一个点到中点的距离描述的是该点对应的频率。图的中心点到它的方向，则表示平面波的方向，而点的灰度值描述的是它的幅值（也就是图片的亮度信息）。可以注意到，在频率图中好像没有表示出它的相位，这是因为二维离散傅里叶变换对图像处理的过程，它将我们所看见的图片转化成了一个同样大小的矩阵，矩阵中的每个点描述了波形面的全部信息，每个点的数值为一个复数，这个复数的模为幅值，而它的方向就是相角。在以上的频率图中，它的相位信息被舍弃掉了，没有显示出来，所以也可以认为它是幅度谱图。通过求变换后的图像角度可以得到对应的相位谱图，再将幅度谱和相位谱结合之后进行傅里叶逆变换就能得到双谱重构之后的原图。

在 Python 中可以通过 NumPy 和 OpenCV 库来实现图像傅里叶变换以及双谱重构，大致步骤为：

(1)通过 cv2.imread()函数读取原始图像并将原始图像转换为灰度图像（如果原始图像是彩色图像）。

(2)使用 np.fft.fft2()函数对灰度图像进行二维傅里叶变换。

(3)对傅里叶变换结果得到的复数数组进行分解。复数数组包含了幅度和相位信息。幅度谱可以通过 np.abs()函数计算每个复数的模（绝对值）来获得。相位谱可以通过 np.angle()函数计算每个复数的幅角（角度）来获得。

(4)最后通过 fft.ifft2()实现双谱重构，对图 2-44(b)和(c)的图像进行双谱重构得到的图像如图 2-46 所示。为了让幅度谱有更好的显示效果，幅度谱展示的图中对傅里叶变换后的结果进行了改进，将零频率分量移到频谱中央，然后计算 20×np.log(np.abs(f))的函数值并进行显示，否则显示不明显。

将图 2-44 的幅度谱图和图 2-45 的相位谱图进行双谱重构，得到的图像如图 2-47 所示。

（a）重画图2-44（a）图像

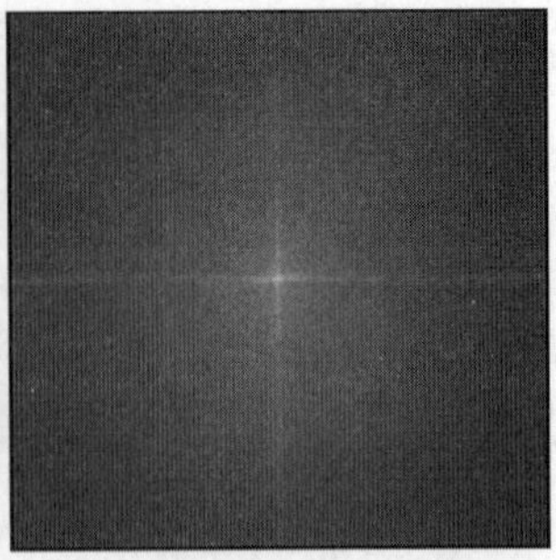
（b）重画图2-44（b）图像

（c）重画图2-44（c）图像

（d）由（b）和（c）重构的图像

图 2-46　图 2-44(b)和图 2-44(c)双谱重构

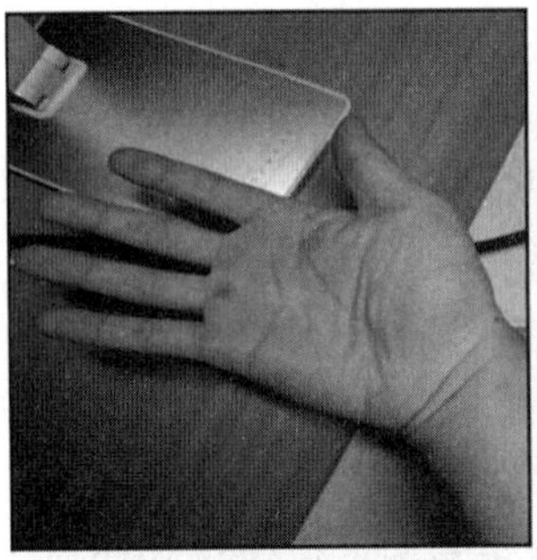
（a）重画图2-45（a）图像

（b）重画图2-44（b）图像

（c）重画图2-45（c）图像

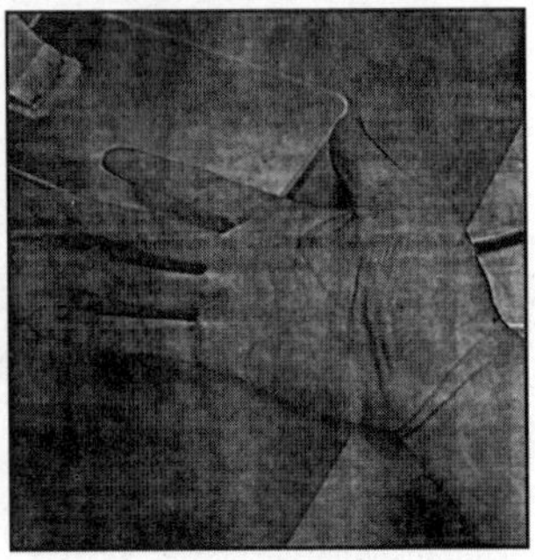
（d）由（b）和（c）重构的图像

图 2-47　图 2-44(b)和图 2-45(c)双谱重构

将图 2-44 的相位谱图和图 2-45 的幅度谱图进行双谱重构，得到的图像如图 2-48 所示。两张图像大小需保证尺寸相同，不然无法进行重构。

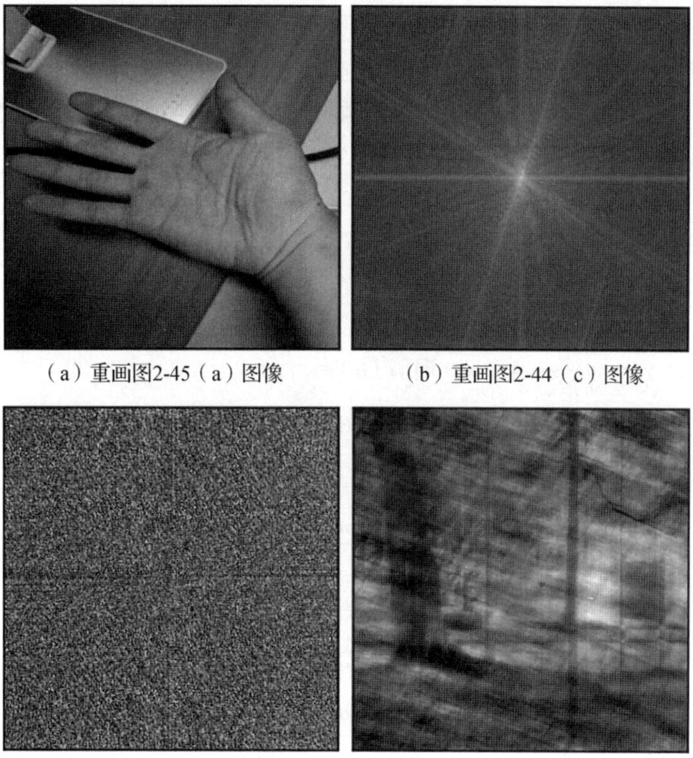

（a）重画图2-45（a）图像　（b）重画图2-44（c）图像

（c）重画图2-45（b）图像　（d）由（b）和（c）重构的图像

图 2-48　图 2-44(c)和图 2-45(b)双谱重构图

至此可以知道，图像的幅度谱代表图像各频率成分的大小信息。但在幅度谱中没有相位信息，即原像素点的位置已经被打乱，所以只靠幅度谱无法重构原图。幅度谱的中心是图像信号的低频部分，越亮的地方代表的幅度值越大。幅度谱中间的十字形亮线则表示原图像中水平和垂直方向的分量比较多。因为在一般的自然场景中水平和垂直的线条出现比较多；而相位谱记录的是所有点的相位信息，它看起来只是一团噪声，但它非常重要，因为相位信息中携带着图像的位置信息，没有它将无法从频谱还原出原图像。

图像中的边缘信号和噪声信号往往是高频信号，高频对应图像内变化剧烈的灰度分量，如一张桌子上的一只手的边缘等信息。而图像中光滑的部分及背景等信号往往是低频信号，低频对应图像内变化缓慢的灰度分量，如桌子图中的桌面部分。这时可以有针对性地对图像进行相关操作，如图像除噪、图像增强和锐化等。

2.2.2.3　离散余弦变换

1. 一维离散余弦变换

离散余弦变换(DCT)是与傅里叶变换相关的一种变换，它对信号中的实数部分进行变换，在变换后的频域中得到的也是一个实数信号。也就是说，离散余弦变换是一种将实数信号转换为实数频域信号的方法。与离散傅里叶变换相比，离散余弦变换可以减少一半以上的计算。同时，离散余弦变换还有一个重要的性质叫作能量集中特性：大多数自然信号（声音、图像）的能量都集中在离散余弦变换后的低频部分，从而方便进行数据压缩和去噪，因而离散余弦变换在声音、图像的数据压缩中得到了广泛的使用。

离散余弦变换是由离散傅里叶变换推导出来的一种变换，因此许多离散傅里叶变换的属性在离散余弦变换中仍然保留下来。离散余弦变换相当于一个长度大概是它 2 倍的离散傅里叶变换，这个离散傅里叶变换是对一个实偶函数进行的（实偶函数的傅里叶变换仍然是实偶函数），在有些变换里面需要将输入或者输出的位置移动半个单位。

比较常用的离散余弦变换的公式为：

$$F(u)=c(u)\sum_{x=0}^{N-1}f(x)\cos\left[\frac{(x+0.5)\pi}{N}u\right] \tag{2-110}$$

式中，当 $u=0$ 时，$c(0)=\sqrt{\frac{1}{N}}$；当 $u\neq 0$ 时，$c(u)=\sqrt{\frac{2}{N}}$。

在了解离散余弦变换之前，先将离散傅里叶变换的公式(2-107)转换成三角函数形式，然后再将其拆开，可以得到：

$$X[k]=\sum_{n=0}^{N-1}x[n]\left(\cos\frac{2\pi kn}{N}\right)-\mathrm{j}\sum_{n=0}^{N-1}x[n]\left(\sin\frac{2\pi kn}{N}\right) \tag{2-111}$$

不难看出，在离散傅里叶变换的结果中，$\sum_{n=0}^{N-1}x[n]\left(\cos\frac{2\pi kn}{N}\right)$ 表示其中的实数部分，而另一边则表示虚数部分。为了后续看起来简单美观，假设$\frac{2\pi k}{N}=g$，就可以得到，离散傅里叶变换的实数部分为：

$$\mathrm{Re}[g]=\sum_{n=0}^{N-1}x[n]\cos(gn) \tag{2-112}$$

虚数部分为：

$$\mathrm{Im}[g]=\sum_{n=0}^{N-1}x[n]\sin(gn) \tag{2-113}$$

因为 cos 函数是一个偶函数，sin 函数是一个奇函数，于是就有：

$$\mathrm{Re}[g]=\mathrm{Re}[-g],\mathrm{Im}[g]=-\mathrm{Im}[-g] \tag{2-114}$$

由此可以看出，当信号 $x[n]$是一个实数信号时，它在转换到频域之后实数部分是偶函数，虚数部分是奇函数。

我们知道，偶函数乘以偶函数还是偶函数，奇函数乘以偶函数还是奇函数，此时如果原始信号 $x[n]$是一个实数偶函数信号，$x[n]\sin(gn)$就是一个奇函数，那么就会有：

$$\mathrm{Im}[g]=\sum_{n=0}^{N-1}x[n]\sin(gn)=0 \tag{2-115}$$

由此可以看出，变换后的虚数部分就不见了，因此，当原始信号为实数偶函数时，其离散傅里叶变换就可以表示为：

$$X[k]=\sum_{n=0}^{N-1}x[n]\left(\cos\frac{2\pi kn}{N}\right) \tag{2-116}$$

式(2-116)就是离散余弦变换的核心思想，这也可以说明，离散余弦变换实际上就是对离散傅里叶变换限定了输入信号的条件，而在变换的方式上没有什么不同。

不过，这还是远远不够的，因为离散余弦变换对原始信号的要求是信号是实偶函数，但是在实际应用中并没有多少刚好是实偶函数的信号，因此为了有更广的适用范围，可以将实数信号用一些手段变成实偶信号。首先，假设存在一个长度为 N 的实数离散信号 $x[n]=\{x[0], x[1],\cdots,x[N-1]\}$，将这个信号的长度扩大 2 倍，长度变为 $2N$，并定义成新信号 $y[n]$，$y[n]$的表达式为：

$$\begin{cases} y[n]=x[n] & (0\leqslant n\leqslant N-1) \\ y[n]=x[-n-1] & (-N\leqslant n\leqslant -1) \end{cases} \tag{2-117}$$

其变化的过程可以用图 2-49 和图 2-50 来表示。

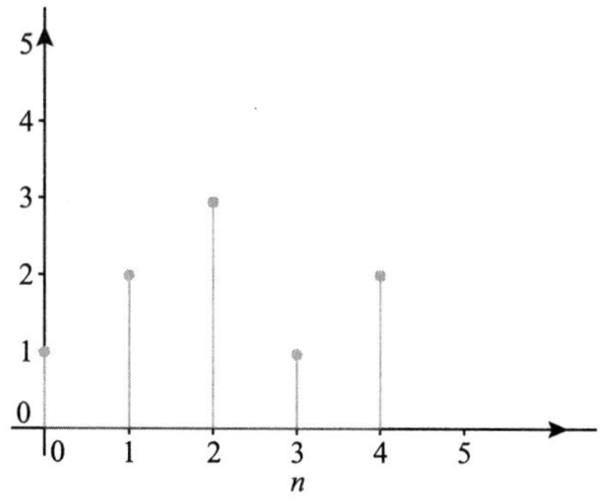

图 2-49　扩大前信号示意图

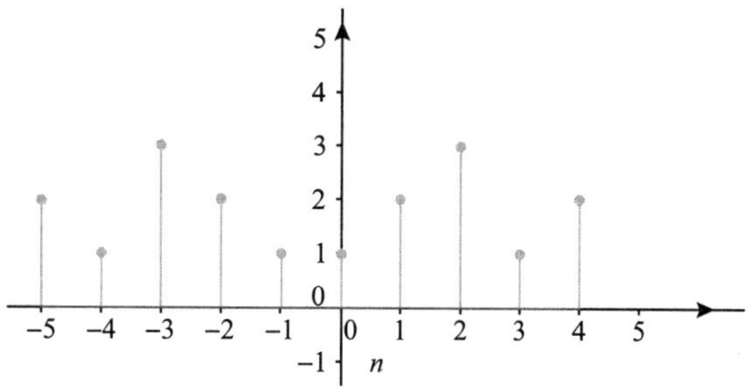

图 2-50　扩大后信号示意图

这样，我们就将一个实信号转换成了一个实偶信号，延拓了之后信号的区间已经从之前的$[0,N-1]$变成了$[-N,N-1]$。但是，也可以从扩大后的图 2-50 中看出，这个信号并不关于 $n=0$ 偶对称，它关于 $n=-\frac{1}{2}$ 对称，因此，为了让信号仍然能够关于原点对称，可以把整个延拓后的信号向右平移 0.5 个单位。平移后的延拓信号如图 2-51 所示。

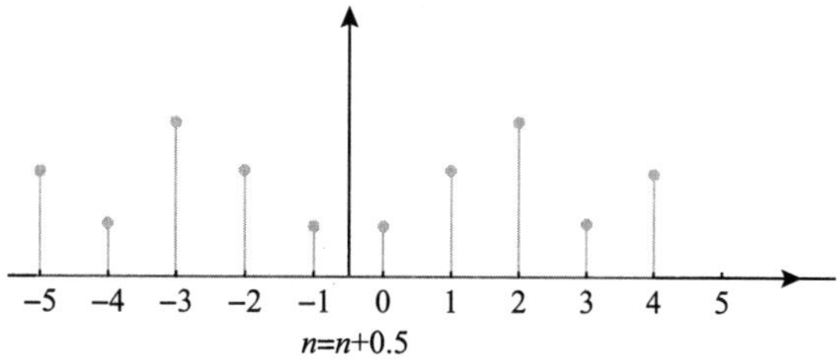

图 2-51　平移后的延拓信号

因此，可以得出延拓加平移之后的实偶信号离散傅里叶变换式(2-116)就变成了：

$$X[k]=\sum_{n=-N+\frac{1}{2}}^{N-\frac{1}{2}} y\left[n-\frac{1}{2}\right]\left(\cos\frac{2\pi kn}{2N}\right) \tag{2-118}$$

离散信号的自变量通常是整数或者整数的倍数，因为 n 的值有小数 0.5 和负数，并不能适用于离散序列中，因此，还需要对公式进一步处理。我们知道，这个序列是偶对称的，所以可以将式(2-118)变成如下形式：

$$X[k]=\sum_{n=-N+\frac{1}{2}}^{N-\frac{1}{2}} y\left[n-\frac{1}{2}\right]\left(\cos\frac{2\pi kn}{2N}\right)=2\sum_{n=\frac{1}{2}}^{N-\frac{1}{2}} y\left[n-\frac{1}{2}\right]\left(\cos\frac{2\pi kn}{2N}\right) \tag{2-119}$$

然后令 $t=n-\frac{1}{2}$，代入式(2-119)中，最终可以得到：

$$X[k]=2\sum_{n=\frac{1}{2}}^{N-\frac{1}{2}} y\left[n-\frac{1}{2}\right]\left(\cos\frac{2\pi kn}{2N}\right)=2\sum_{t=0}^{N-1} y[t]\left[\cos\frac{\left(t+\frac{1}{2}\right)\pi k}{N}\right] \tag{2-120}$$

这里就基本可以得到离散余弦变换的公式了。但在常用的标准公式中常数的部分是用$c(u)$来表示的，实际上 $c(u)$在函数计算中有没有都不会影响结果。而在离散傅里叶变换中，这个值也是常常取 1，因此没有进一步写出来。在离散余弦变换中使用它主要是为了在离散余弦变换变成矩阵运算的形式时，将该矩阵正交化便于进一步计算，那么，这个系数通常会取$\sqrt{\frac{1}{2N}}$($k=0$ 时除外)。将其代入并用 n 代替 t，就可以得到常用的离散余弦变换标准公式：

$$X[k]=2\sqrt{\frac{1}{2N}}\sum_{t=0}^{N-1} y[n]\left[\cos\frac{\left(n+\frac{1}{2}\right)\pi k}{N}\right]=\sqrt{\frac{2}{N}}\sum_{t=0}^{N-1} y[n]\left[\cos\frac{\left(n+\frac{1}{2}\right)\pi k}{N}\right] \tag{2-121}$$

至此，我们就得到了离散余弦变换的常用公式。而除此之外，一维的离散余弦变换一共有 8 种类型，它们的形式化定义分别是 DCT-Ⅰ到 DCT-Ⅷ。其中最常用的是 DCT-Ⅱ，也就是上文中所提到的标准公式，通常直接被称为 DCT。它的逆变换是 DCT-Ⅲ，也被称为 IDCT。DCT-Ⅰ和 DCT-Ⅳ对应的矩阵是正交矩阵。以下是离散余弦变换的 8 种类型的公式定义。

(1)DCT-Ⅰ的标准类型定义为：

$$X[k]=\frac{1}{2}(x[0]+(-1)^k x[N-1])+\sum_{n=1}^{N-2} x[n]\cos\left[\frac{\pi}{N-1}nk\right],k=0,1,2,\cdots,N-1 \tag{2-122}$$

式中，$x[n]$是一个长度为 N 的实数序列，$X[k]$是它的 DCT-Ⅰ变换。DCT-Ⅰ不适用于$n<2$的情况(其他的 DCT 类型都适用于所有的整数 n)。信号 x_n 相对于 $k=0$ 点偶对称，同时也相对于 $k=n-1$ 点偶对称。

(2)DCT-Ⅱ也就是最常用的离散余弦变换，它的公式为上文中的式(2-110)。

(3)DCT-Ⅲ的标准类型定义为：

$$X[k]=\frac{1}{2}x[0]+\sum_{n=1}^{N-1}x[n]\cos\left[\frac{\pi}{N}n\left(k+\frac{1}{2}\right)\right],k=0,1,2,\cdots,N-1 \tag{2-123}$$

DCT-Ⅲ是 DCT-Ⅱ的逆变换(再乘以一个系数的话)，这种变换通常被简单地称为逆离散余弦变换(inverse discrete cosine transform，IDCT)。

(4)DCT-Ⅳ的标准类型定义为：

$$X[k]=\sum_{n=0}^{N-1}x[n]\cos\left[\frac{\pi}{N}\left(N+\frac{1}{2}\right)\left(k+\frac{1}{2}\right)\right],k=0,1,2,\cdots,N-1 \tag{2-124}$$

DCT-Ⅳ对应的矩阵为正交矩阵(再乘一个系数的话)。

上面提到的 DCT Ⅰ～Ⅳ是和偶数阶的实偶离散傅里叶变换对应的。然而在原则上，还有 4 种离散余弦变换是和奇数阶的实偶 DFT 对应的，它们在分母中都有一个 $n-\frac{1}{2}$ 的系数。但是在实际应用中，这几种变形很少被用到。

(5)DCT-Ⅴ的标准类型定义为：

$$X[k]=p_k\sum_{n=0}^{N-1}x[n]q_n\cos\left[\frac{\pi nk}{N-\frac{1}{2}}\right],k=0,1,2,\cdots,N-1 \tag{2-125}$$

式中，系数 p_k 和 q_n 的定义分别为：

$$p_k=\begin{cases}\sqrt{\dfrac{1}{N-\frac{1}{2}}},k=0\\ \sqrt{\dfrac{2}{N-\frac{1}{2}}},k\neq 0\end{cases} \tag{2-126}$$

$$q_n=\begin{cases}\sqrt{\dfrac{1}{2}},n=N-1\\ 1,\quad n\neq N-1\end{cases} \tag{2-127}$$

DCT-Ⅴ可以用于视频编码的快速计算。

(6)DCT-Ⅵ的标准类型定义为：

$$X[k]=p_k\sum_{n=0}^{N-1}x[n]q_n\cos\left[\frac{\pi\left(n+\frac{1}{2}\right)k}{N-\frac{1}{2}}\right],k=0,1,2,\cdots,N-1 \tag{2-128}$$

式中，系数 p_k 和 q_n 的定义分别为：

$$p_k=\begin{cases}\sqrt{\dfrac{1}{N-\dfrac{1}{2}}}, k=0\\ \sqrt{\dfrac{2}{N-\dfrac{1}{2}}}, k\neq 0\end{cases} \tag{2-129}$$

$$q_n=\begin{cases}\sqrt{\dfrac{1}{2}}, n=N-1\\ 1, \quad n\neq N-1\end{cases} \tag{2-130}$$

(7)DCT-Ⅶ的标准类型定义为：

$$X[k]=p_k\sum_{n=0}^{N-1}x[n]q_n\cos\left[\frac{\pi n\left(k+\dfrac{1}{2}\right)}{N-\dfrac{1}{2}}\right], k=0,1,2,\cdots,N-1 \tag{2-131}$$

式中，系数 p_k 和 q_n 的定义分别为：

$$p_k=\begin{cases}\sqrt{\dfrac{1}{N-\dfrac{1}{2}}}, k=N-1\\ \sqrt{\dfrac{2}{N-\dfrac{1}{2}}}, k\neq N-1\end{cases} \tag{2-132}$$

$$q_n=\begin{cases}\sqrt{\dfrac{1}{2}}, n=0\\ 1, \quad n\neq 0\end{cases} \tag{2-133}$$

DCT-Ⅶ是DCT-Ⅵ的反变换。

(8)DCT-Ⅷ的标准类型定义为：

$$X[k]=p\sum_{n=0}^{N-1}x[n]\cos\left[\frac{\pi\left(n+\dfrac{1}{2}\right)\left(k+\dfrac{1}{2}\right)}{N+\dfrac{1}{2}}\right], k=0,1,2,\cdots,N-1 \tag{2-134}$$

式中，系数 p 的定义为：

$$p=\sqrt{\frac{2}{N+\dfrac{1}{2}}} \tag{2-135}$$

至此可以看出，离散余弦变换是首先进行延拓，变为实数偶函数，再进行离散傅里叶变换，这样延拓之后的函数更加连续，天然的高频能量就小，相当于降低了延拓之后的高次谐波，所以离散余弦变换比离散傅里叶变换具有更好的频域能量聚集度。DCT 除了具有一般的正交变换性质外，其变换阵的基向量能够很好地描述人类的语音、图像信号的相关特性。因此在对语音、图像信号变换中，DCT 变换被认为是一种非常好用的变换。在近年颁布的一系列视频压缩编码的国际标准建议中，都把 DCT 作为其中的一个基本处理模块。

2. 二维离散余弦变换

除了一维离散余弦变换之外，还有在图像处理中经常用到的二维离散余弦变换。二维离散余弦变换可以将一个二维的实数矩阵变换为另一个二维的实数矩阵，使得变换后的矩阵的大部分能量集中在低频部分，从而方便进行压缩、去噪、特征提取等操作。

二维离散余弦变换的本质其实就是在一维 DCT 变换中再进行一次 DCT 变换，它的常用表达式如下：

$$X[k,l]=c(m)c(n)\sum_{m=0}^{N-1}\sum_{n=0}^{N-1}x[m,n]\cos\left[\frac{\pi\left(m+\frac{1}{2}\right)k}{M}\right]\cos\left[\frac{\pi\left(n+\frac{1}{2}\right)l}{N}\right] \tag{2-136}$$

式中，$k=0,1,2,\cdots,N-1$，$l=0,1,2,\cdots,N-1$，$x[m,n]$是空间域中一个 $N\times N$ 的二维向量元素，也就是一个 $N\times N$ 的实数矩阵，系数 $c(m)$和 $c(n)$的定义为：

$$c(n)=\begin{cases}\sqrt{\dfrac{1}{N}},n=0\\[2ex]\sqrt{\dfrac{2}{N}},n\neq 0\end{cases} \tag{2-137}$$

二维离散余弦变换的反变换是二维逆离散余弦变换，它的常用表达式为：

$$x[m,n]=\sum_{m=0}^{N-1}\sum_{n=0}^{N-1}c(m)c(n)X[k,l]\cos\left[\frac{\pi\left(m+\frac{1}{2}\right)k}{M}\right]\cos\left[\frac{\pi\left(n+\frac{1}{2}\right)l}{N}\right] \tag{2-138}$$

二维离散余弦变换在图像压缩编码中有广泛的应用，如 JPEG、MPEG 等标准都使用了二维的 DCT 和 IDCT。在这些标准中，通常将图像分割成 8×8 的小块，然后对每个小块进行二维 DCT，得到一个 8×8 的变换系数矩阵。其中(0,0)位置的元素就是直流分量，表示整个小块的平均亮度；矩阵中的其他元素根据其位置表示不同频率和方向的交流分量，表示小块内部的亮度变化。由于大多数自然图像的能量都集中在低频部分，所以可以对高频部分的系数进行量化和舍入，从而达到压缩数据量的目的。在解码时，只需要对保留下来的系数进行反量化和 IDCT，就可以重建出近似原始图像的小块。

3. 二维离散余弦变换应用

图像的离散余弦变换因为没有虚部的计算，所以比图像傅里叶变换能够更快地实现。某一图像的 DCT 变换与还原效果如图 2-52 所示，可以通过使用 Python 中 cv2 库提供的 dct() 函数和 idct()函数来计算图像的离散余弦变换和反变换。

从图 2-52 中可以看到，DCT 变换图的左上角亮度较高，即图像的主要能量集中在左上

（a）原图 （b）DCT变换图 （c）IDCT还原图

图 2-52 DCT 变换与还原

角，左上角包含了图像的绝大多数信息，且从其逆变换还原图可以看出，DCT 为无损变换。同时，为了确定哪种能量、有多少能量集中在左上角，我们逐渐对 DCT 图进行裁剪压缩，再求其反变换，得出效果如图 2-53 所示。

（a）压缩1 （b）压缩2 （c）压缩3

（a）还原图1 （b）还原图2 （c）还原图3

图 2-53 不同程度压缩 DCT 图后 IDCT 的结果

从图 2-53 中可以看出，随着压缩比例的增大，图片中的细节部分逐渐消失。在还原图 1 中还可以明显地看到图片的边缘部分，但是在还原图 3 中，虽然主要的信息还在，但代表边缘的高频信息丢失了一些。所以，DCT 使图片的低频成分集中在左上角。

DCT 不仅在图像压缩中有重要的作用，它还能够应用于数字水印技术中。数字水印技术是将特定的信息嵌入到数字信息的内容中，要求嵌入的信息不能被轻易地去除，在一定的条件下可以被提取出来，以确认作者的版权。将原始图像和水印图像进行 DCT 变换之后线性组合起来，再一起进行 DCT 反变换，就能够得到一个含水印的数字图像。

2.2.3 K-L 变换

K-L 变换是一种基于统计特性的线性变换，在有些文件中被称为霍特林变换（Hotelling transform），因他在 1933 年最先给出将离散信号变换成一串不相关系数的方法。K-L 变换可以将数据转换到一个不相关的特征空间，从而实现数据的压缩、降维和特征提取。K-L 变换的名称来自 Kari Karhunen 和 Michel Loève，他们分别在 1946 年和 1948 年独立地提出了这种变换的理论。

K-L 变换的原理是利用数据的协方差矩阵的特征值和特征向量来构造一个正交变换矩阵，使得变换后的数据具有最小的均方误差（mean square error，MSE）和最大的信息量。K-L 变换的突出优点是去相关性好，它是均方误差意义下的最佳变换，因此在压缩技术中占有重要地位。要了解 K-L 变换的过程就需要先了解协方差矩阵，下文给出了协方差矩阵的概念。

2.2.3.1　协方差矩阵

协方差是一种用来衡量两个随机变量之间的相关程度的统计量。协方差公式的定义为：若存在两个实数随机变量 X 与 Y，它们的期望值分别是 $E(X)$ 与 $E(Y)$，则有它们的协方差为

$$\mathrm{Cov}(X,Y)=E\{[X-E(X)][Y-E(Y)]\} \tag{2-139}$$

协方差的值可以是正的、负的或零。如果协方差是正的，就说明两个变量是同时大于或小于它们自身的期望值的，这种情况通常被认为是这两个变量正相关；如果协方差是负的，也就说明它们之间是负相关的；如果协方差是零，则表示两个变量没有线性相关性。两变量的相关性也可以用图 2-54 的方式表明。

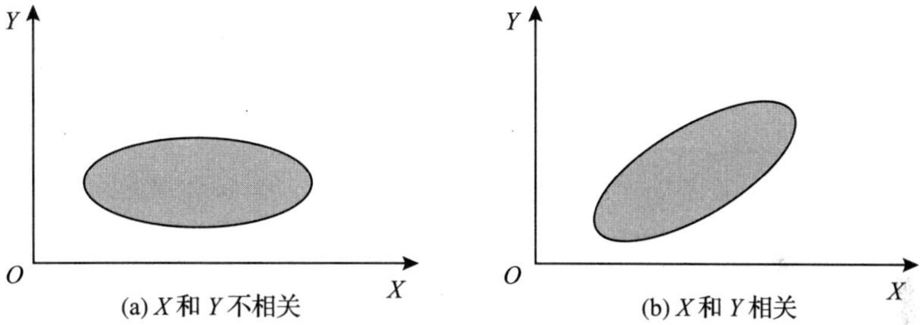

图 2-54　两变量的相关性

图 2-54(a)中 X 点变化时 Y 点不发生变换或变换很小，说明变量 X 和 Y 的相关性很低或者不相关。而图 2-54(b)中 X 点变化时 Y 点也随之发生变化，说明变量 X 和 Y 的相关性较高。

2.2.3.2　K-L 变换的定义

K-L 变换是特征提取中一种常用的方法，从上文可知，协方差矩阵是实对称的，它体现了向量 $\boldsymbol{X}$ 的各分量之间的相关性。如果 $\boldsymbol{X}$ 的各分量互不相关，那么协方差矩阵中除对角线以外的元素都为零。K-L 变换的思想就是寻求一个正交变换矩阵 $\boldsymbol{A}$，使得 $\boldsymbol{A}$ 对 $\boldsymbol{X}$ 进行变换后得到的矩阵 $\boldsymbol{Y}$ 的协方差矩阵 $\boldsymbol{C}_y$ 为对角矩阵，其可以表示为：

$$\boldsymbol{Y}=\boldsymbol{A}^{\mathrm{T}}\boldsymbol{X} \tag{2-140}$$

式中，$\boldsymbol{X}$ 是一个 n 维的随机向量，$\boldsymbol{A}$ 是一个 $n\times n$ 的正交矩阵，其列向量是 $\boldsymbol{X}$ 的协方差矩阵 $\boldsymbol{C}_x$ 的特征向量，$\boldsymbol{Y}$ 是转换后得到的 n 维的新随机向量，它的各分量互不相关。

因为 $\boldsymbol{Y}$ 的各个分量互不相关，那么它的协方差矩阵 $\boldsymbol{C}_y$ 根据定义可以知道 $\boldsymbol{C}_y$ 一定是一个对角矩阵。同时根据此定义也可以知道 $\boldsymbol{X}$ 的协方差矩阵 $\boldsymbol{C}_x$ 是一个实对称矩阵，所以变换矩

阵 **A** 总是可以找到的，因为根据线性代数中的定义，对于实对称矩阵，总能找到一个正交阵 **A**，使得 $\boldsymbol{AC}_x\boldsymbol{A}^{\mathrm{T}}$ 的运算结果为对角矩阵。在 K-L 变换中，假设 $\boldsymbol{C}_x$ 的特征值为 $\lambda_1,\lambda_2,\cdots,\lambda_n$，并且 $\lambda_1>\lambda_2>\cdots>\lambda_n$，它们对应的特征向量为 $\boldsymbol{a}_1,\boldsymbol{a}_2,\cdots,\boldsymbol{a}_n$，将 **A** 的每一行取为 $\boldsymbol{C}_x$ 的特征向量，并且将这些特征向量按对应的特征值大小进行降序排序，使最大特征值 λ_1 对应的特征向量 $\boldsymbol{a}_1$ 在 **A** 的第一行，而最小特征值 λ_n 对应的特征向量 $\boldsymbol{a}_n$ 在 **A** 的最后一行。于是矩阵 **A** 就可以表示为：

$$\boldsymbol{A}=(a_1,a_2,\cdots,a_n)^{\mathrm{T}} \tag{2-141}$$

Y 的协方差矩阵 $\boldsymbol{C}_y$ 就可以表示为：

$$\boldsymbol{C}_y=\boldsymbol{AC}_x\boldsymbol{A}^{\mathrm{T}}=\begin{bmatrix}\lambda_1 & 0 & \cdots & 0\\ 0 & \lambda_2 & & 0\\ \vdots & & \ddots & \vdots\\ 0 & 0 & \cdots & \lambda_n\end{bmatrix} \tag{2-142}$$

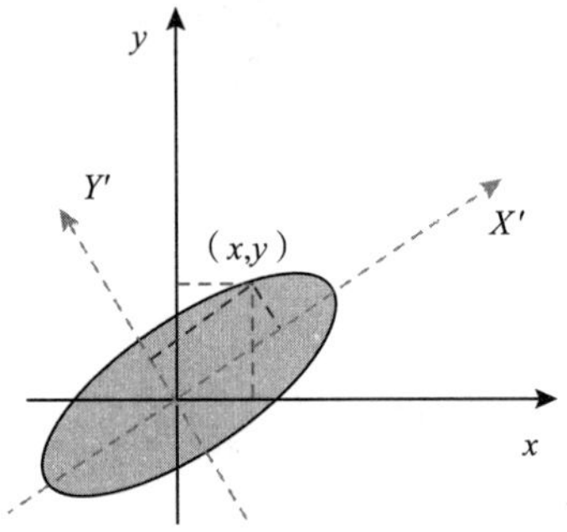

图 2-55　K-L 变换后的坐标轴

其中，**A** 为正交矩阵，满足 $\boldsymbol{AA}^{\mathrm{T}}=\boldsymbol{E}$。式(2-142)表明这实际上是选择分布的主要分量作为新的坐标轴，对角化表明了新的分量彼此之间是互不相关的，即变换后的图像 Y 的各分量之间的信息是相互独立的。将图 2-54(b)进行 K-L 变换降维之后就可以得到如图 2-55 所示的结果。

从图 2-55 中可以看出，K-L 变换将特征图引入了一个新的坐标轴，图上的每个点到坐标轴上有了更小的距离，去除了各分量之间的相关性，并将能量集中在了少数的主要分量上，以此实现降维和压缩的目的。

K-L 反变换可以表示为：

$$\boldsymbol{X}=\boldsymbol{A}^{-1}\boldsymbol{Y}=\boldsymbol{A}^{\mathrm{T}}\boldsymbol{Y} \tag{2-143}$$

因为 **A** 为正交矩阵，所以有 $\boldsymbol{A}^{-1}=\boldsymbol{A}^{\mathrm{T}}$，K-L 变换的反变换可以用于恢复原始数据，或者在数据压缩中，只传送变换后的前 n 个系数，然后用这些系数得到的近似恢复值。

总的来说，K-L 变换的步骤可以表示为：

(1)求取变换前变量的协方差矩阵。

(2)求取协方差矩阵的特征值、特征向量。

(3)对特征值从大到小排序，取前 n 个对应的特征向量组成变换矩阵对原变量进行变换。

由于 K-L 变换能够完全去除输入信号 X 的相关性，通过保留最大的 N 个特征值来进行数据压缩时，可以实现截短后数据 X' 的均方误差最小(该最小均方误差等于所有舍去的特征值之和)。同时 K-L 变换最大程度上保留了原始信号的能量，所以 K-L 变换也被称为理论上的“最佳变换”。

然而，K-L 变换后的基向量是通过输入信号的协方差矩阵 $\boldsymbol{C}_x$ 得到的，协方差矩阵的特征值和特征向量的计算没有像离散余弦变换中使用快速傅里叶变换(fast Fourier transform，FFT)之类的快速算法，导致计算高维数据比较复杂，限制了其应用场景。也正因为这个原因，后面才发展出了许多近似的最优算法，其中离散余弦变换 DCT 在满足一阶马尔可夫过程假设的前提下，可以极好地近似 K-L 变换，又有快速算法，因而在压缩编码中得到了广泛应用。

2.2.3.3　K-L 变换的应用

K-L 变换虽然存在一定的限制，但其可以应用于信号处理方面，K-L 变换可以将信号分解成正交的基函数，从而实现信号的分析和滤波。例如，小波变换就是一种基于 K-L 变换的一种信号处理方法。

在图像的处理中 K-L 变换常常用于图像的压缩，将一张图片进行 K-L 变换，并保留部分特征值。在 Python 中可以通过求取协方差矩阵后进行降维，再从大到小选取前 N 个特征向量，最后通过 dot()函数乘积得到变换后的 Y 和压缩还原后的图，用 K-L 压缩的示例如图 2-56 所示。图 2-56 中显示了保留不同个数的特征值重建后的变换图，可以看出保留特征值数越多，重建图像误差越小，图像相对更加清晰。

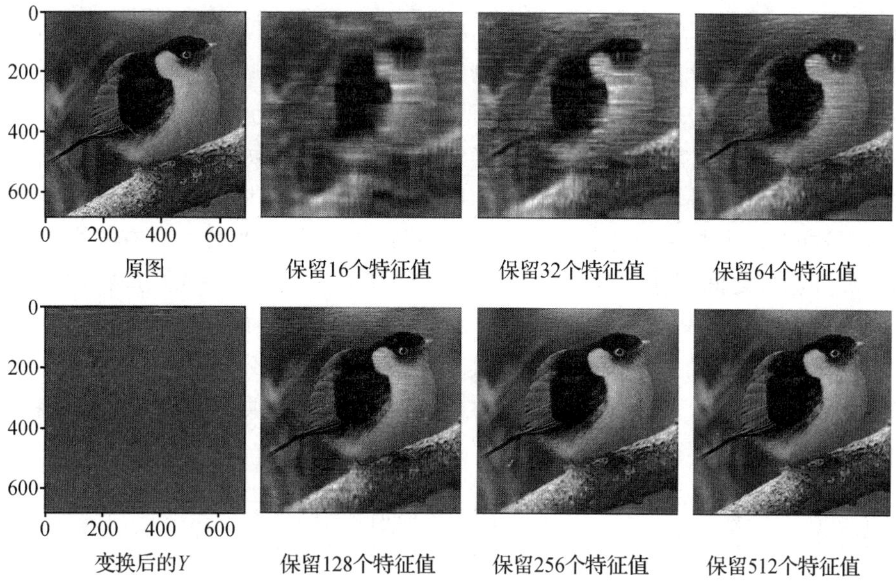

图 2-56　保留不同大小特征值的 K-L 变换图

对于 K-L 变换的应用，人们一方面继续寻求解特征值与特征向量的快速算法，另一方面则寻找一些虽不是“最佳”、但具有较好的去相关与能量集中性能且容易实现的变换方法。

2.2.4　Gabor 变换

2.2.4.1　一维 Gabor 变换

傅里叶变换的缺点是明显的，它可以得到整条信号的频率分布平均，但并不能反映频率随时间的变化。于是我们会想到，如果能将整条的信号处理一下，切成一个个小的片段，再给每个小片段进行傅里叶变换，得到每个小片段的频率分布以后，再以一个很短时间的小片段的平均频率分布作为这一个时间点的频率，依此类推，最后将所有的小片段拼接起来，就能得到频率随时间的变化情况了。Gabor 于 1946 年提出窗傅里叶变换，由于窗傅里叶变换只依赖于部分时间的信号，所以窗傅里叶变换又称为短时傅里叶变换，也称为 Gabor 变换。

待分析的信号 $f \in L^2(R)$ 是一个能量有限的信号，窗函数 $g \in L^2(R)$ 也是能量有限的信号，记 $\overline{g}$ 是窗函数 g 的共轭。窗傅里叶变换的思路就是，先用窗在不同的时刻去截取信号，即：

$$f_t(s) = f(s)\overline{g(s-t)} \tag{2-144}$$

再对截取的信号取傅里叶变换，因此得到 Gabor 变换或窗傅里叶变换的定义为：

$$G_f(\omega, t) = \int_{-\infty}^{+\infty} f(s)\overline{g(s-t)}\mathrm{e}^{-\mathrm{j}\omega t}\mathrm{d}s = < f, g_{t,w} > \tag{2-145}$$

式中，$g_{t,\omega} = g(s-t)\mathrm{e}^{\mathrm{j}\omega s}$，$< >$表示做内积。

Gabor 变换属于加窗傅里叶变换，而在实际应用中，通常使用高斯窗函数作为窗函数 g，

$$g_a(t) = \frac{1}{\sqrt{2\pi a^2}}\mathrm{e}^{-\frac{t^2}{2a^2}} \tag{2-146}$$

当窗函数取高斯窗时，Gabor 变换也被称为最优的短时傅里叶变换。因为在海森堡提出的不确定性原理中指出，对于某些物理量的测量，存在一个不可避免的测量不确定性。具体而言，就是对于一对互补的物理量（如位置和动量、时间和能量），无法同时准确测量它们的值，而是存在一种固有的不确定性。在数学上，不确定性原理可以用数学表达式来描述。对于一个信号或波函数，假设它的时域表示是一个窄的脉冲，那么它在频域上就会有较宽的频谱分布；反之，如果信号在时域上是一个持续时间较长的波段，那么它在频域上会有较窄的频谱分布。这意味着时域和频域之间存在一种相互制约的关系，无法同时对信号的时域特征和频域特征进行完全精确的测量。而高斯函数具有平滑的形状，具有较好的局部化特性。它在时域上具有较小的时间延迟和较小的副瓣，在频域上具有较宽的主瓣和较小的频谱泄漏。高斯窗函数的时频域图如图 2-57 所示。这使得高斯窗在时频域上同时提供了较好的分辨率和局部化特性，最大化地减小了测量不确定性的影响。

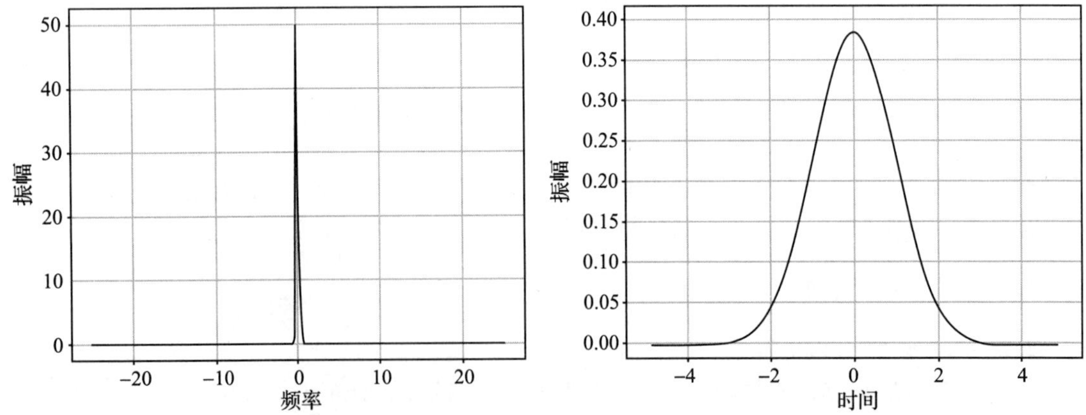

（a）频域上的高斯窗（α=1.0）　（b）时域上的高斯窗（α=1.0）

图 2-57　高斯窗函数公式及其图像在频域和时域上的表示

2.2.4.2　二维 Gabor 变换

在实际应用中，可以将一维的 Gabor 变换推广到二维，二维 Gabor 变换是图像多尺度分

析的有力工具，被广泛应用于边缘检测、方向频率表达、图像特征提取等领域。将一维 Gabor 核函数推广到二维，有两个比较重要的参数，即尺度和方向，它是在不同的尺度和方向下来分析图像的，二维 Gabor 核函数的数学表示如下：

$$g_{u,v}(x,y)=\frac{\|k\|^2}{\sigma^2}e^{-\frac{\|k\|^2(x^2+y^2)}{2\sigma^2}}\left[e^{ik\cdot\binom{x}{y}}-e^{-\frac{\sigma^2}{2}}\right] \tag{2-147}$$

或

$$g_{u,v}(x,y)=\frac{k_v^2}{\sigma^2}e^{-\frac{k_v^2(x^2+y^2)}{2\sigma^2}}\left[e^{ik_v(x\cos\varphi_u+y\sin\varphi_u)}-e^{-\frac{\sigma^2}{2}}\right] \tag{2-148}$$

其中：

$$k=\begin{pmatrix}k_x\\k_y\end{pmatrix}=\begin{pmatrix}k_v\cos\varphi_u\\k_v\sin\varphi_u\end{pmatrix},k_v=2^{-\frac{v+2}{2}}\pi,\varphi_u=u\cdot\frac{\pi}{N} \tag{2-149}$$

v 是尺度因子，它的取值决定了 Gabor 滤波的波长；u 是方向因子，它的取值决定了 Gabor 核函数的方向，N 表示总的方向数。加入 $e^{-\frac{\sigma^2}{2}}$ 是为了消除直流分量的影响，σ 可以控制滤波器的带宽。

通过上面的二维 Gabor 核函数公式，可以看到，Gabor 核在空间域可以看作一个特定频率与方向的正弦平面波加上一个应用在正弦平面波上的高斯核，如图 5-58 所示。

2.2.5　小波变换

由于傅里叶变换是一种全局的变换，要么只能在时域，要么只能在频域，无法描述信号的局部时频性质。而在很多的实际应用中，实际数据经常会出现缓慢变化或是伴有瞬变的振荡。例如在实际生活中出现的地震信号，如图 2-59 所示，可以发现第一次地震发生在 31 min 左右，持续时间较短；第二次地震发生在 35 min 左右，持续时间较长，而且夹杂在信号中的噪声十分多，很难在时域中就把噪声和地震信号完美区分开来。就算使用加窗傅里叶变换，也很难准确地知道地震事件发生的频率和时间。这时候就需要可以比较准确分析具有突变信号或是图像的小波变换了。小波是一种具有零均值的快速衰减的波浪形振荡，小波函数是由一个基本母小波函数通过平移和缩放得到的。基本母小波函数是一种有限长度的波形，通常具有零均值和归一化的性质。通过平移和缩放基本母小波函数，可以生成一系列不同尺度和位置的小波函数。我们需要根据实际应用领域来选择相适应的小波函数。

平移和缩放操作是小波变换中的关键步骤，它们使小波变换具有多分辨率的特性，可以在不同的尺度上对信号进行分析。通过调整平移和缩放参数，可以获得不同尺度和频率上的小波系数，从而更好地理解信号的局部特征和结构，所以小波变换被誉为分析处理信号的“显微镜”。小波变换常见的形式有连续小波变换（continuous wavelet transform，CWT）、离散小波变换（discrete wavelet transform，DWT）等。

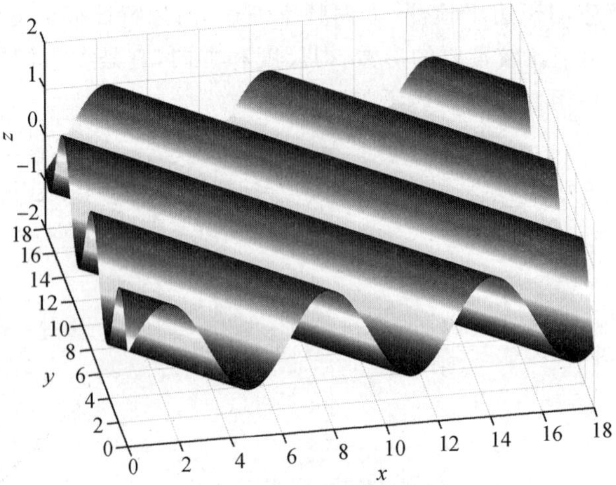

（a）偏移x轴30°的正弦函数

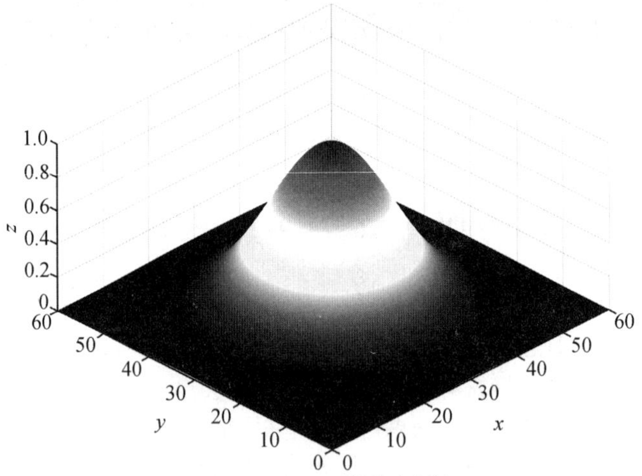

（b）Gaussian函数的高斯核

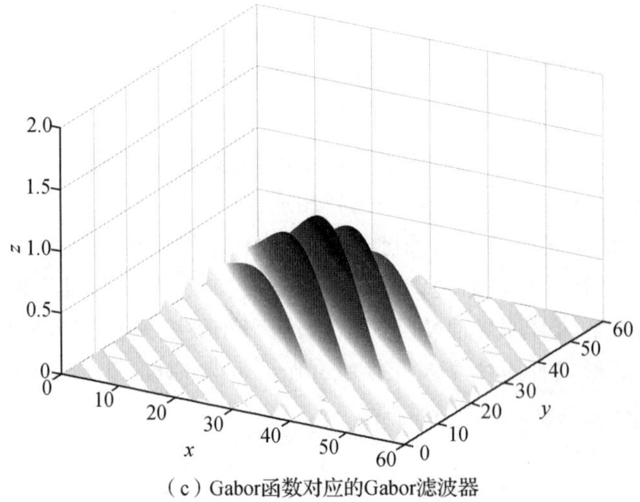

（c）Gabor函数对应的Gabor滤波器

图 2-58　二维 Gabor 变换组成

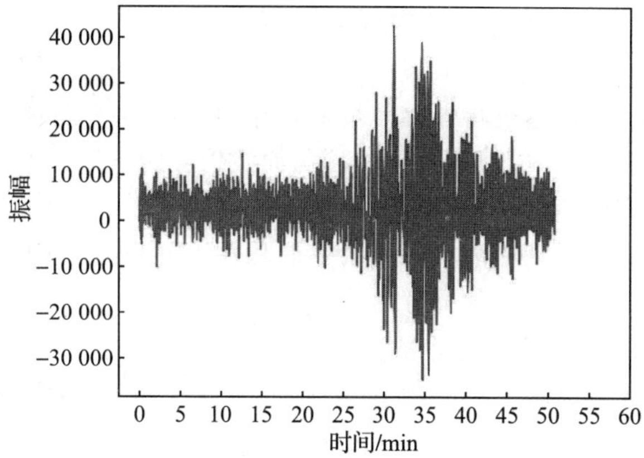

图 2-59　地震数据信号图

2.2.5.1　连续小波变换

傅里叶变换是将信号分解成一系列不同频率的正余弦函数的叠加，同样小波变换是将信号分解为一系列的小波函数的叠加（或者说不同尺度、时间的小波函数拟合），而这些小波函数都是一个小波母函数经过平移和尺度伸缩得来的。小波的含义是把某一被称为基本小波的函数进行位移 τ 后，再在不同尺度 a 下，与待分析信号 $X(t)$ 做内积，即

$$\mathrm{WT}_x(a,\tau)=\frac{1}{\sqrt{a}}\int_{-\infty}^{+\infty}x(t)\varphi^*\left(\frac{t-\tau}{a}\right)\mathrm{d}t \tag{2-150}$$

式中，$\alpha>0$，称为尺度因子，其作用是对基本小波 $\varphi(t)$ 函数作伸缩，τ 反映位移，其值可正可负，α 和 τ 都是连续的变量，故又称为连续小波变换。

式(2-150)等效的频域表示为：

$$\mathrm{WT}_x(a,\tau)=\frac{\sqrt{a}}{2\pi}\int_{-\infty}^{+\infty}X(w)\Psi^*_{(a\omega)}\mathrm{e}^{+\mathrm{j}_\omega\tau}\mathrm{d}\omega \tag{2-151}$$

2.2.5.2　离散小波变换

离散小波变换对尺度函数进行离散化处理，对时间进行均匀离散化取值，如二进制离散化尺度时间 2,4,6,8,…,2n（要求采样率满足奈奎斯特采样定理），它常用于信号的多分辨分析和信号分解重构。离散小波变换的定义如式(2-152)所示：

$$\mathrm{DWT}_f(n,k)=\frac{1}{\sqrt{2^k}}\sum_{m=-\infty}^{+\infty}f(m)\psi^*\left(\frac{m-2^kn}{2^k}\right) \tag{2-152}$$

式中，$f(m)$ 是待分析的离散信号，n 和 k 分别是时间和尺度（或层级）参数，ψ 是小波函数（母小波），ψ^* 是小波函数的复共轭。一般的离散小波变换的计算过程可以描述如下。

(1)选择合适的小波函数（母小波）ψ 和变换参数 k。常见的小波函数有 Daubechies、Haar 和 Morlet 等。

(2)将待分析的离散信号 $f(m)$ 进行层级分解。通常，将信号进行二分，每一级的分解将信号分为近似系数和细节系数。初始时，近似系数为原始信号，细节系数初始化为零。

(3)根据公式，计算每一级的细节系数和近似系数。对于每一级的细节系数，通过将原始信号与小波函数进行卷积运算得到。具体地，将小波函数 ψ 进行平移和尺度变换，然后与原始信号 $f(m)$ 进行点乘求和。

对于每一级的近似系数，通过将原始信号下采样后再与小波函数进行卷积运算得到。具体地，将小波函数 ψ 进行平移和尺度变换，然后与原始信号的下采样结果进行点乘求和。

(4)重复步骤(3)，直到达到所需的变换级数。

(5)最终得到的近似系数和细节系数表示了信号在不同尺度上的特征。近似系数表示信号的低频部分，细节系数表示信号的高频部分。

2.2.5.3 Haar 小波在图像处理中的应用

Haar 小波是一种最简单的小波函数，它在区间 $[0,1]$ 上被定义为两段简单的函数。第一段函数在区间 $\left[0,\frac{1}{2}\right)$ 上取值为 1，而第二段函数在区间 $\left[\frac{1}{2},1\right)$ 上取值为 -1。这种定义使得 Haar 小波函数在时间或空间上具有离散性，只在有限的区间内有非零值。Haar 小波的图像如图 2-60 所示。

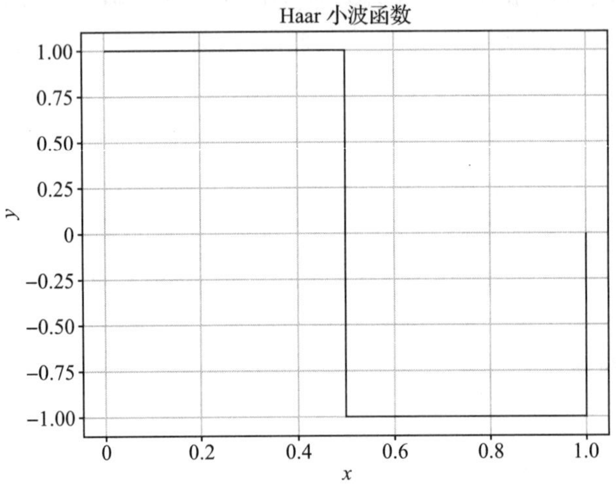

图 2-60 Haar 小波的图像

Haar 小波具有正交性、二进制分解、局部性和计算快速的特点。

(1)正交性　Haar 小波函数是正交的，即不同频率的 Haar 小波函数之间的内积为 0。这意味着 Haar 小波函数可以用于信号压缩和特征提取，因为它可以将信号分解成不同频率的子信号，并且这些子信号之间是相互独立的。

(2)二进制分解　Haar 小波函数在信号分解时采用二进制分解的方法。它将信号分成高频和低频部分，其中高频部分表示信号的细节，低频部分表示信号的近似。

(3)局部性　Haar 小波函数具有局部性，即能够捕捉信号中的局部特征。它在时间或空间上的突变点处有明显的变化，可以用于检测信号中的边缘和突变。

(4)快速计算　由于 Haar 小波函数的简单性，其计算非常高效。这使得 Haar 小波在实时信号处理和图像处理中得到广泛应用。

下面将展示一个对图像进行二维小波变换的实例，用到的是 Haar 小波，变换的结果分别如图 2-61、图 2-62 和图 2-63 所示。在这个示例中，使用 Python 中的 pywt. wavedec2()函数进行 Haar 小波变换，分别获取图像经过小波分解后的低频系数和高频系数的结果图，如图 2-61 所示。对图片的高频进行了 3 个层次的分解，分别对图像的水平方向、垂直方向和对角线方向进行了细节的提取，如图 2-62 所示。在小波分解中，分解层次指的是将原始信号或图像进行多级分解的层数。每一级分解将信号或图像分解成低频和高频系数，然后低频系数再参与下一级的分解。分解层次的选择可以根据应用需求和图像特性来决定。较浅的分解层次可能会损失一些细节信息，但计算复杂性相对较低。较深的分解层次可以提供更多细节信息，但会增加计算量和存储需求。因此，在实际应用中，需要根据具体情况权衡分解层次的选择。例如，自然景观图像通常包含丰富的细节，可能需要较深的分解层数来捕捉细节信息。而简单的图形或图标可能只需要较浅的分解层数；还有在图像压缩中，较低的分解层数和量化较低层次的细节系数可以实现更高的压缩比。在图像增强中，通过选择较深的分解层数可以增强图像的细节和纹理。最后将分解后的低频系数图像和高频系数图像传递给 Python 中的 pywt. waverec2 函数以进行重构复原，得到重构后的原图像，如图 2-63 所示。

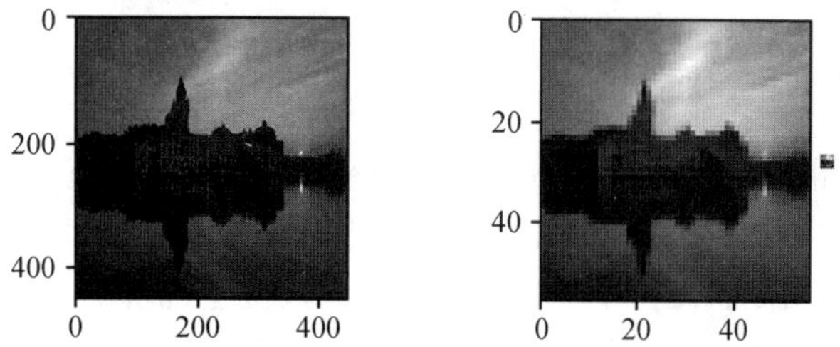

（a）原图　　（b）低频系数图像

图 2-61　原图和 Haar 小波变换后低频系数重构图

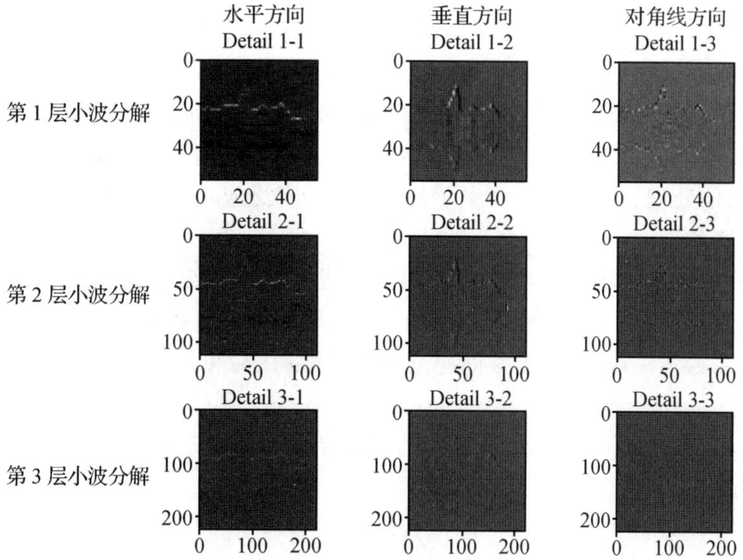

图 2-62　经 Haar 小波变换分解的 3 个层级的细节图

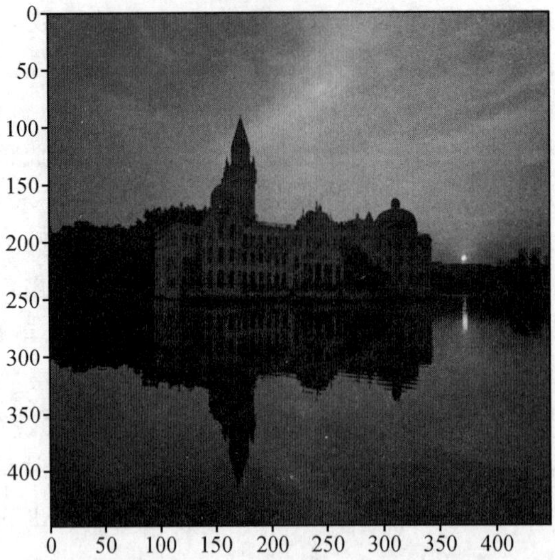

图 2-63　利用小波分解后的低频系数和高频系数进行图像重构

2.2.6　多分辨率分析

多分辨率分析(multiresolution analysis,MRA)也称多尺度分析,是 Mallat 于 1989 年首次提出的一种信号和图像处理的技术,旨在通过对信号或图像的不同尺度的分析来提取和表示信号或图像的特征。MRA 基于信号或图像在不同尺度上的分解和重构,可以将信号或图像分解成不同尺度上的近似部分和细节部分,从而实现对信号或图像的多尺度分析。多分辨率分析是信号在小波基下进行分解和重构的基本理论基础。其基本思想是使用一组正交或非正交的基函数(通常是小波函数),通过不同尺度上的平移和尺度变换,对信号或图像进行分解和重构。通过分解,可以得到不同尺度上的近似部分和细节部分,近似部分表示信号或图像的低频内容,而细节部分表示信号或图像的高频内容。然后,可以根据需要选择合适的尺度和细节部分进行特征提取、数据压缩、边缘检测等信号或图像处理任务。MRA 的一个重要应用是小波变换(wavelet transform),它是一种基于多分辨率分析的信号处理方法。小波变换通过对信号进行多尺度分析,可以提取信号的时频特征,适用于非平稳信号的分析和处理。小波变换可以应用于图像处理、音频处理、视频处理等领域,广泛应用于信号处理、图像压缩、噪声去除、特征提取等任务。

多分辨率分析把平方可积函数 $f \in L^2(\mathbb{R})$看成是某一逐级逼近的极限情况,每级逼近都是用某个低通平滑函数 ϕ 对 f 做平滑的结果,在逐级逼近的过程中平滑函数 ϕ 也在做逐级伸缩。其实质是:在 $L^2(\mathbb{R})$的某个子空间建立基底,然后用简单的变换,把子空间上的基底扩充到 $L^2(\mathbb{R})$中去。

设$\{V_j\}_{j\in\mathbb{Z}}$为 $L^2(\mathbb{R})$中的函数子空间序列,若满足如下条件,则称$\{V_j\}_{j\in\mathbb{Z}}$为尺度函数 ϕ 的多分辨率分析:

(1)嵌套性　$V_j \in V_{j+1}$。

(2)稠密性　$\overline{\bigcup_{j\in\mathbb{Z}} V_j} = L^2(\mathbb{R})$。

(3)分立性　$\bigcap_{j\in\mathbb{Z}} V_j = \phi$。

(4)尺度性　$f(x) \in V_j$,当且仅当 $f(2^{-j}x) \in V_0$。

(5)平移性　$f(x)\in V_j$,则 $f(x-k)\in V_0$;或者 $f(x)\in V_j$,则 $f(x-2^{-j}k)\in V_j$。

(6)正交基　存在 $\phi\in V_0^{\cdot}$,使得$\{\phi(x-k),k\in\mathbb{Z}\}$是 V_0 的一组标准正交基。

设 W_j 表示多分辨率分析中的高频部分,V_j 表示多分辨率分析中的低频部分,则 W_j 是 V_j 在 V_{j+1} 中的正交补,即 $V_{j+1}=V_j\oplus W_j$,因此有

$$L^2(\mathbb{R})=V_0\oplus W_0\oplus W_1\oplus\cdots \tag{2-153}$$

或者

$$L^2(\mathbb{R})=\oplus_{j\in\mathbb{Z}}W_j \tag{2-154}$$

由于 $f(x)\in W_j$,当且仅当 $f(2^{-j}x)\in W_0$。那么如何找到 $\psi\in W_0$,使得$\{\psi(x-k),k\in\mathbb{Z}\}$是 W_0 的一组标准正交基。因为 $\phi\in V_0\subset V_1$,而$\{\phi_{1,k}(x)=\sqrt{2}\phi(2x-k),k\in\mathbb{Z}\}$是 V_1 的一组标准正交基,因此有

$$\phi(x)=\sum_k h_k\phi_{1,k}(x)=\sqrt{2}\sum_k h_k\phi(2x-k) \tag{2-155}$$

式中 $h_k=<\phi,\phi_{1,k}>$且 $\sum_k|h_k|^2=1$。

子空间序列$\{V_j\}_{j\in\mathbb{Z}}$ 满足(1)～(6)的条件,则存在函数$\{\psi_{j,k}\}_{k\in\mathbb{Z}}$ 构成W_j 的一组标准正交基,其中 ψ 的构造可以是$\psi=\sum_k(-1)^k h_{-k-1}\phi_{1,k}$ 或$\psi=\sum_k(-1)^k h_{-k+1}\phi_{1,k}$ 。

1. 信号分解算法

设 $\phi=\sum_n h_n\phi_{1,n}$,$\psi=\sum_n g_n\phi_{1,n}$,其中$g_n=(-1)^n h_{-n+1}=<\psi,\phi_{1,n}>$,因此有

$$\begin{aligned}\psi_{j,k}(x)&=2^{j/2}\psi(2^jx-k)\\&=2^{j/2}\sum_n g_n\cdot 2^{1/2}\phi[2\cdot(2^jx-k)-n]\\&=2^{(j+1)/2}\sum_n g_n\cdot\phi(2^{j+1}x-2k-n)\\&=\sum_n g_n\phi_{j+1,2k+n}(x)\\&=\sum_n g_{n-2k}\phi_{j+1,n}(x)\end{aligned} \tag{2-156}$$

同理可得

$$\phi_{j,k}(x)=\sum_n h_{n-2k}\phi_{j+1,n}(x) \tag{2-157}$$

因此可得:

$$d_k^j=<f,\psi_{j,k}>=\sum_n\overline{g_{n-2k}}<f,\phi_{j+1,n}>=\sum_n\overline{g_{n-2k}}c_n^{j+1} \tag{2-158}$$

$$c_n^j=<f,\phi_{j,k}>=\sum_n\overline{h_{n-2k}}<f,\phi_{j+1,n}>=\sum_n\overline{h_{n-2k}}c_n^{j+1} \tag{2-159}$$

迭代:小波的闪光点就在于此!初始化后,选择一个合适的空间 V_j,使得 $f\approx f_j\in V_j$。根据上面的公式,可以由 f_j 开始,逐级分解为较低级别的近似部分 $f_{j-1}\in V_{j-1}$ 和小波部

分 $w_{j-1} \in W_{j-1}$，即 $f_j = f_{j-1} + w_{j-1}$。然后对 f_{j-1}、f_{j-2} 采用相同的步骤，一直进行下去（图 2-64）。

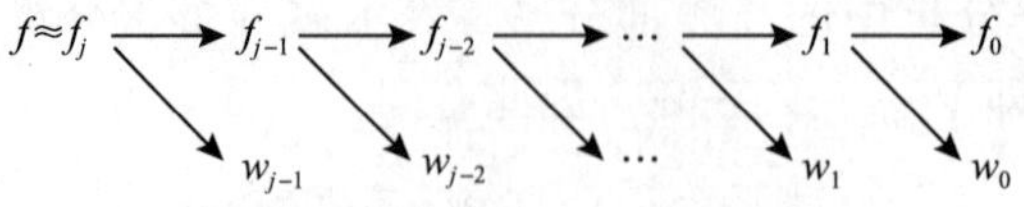

图 2-64　小波变换信号分解算法流程

2. 信号重构算法

一旦信号分解完，就可以修改某些 W_j。如果目的是滤除噪声，那么 f 的 W_j 分量中的相应不想要的频率部分可以被舍弃，结果是噪声显著减少。如果目的是数据压缩，幅值较小的 W_j 分量可被舍弃，而且不会显著地改变原始信号。不管怎样，我们需要一个重构算法，根据 V_j 的基 $\{\phi(2^j x - k)\}$ 重新组装被压缩或被滤波的信号。小波变换信号重构算法流程图如图 2-65 所示。

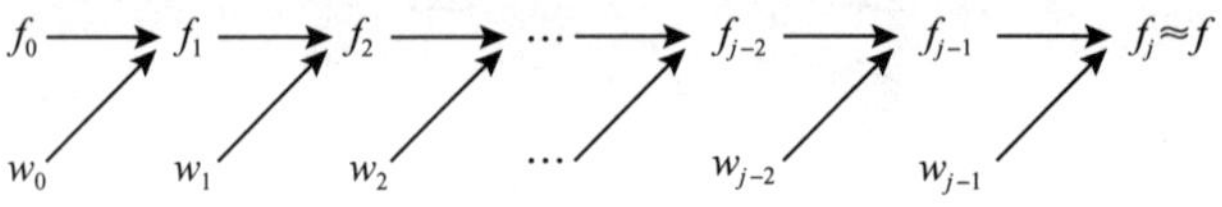

图 2-65　小波变换信号重构算法流程

图 2-66 和图 2-67 是使用多分辨分析进行图像压缩的示例。这个多分辨率分析的示例是用 Python 实现的。我们采用的是多分辨率分析中的金字塔技术对图像进行多尺度分析和重构。金字塔技术最经典的应用就是用于图像的压缩和存储，在金字塔技术中，通过对图像进行下采样（降低分辨率）和上采样（增加分辨率），可以生成不同尺度的近似部分。这些近似部分可以用于表示原始图像的不同细节层次。较高尺度级别的近似部分表示图像的整体结构和大致形状，而较低尺度级别的近似部分则表示图像的细节和纹理信息。通过使用金字塔技术，可以将原始图像压缩为较小的尺寸，从而实现图像的压缩存储。在存储和传输图像时，可以只保留较高尺度级别的近似部分，而舍弃较低尺度级别的细节部分。这样可以减少图像数据的大小，从而节省存储空间和传输带宽。一开始为了方便图像的加载处理，加载的时候将图像先进行灰度化处理，这样就可以不用处理 3 个通道的图像。然后创建一个金字塔列表用于存储每个尺度级别的近似部分。在图像处理中，尺度级别是指在多尺度分析中使用的不同图像尺度或分辨率。通过改变图像的尺度级别，可以观察到图像在不同尺度下的特征和细节。使用 cv2. pyrDown 函数对图像进行下采样，将图像尺寸降低为原来的一半，并将下采样后的图像添加到金字塔列表中。本次示例设定的尺度级数是 5，所以程序下采样了 5 次。在多尺度分析中，通过对图像进行下采样操作，可以得到一系列尺度逐渐减小的图像。每个尺度级别的图像称为近似部分。在每个尺度级别，图像的分辨率降低，但保留了大致的形状和结构信息。图像的重构过程先从金字塔列表中取出最低尺度的近似部分作为初始重构图像。在这次示例中最低尺度是 level5 的层级尺度。从最低尺度开始，用 cv2. pyrUp 函数对下采样后的图像进行上采样，将图像尺寸放大为原来的 2 倍。然后将上采样后的图像和金字塔列表中对应尺度的近似部分进行融合，得到新的重构图像。重复上述过程可将图像恢复为与原图相同大小的重构图像，如图 2-67 所示。图像金字塔是一种层次化的数据结构，用于对图像进行多尺度的表示和处理。金字塔的不同层级对应于不同的尺度级别，可以用于图像融合、图像配准、图像缩

放和图像增强等应用。

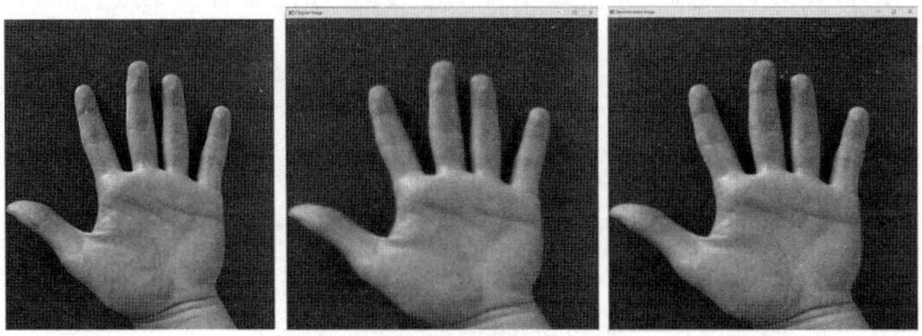

（a）原图　　（b）图像下采样后　　（c）图像上采样后

图 2-66　多分辨分析进行图像压缩的示例结果

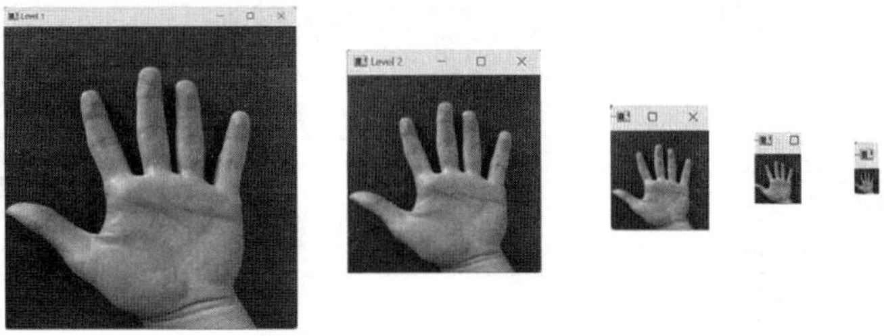

图 2-67　图像下采样过程

除了金字塔技术，多分辨率分析还有其他如小波变换、尺度空间分析等方法。它们都有着能对信号或者图像在不同尺度上的表示，从而捕捉到不同尺度下的细节信息和整体特征，在不同尺度上提取出具有区分性的特征的优点。在图像处理的工作中可以广泛地应用于图像压缩、图像增强、边缘检测、纹理分析等图像处理和分析任务。在模式识别和机器学习领域可以用来进行特征提取和维度约减，对于模式识别、目标检测和机器学习任务具有重要意义。

本章小结

本章主要讲解了人工智能的基础理论和数字图像处理的基础算法，对近年来常用于生物特征识别的深度学习方法，如 ResNet、U-Net、MobileFaceNet 等进行了介绍，还介绍了用于生物特征识别的时域、频域和多分辨率分析的图像处理方法，主要包括几何变换、傅里叶分析、离散余弦变换、K-L 变换、Gabor 变换、小波变换等。

思考题

1. 人工智能的基本定义是什么？你认为哪些领域最能体现人工智能的应用价值？
2. 介绍机器学习和深度学习的区别，并举例说明其在生物特征识别中的应用。
3. 比较傅里叶变换、离散余弦变换（DCT）和 K-L 变换（PCA）在图像处理中的异同点，并讨论它们在生物特征识别中的应用场景。

4. Gabor 变换和小波变换是两种重要的图像处理方法，请比较它们的基本原理和在生物特征识别中的具体应用。

5. 在生物特征识别的实际应用中，如何选择适合的图像处理和深度学习算法？请结合实际案例进行分析。

拓展学习

1. 实现图像的二维傅里叶变换及逆变换的 Python 代码

2. 使用二维傅里叶变换幅度谱和相位谱重构图像的 Python 代码

3. 离散余弦变换 DCT

4. 离散余弦变换 DCT 压缩

5. K-L 变换

6. Python 实现一个经典 Gabor 变换的示例

7. Haar 小波变换示例

8. 多分辨率分析金字塔技术示例

第 3 章　指纹与掌纹识别技术

指纹是人体生物特征的一种，在人类的婴儿时期就已基本确定，并且其纹线构成终生不变，即指纹具有不变性。指纹的纹线结构具有足够的复杂度，指纹脊线包含了勾、眼、桥、棒、点等特征点，且每条纹线的起点、分支点、交叉点、终点又各有不同，因此几乎可以肯定地说，没有两个人的指纹是完全相同的，即指纹具有唯一性。与人的其他生物特征（如虹膜、静脉、人脸等）相比，指纹还具有特征变化小、特别方便获取等特点。正是以上的一些优势使得指纹成为具有法律效力的人体生物特征。在犯罪侦查中，指纹是进行身份同一认定的足够充分的证据。指纹鉴定结论作为证据在刑事诉讼中发挥着不可替代的作用，用指纹来认定罪犯，具有说服力，可信度高，指纹也因此被称为“证据之王”。

3.1　指纹识别技术

指纹图像由交错排列的脊线和谷线组成。脊线是手指皮肤的凸起部分，对应指纹图像中灰度较大的深色纹理，谷线则颜色较浅，同背景灰度相差不大，也可以认为是由相邻两条脊线间隔出的背景区域。指纹特征可以分为指纹的总体（形状）特征、指纹的细节特征及指纹的结构特征等。

1. 指纹的总体特征

虽然人与人之间的指纹不尽相同，但根据其总体结构可以大致分为 5 种基本纹型，即左箕型、右箕型、斗型、弓型和尖弓型，如图 3-1 所示。指纹的基本纹型是由奇异点形态和分布决定的，奇异点又可以分为核心点和三角点。

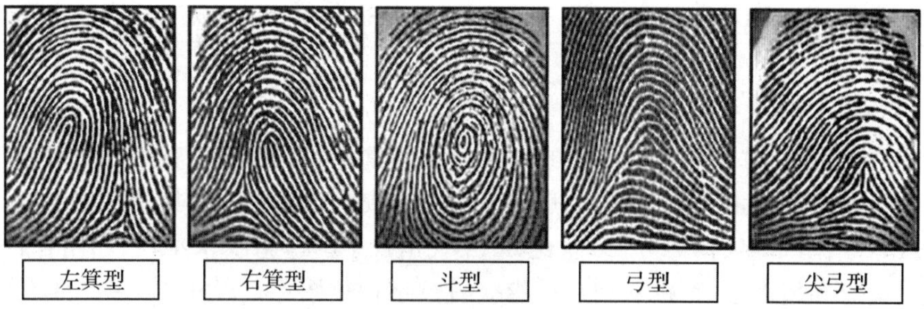

图 3-1　指纹的总体特征

核心点位于指纹纹路的渐近中心，常用作读取指纹和比对指纹时的参考点，如图 3-2 中圆圈所示。三角点则是指纹图像中三角形纹路区域的中心点，提供了指纹纹路计数和跟踪的起

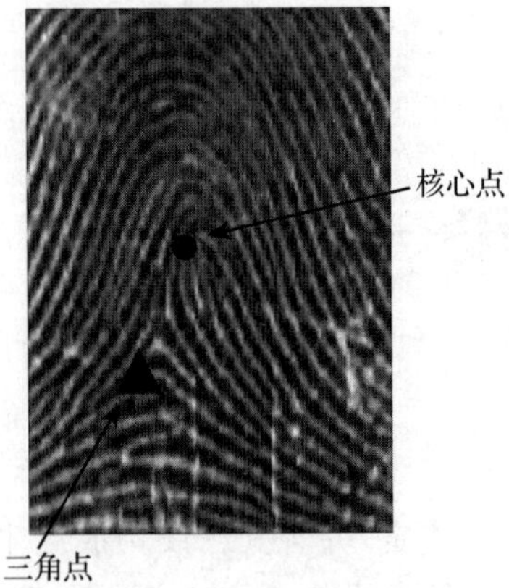

图 3-2 指纹的奇异点

始位置，离该点最近的三条指纹纹线构成一个近似等边三角形，如图 3-2 中三角形所示。

2. 指纹的细节特征

指纹的细节特征即指纹的单一纹线特征，主要包括：端点(一条纹路在此终结)、分叉点(一条纹路在此分成两条或多条纹路)、分歧点(两条平行的纹路在此分开)、孤立点、短纹、环点、桥等，端点和分叉点是最基本的细节点类型，其余可以看作一对邻近细节点的各种组合。

3. 指纹的结构特征

指纹的结构特征是指纹特征所处的位置及特征之间的连接关系。连接各个指纹特征点，形成指纹特征点拓扑图，通过对指纹的拓扑结构图进行拓扑等价比对，可以确定指纹是否匹配。

3.1.1 指纹识别系统概述与指纹采集

指纹识别系统利用传感器、图像处理、模式识别技术自动识别两个指纹是否一致。指纹识别系统主要由 3 部分组成，分别为指纹采集、指纹预处理、特征提取和匹配。指纹识别系统的一般流程如图 3-3 所示，先通过传感器得到指纹图像，对其进行预处理，去除一些无关的干扰，突出指纹纹理。接着从预处理后的指纹图像中提取一些显著的特征，作为该用户这个指纹的特征信息并存储入库。当需要进行身份验证时，同样对新的验证者的指纹进行上述处理，最后将其提取到的特征信息与库中的用户特征信息进行比对，得出一个决策分数，再通过一个事先设定好的阈值来判断两者的指纹是否属于同一个人。

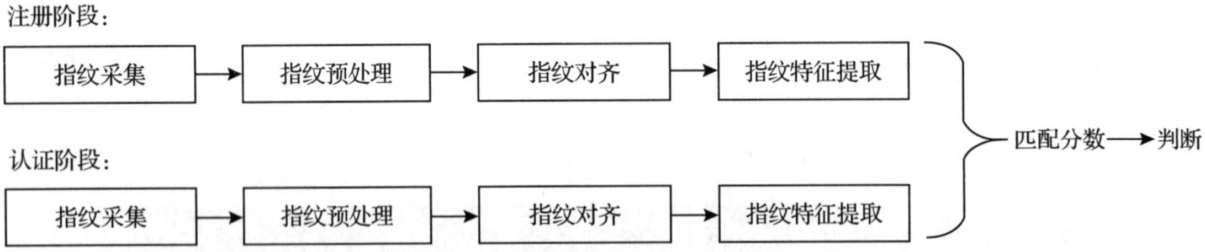

图 3-3 指纹识别系统的一般流程

作为指纹识别系统的第一部分，指纹的采集至关重要，其质量的高低影响着后面的识别效果。最早的指纹采集技术是油墨法，通过将人的手指按压到油墨上采集其纹路信息，主要用于刑侦，至今已经有上百年的历史。20 世纪 90 年代出现了活体指纹采集器，利用各种传感器技术(如光学、电容和超声波)直接从用户手指获得数字指纹图像。经过 30 多年的发展，技术多元、形态多样的指纹采集器不断涌现，促进了指纹识别技术在公共安全、消费电子、电子商务等众多领域的应用。指纹采集方式的发展历程如图 3-4 所示，从左到右分别是油墨法、光学传感器、电容式传感器、超声波传感器。

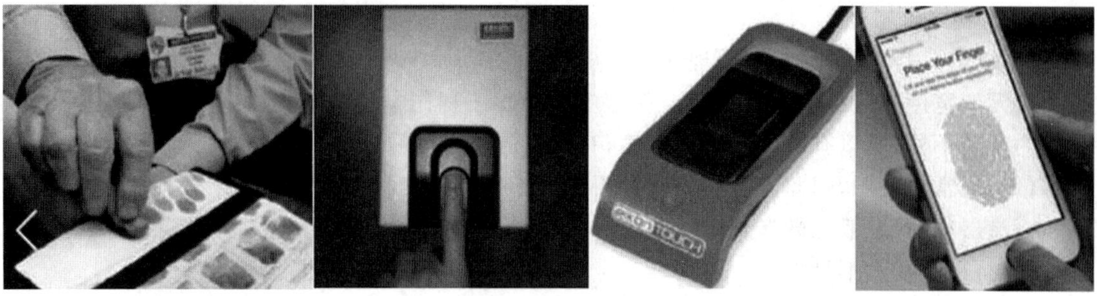

图 3-4　指纹采集方式的发展历程

(Jain 等,2016)

1. 油墨法

油墨法是指在手指蘸上油墨,在专门的指纹卡上按压手指或者滚动手指。指纹卡的上面两排为滚动采集的指纹,可以采集尽可能多的信息,下面一排为左右手的平面采集。虽然滚动指纹的面积通常覆盖了平面指纹,但是平面指纹的图像较清晰、变形小。采集 10 个平面指纹还有一个用处,可以帮助检测滚动指纹是否错位。因为实际采集过程中,难免出现错位的情况。而仅仅从单个滚动指纹,难以判断左右手和具体的指位。一旦发生错位,可能会导致将来识别错误。油墨法实际使用中一般用户难以接受,所以通常是针对罪犯实施的,通过采集其指纹信息以防止其二次犯罪。

2. 光学传感器

通常,光学指纹采集器是基于受抑全内反射(frustrated total internal reflection,FTIR)原理设计的,如图 3-5 所示。FTIR 技术的使用是为了增强指纹脊线与谷的对比度。在图 3-5 中,光源发出的光线以特定角度射入三棱镜。当没有手指按上时,入射光线将在三棱镜的上表面发生全反射;当有手指按上时,因为脊线将接触棱镜表面,而谷不能接触,所以棱镜表面与脊线的接触将破坏全反射条件,从而使一部分光线泄露,反射光线变弱,从而在图像传感器上形成明暗条纹相间的指纹图像。

光学传感器的优点在于较高的图像质量及高耐用性,其缺点在于大部分光学传感器的尺寸较大,且对手部的干湿度较为敏感。

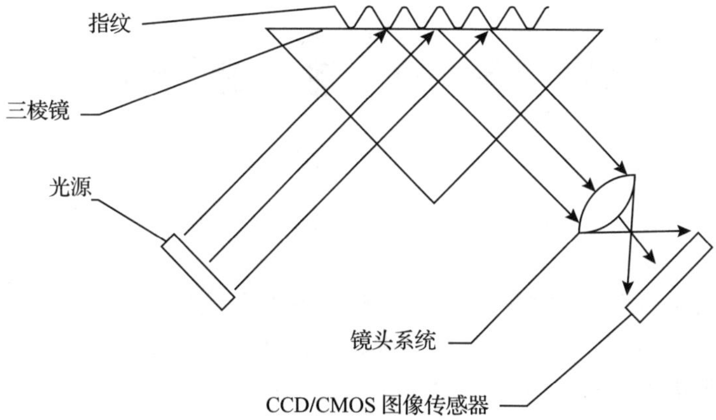

图 3-5　指纹光学传感器的实现原理

3. 电容式传感器

指纹电容式传感器的实现原理如图 3-6 所示。其中,半导体芯片表面被分割成很多像元,每个像元的宽度一般小于脊线宽度。手指皮肤表面被视作电容的一极,由于脊线和谷与芯片表面的距离不同,所以有着不同的电容值,对相应的电容信号进行测量即可获得指纹图像。该电容信号通常比较弱,因此电容式传感器要求手指与芯片表面尽可能近地接触,即要求传感器的表面涂层很薄(一般几微米),以便提高灵敏度。但采用薄涂层的缺点是传感器的耐用性较差,并且抗静电能力不足。

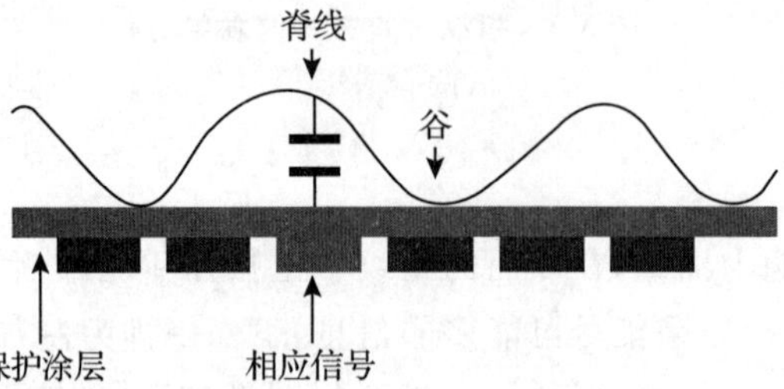

图 3-6　指纹电容式传感器的实现原理

4. 超声波传感器

超声波传感是基于发送声学指向指尖的信号,并捕获回声信号,从回声信号计算指纹的脊线结构。超声波传感器的两个主要组件是发送器和接收器。前者产生声脉冲,后者检测这些脉冲从指纹反弹时的响应。该方法是对手指较深层次的皮肤进行成像(甚至能透过薄手套),因此在脏手指、潮湿手指等情况下的成像效果也比较好,此外,其还能采集无接触 3D 指纹图像。其缺点是成本较高,价格较为昂贵。指纹超声波传感器的实现原理如图 3-7 所示。

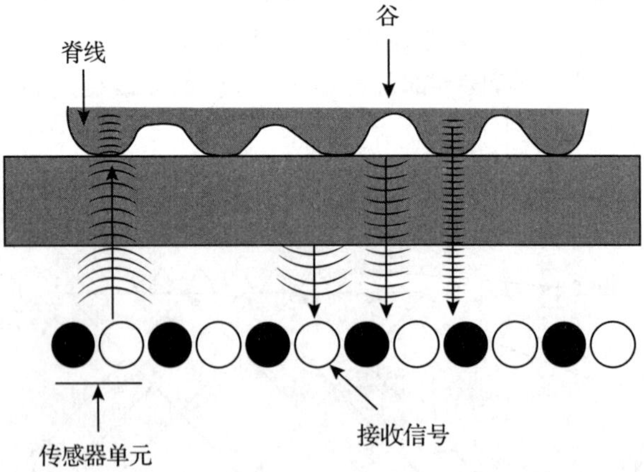

图 3-7　指纹超声波传感器的实现原理

随着时代的发展和科技的进步,指纹采集传感器也不断更新与发展,指纹的采集方式也越来越便捷,其所采集到的指纹图像质量也越来越高、信息也越来越丰富。下面介绍几个较为常见的公开指纹数据集。

1. CASIA 指纹数据集

CASIA 指纹数据集为中国科学院自动化研究所发布的公开指纹数据集,其包括伪造指纹数据库(ATVS-FFp_DB)、指纹老化数据库(Fingerprint Subject Ageing)和普通指纹数据库(FingerprintV5)三个数据库。

ATVS-FFp_DB 分为两个数据库,分别为合作数据库和非合作数据库,分别包含真实指纹图像和伪造的指纹图像。其中,合作数据库表示其伪造的指纹图像是在受试者合作的情况下实现的,而非合作数据库中的伪造指纹图像则不是在受试者的合作下伪造的。合作数据库共采集了 17 名志愿者,每名志愿者采集了 4 根手指、每根手指各用 3 个不同的传感器采集 3 张图像;而非合作数据库则采集了 16 名志愿者,剩下的条件与合作数据库一样。

Fingerprint Subject Ageing 收集了 49 名受试者在 2009 年及 2013 年的指纹图像,每名受试者采集 4 根手指,每根手指采集 5 张图像。

FingerprintV5 采集了 500 人共 20 000 张指纹图像,每人采集 8 根手指,每根手指采集了 5 张图像,分辨率为 328×356。

2. PolyU 指纹数据集

PolyU 指纹数据集是香港理工大学发布的指纹数据集,其包含两个 3D 指纹数据集:PolyU 3D Fingerprint Database1.0 和 PolyU 3D Fingerprint Database2.0。

1.0 数据库采集了 260 名受试者,每名受试者采集 6 张指纹图像,共计 1 560 张 3D 指纹图像。2.0 数据库包含了 300 位用户的 2 760 张 3D 指纹图像和 5 520 张彩色 2D 指纹图像,其中,3D 指纹图像由 16 560 张 2D 指纹图像重建而成。

3. NIST 指纹数据集

美国国家标准与技术研究所(National Institute of Standards and Technology,NIST)负责制定和推动科技标准。NIST 也在生物识别领域进行了大量的研究和评估工作,其中包括指纹识别。NIST 创建并维护了一系列用于指纹识别研究和性能评估的指纹数据库。其有 3 个版本,分别是 NIST Special Database4 (SD4)、NIST Special Database14 (SD14)和 NIST Special Database27 (SD27)。SD4 包含了 2 000 对指纹图像,一共 4 000 张;SD14 包含了约 27 000 张指纹图像;SD27 包含了 756 人的指纹图像,每个人提供了 8 张指纹图像。

4. FVC 指纹数据集

指纹算法竞赛(Fingerprint Verification Competition,FVC)是一个针对指纹识别技术的国际竞赛,旨在促进指纹识别算法和技术的发展。该竞赛始于 2000 年,由国际生物识别学会(International Biometric Society)主办,旨在提供一个公开的平台,让研究人员和开发者能够评估和比较各种指纹识别系统的性能。根据比赛时间的不同,FVC 发布了多个指纹公开数据集,分别是 FVC2000、FVC2002、FVC2004 和 FVC2006。

FVC2000 和 FVC2002 分为 4 个子数据库,每个子数据库分别为不同的传感器设备采集,包括光学传感器和电容式传感器。每张指纹图像的分辨率为 500 dpi 左右,每个子数据库有 110 根手指,每根手指有 8 张图像,共计 880 张指纹图像。FVC2004 也分为 4 个子数据库,但每个子数据库包含 120 根手指,每根手指有 12 张图像,共计 1 440 张指纹图像。FVC2006 的每个子数据库包含 150 根手指,每根手指有 12 张图像,共计 1 800 张指纹图像。FVC2006 不像前面几个数据库,其没有刻意引入诸如夸张的失真、大量的旋转和位移、湿或干印模等困难,但采集人口更加异质,还包括体力劳动者和老年人。并且志愿者只是被要求将手指自然地放在采集设备上,但没有强制采取任何要求来保证所采集图像的质量。

3.1.2 指纹图像预处理

图像采集仪所采集到的指纹图像往往是一幅含有较多噪声的灰度图像，因而必须经过一系列的预处理，消去大量的噪声信号，将噪声的干扰减少到最低程度，得到一幅纹线清晰的点线图，才能较完整地获得指纹的特征信息。因此，指纹识别系统必须先对采集到的指纹图像进行预处理，才能获取指纹的特征信息。预处理结果的好坏对指纹识别系统的准确率具有很大的影响。指纹识别任务的特殊性对预处理提出了特殊的要求。在预处理过程中，必须保证尽可能不出现伪特征，并尽量保持其真实特征不受损失。这里所谓的真实特征是指实际存在的指纹脊线构型，而不是指纹图上表现出的构型。由于在指纹摄取时手指用力不均匀，在用力大的区域纹线可能会出现误连，而在用力小的区域可能会出现纹线误断。因此，对指纹图像进行预处理是十分必要的。图像预处理通常包括指纹区域分割、脊线方向场估计、脊线频域图估计、图像增强、二值化和细化等步骤，如图 3-8 所示。

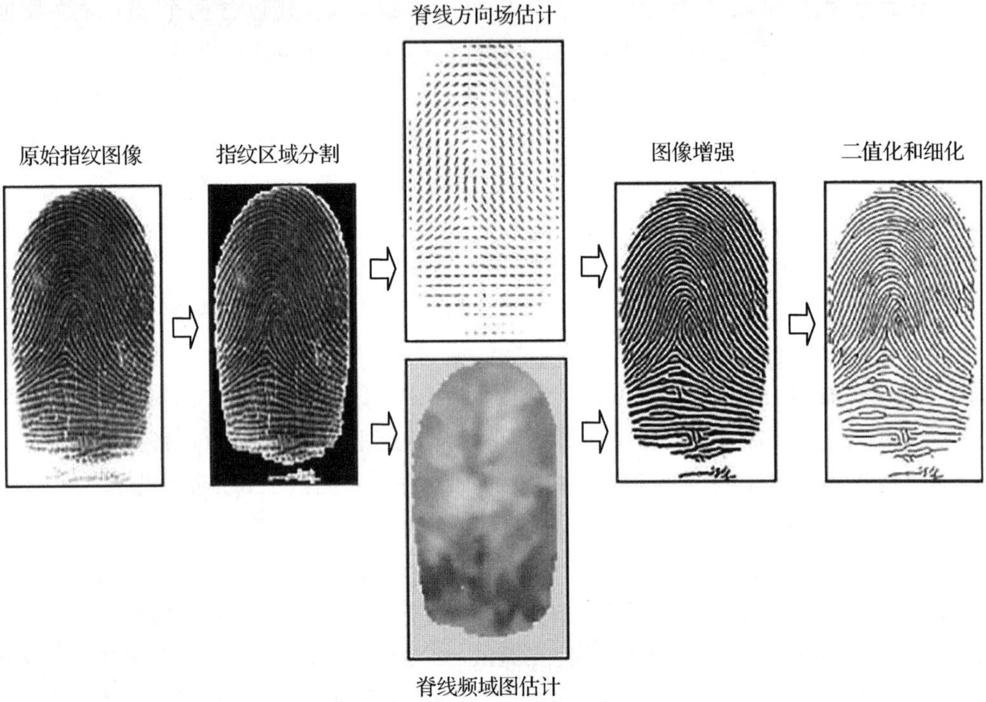

图 3-8 指纹图像预处理的一般步骤

指纹区域分割是指将指纹图像中的指纹区域（前景）与背景分开，分割有助于提高后续运算的速度，并避免背景中的虚假特征。脊线方向场估计是指纹预处理中最重要的步骤之一，它对于许多后续任务的影响很大。脊线频率是指沿局部脊线法向单位长度内的脊线数，其主要用途是确定脊线增强的参数，此外，脊线频率图还被用于指纹扭曲矫正、指纹匹配和检索任务。二值化则是把图像变换成黑和白两种灰阶的灰度图像，细化则是把二值化后的图像转为只有一个像素点宽度的线型图，以便特征提取。

1. 指纹区域分割

为了区分指纹前景和背景，可以采用基于经验和手工设计的指纹区域分割方法。例如，提取块聚类程度(一种衡量脊线和谷灰度聚类的度量)、局部灰度平均值和全局灰度平均值的差异以及块方差三种特征,利用线性分类器进行像素级分割,最后进行形态学后处理的方法。这种方法的优点是速度快,在背景较简单时可以很好地处理。但当背景较为复杂时,则需要采用其他方法,如基于深度学习的方法,才能取得较好的效果。

2. 脊线方向场估计

像素$[x,y]$处的局部脊线方向是脊线穿过以$[x,y]$为中心的任意小邻域与水平轴形成的角度θ_{xy},其范围是[0,180]。由于方向场变化平缓,通常并不需要计算像素级的方向场,而只需要计算图像块级别的方向场,如 8×8 大小的图像块。方向场的元素θ_{ij}代表图像块$[i,j]$中脊线的平均方向,如图 3-9 所示,还可以附带定义方向可信度r_{ij},以表示方向的可信度或一致性。在低质量脊线区域r_{ij}的值较低,而在高质量脊线区域,r_{ij}较高。

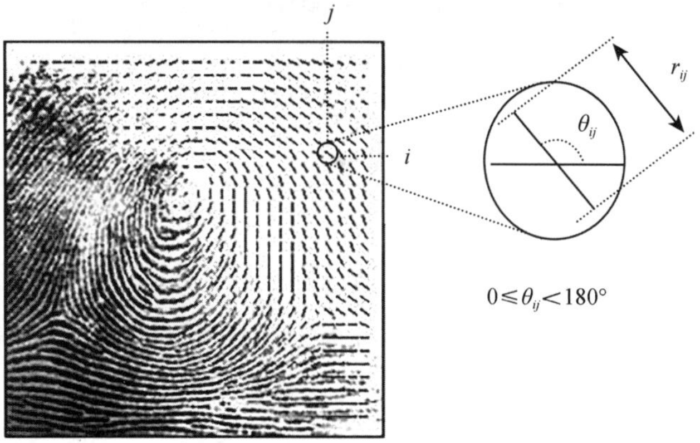

图 3-9　方向场中的元素平均方向示意图

(Maltoni 等,2009)

3. 脊线频域图估计

局部脊频周期在不同的手指上有所不同,在同一指纹的不同区域之间也可能存在明显变化。Orczyk 和 Wieclaw(2011)基于指纹专家的手动标注进行了统计,在 500 dpi 指纹中,大多数局部脊线周期是 5~10 像素,平均为 7.71 像素。如果在频率估计后执行局部平滑以降低噪声,亮块表示更高的频率,则不同的指纹区域可能有明显频率变化,并且不同的手指可能具有不同的平均频率,如图 3-10 所示。

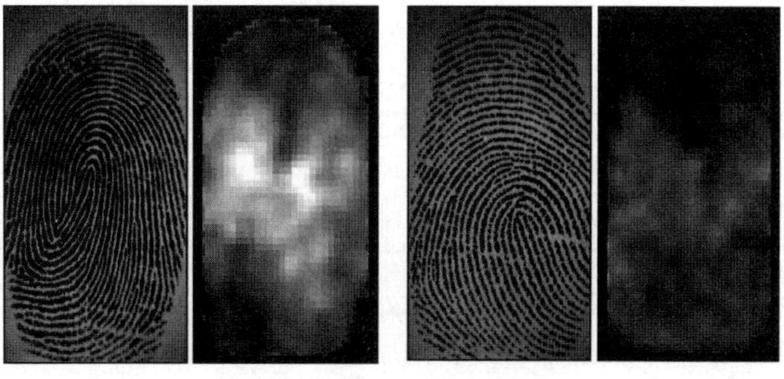

图 3-10　指纹频率周期图

(Maio 和 Maltoni,1998)

4. 图像增强

后续细节点提取算法和其他指纹识别技术的性能在很大程度上依赖于输入指纹图像的质量。在理想的指纹图像中，脊和谷交替并以局部恒定的方向流动。在这种情况下，可以轻松分割出脊线，并且可以精确定位细节点。然而，受皮肤状况（湿或干、割伤、脱皮）、传感器噪声、手指压力等因素影响，很大一部分指纹图像（如大约 10%）的质量很差。图 3-11 从左到右分别为好、中、坏三个等级的指纹图像。

好　　中　　坏

图 3-11　好、中、坏三个等级的指纹图像

脊线增强算法的目标是提高可恢复区域中脊线结构的清晰度，并将不可恢复区域标记为噪声太大而无法进一步处理。可以根据几个标准确定脊线清晰区域、可恢复区域和不可恢复区域。通常，图像对比度、方向一致性、脊线频率和其他局部特征可以组合在一起来定义指纹质量指标。常见的脊线增强算法可以分为点运算、空域滤波和频域滤波。

(1)点运算　点运算是指每个像素的输出值仅取决于该像素的输入值和一些全局参数，而不取决于相邻像素的值。常见的点运算包括对比度拉伸、直方图操作、均值方差归一化。点运算常作为更复杂的指线增强算法的初始处理步骤。虽然点运算不能得到很强的指纹图像增强效果，但这一点在有时候是需要的。例如，指纹鉴定专家可能希望改善图像的对比度以方便观看，但是不希望产生虚假特征。

(2)空域滤波　Gabor 滤波器具有频率选择性和方向选择性，并且在频域和空域中都具有最佳的联合分辨率。一种基于二维 Gabor 滤波器的脊线增强方法，至今仍然被广泛应用。如式(3-1)所示，Gabor 滤波器由正弦平面波（公式的第一项）与二维高斯函数（公式的第二项）定义。偶对称二维 Gabor 滤波器具有以下形式：

$$g(x,y;\theta,f)=\cos(2\pi f\cdot x_\theta)\cdot e^{-\frac{1}{2}\left(\frac{x_\theta^2}{\sigma_x^2}+\frac{y_\theta^2}{\sigma_y^2}\right)} \tag{3-1}$$

式中，θ 是滤波器的方向，$[x_\theta, y_\theta]$是笛卡儿轴顺时针旋转$(\pi/2-\theta)$角度后的$[x,y]$坐标。在式(3-1)中，f 是正弦平面波的频率，σ_x 和 σ_y，分别是高斯包络沿 x 轴和 y 轴的标准偏差。图 3-12 为一个偶对称 Gabor 滤波器的曲面和图像表示。

要将 Gabor 滤波器应用于图像，必须指定 4 个参数$(\theta, f, \sigma_x, \sigma_y)$。显然，滤波器的频率完全由局部脊线频率决定，方向由局部脊线方向决定。选择 σ_x 和 σ_y 的值需要权衡取舍。值越大，滤波器对指纹图像中的噪声消除效果越好，但它们也更有可能产生虚假的脊线。另外，值

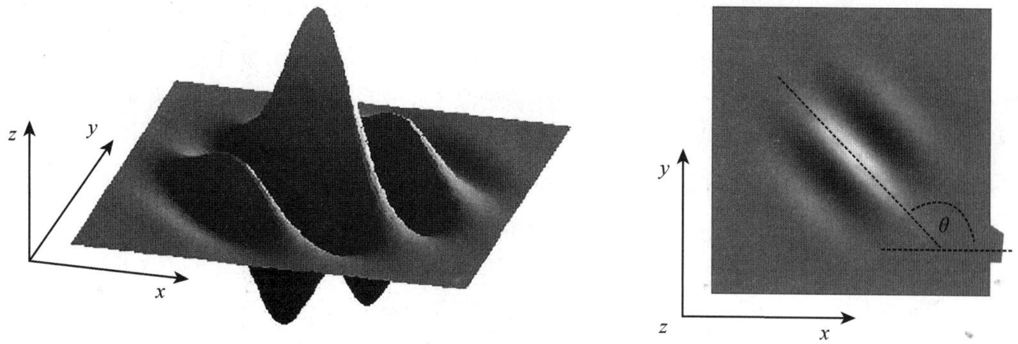

图 3-12　一个偶对称 Gabor 滤波器的曲面和图像表示

（Maltoni 等，2009）

越小，滤波器引入错误脊线的可能性就越小，但消除噪声的效果较差。实际上，从 Gabor 滤波器的调制传递函数（MTF）可以证明，增加 σ_x 和 σ_y 会降低滤波器的带宽。

（3）频域滤波　众所周知，空间域中的卷积对应于频域中的乘积。滤波过程在频域中由式（3-2）定义：

$$H(\rho,\theta)=H_{\text{radial}}(\rho)\cdot H_{\text{angle}}(\theta) \tag{3-2}$$

式中，$H_{\text{radial}}(\rho)$ 表示径向距离上的滤波器，其仅取决于局部脊线周期 $\rho=1/f$；$H_{\text{angle}}(\theta)$ 表示角度上的滤波器，仅取决于局部脊线方向 θ。H_{radial} 和 H_{angle} 都被定义为带通滤波器，参数为平均值和带宽。

5. 指纹图像二值化和细化

（1）图像二值化　将指纹分割后的图像变为 256 级灰度图像，需要将其进一步二值化。二值化指纹图像是将灰度图像变成 0、1 两个灰度级的图像，前景点（指纹脊线）取作 1，背景点取作 0，以把指纹脊线提取出来，便于后续处理。根据指纹图中脊线与谷线宽度大致相等的特点，即二值化后黑白像素的个数应大致相同，采用局部阈值自适应方法，把指纹图分成 $w\times w$ 的子块，其中，w 为一个纹线周期。每一子块内灰度均值由式（3-3）计算：

$$\text{AV}=\frac{1}{w\times w}\sum_i\sum_j f(i,j) \tag{3-3}$$

$f(i,j)$ 为子块 (i,j) 的灰度值，在该块内若某一点的灰度值 $f(i,j)>\text{AV}$，则 $f(i,j)=1$；若 $f(i,j)<\text{AV}$，则 $f(i,j)=0$。对每一块都进行这样的处理，可得到如图 3-13 所示的二值图像。

图 3-13　指纹图像二值化过程

由于灰度去噪的不完全及二值化过程又可能引入噪声，所以对二值化后的指纹图像还需要进行一次二值滤波去噪，目的是去除或减弱图像中的噪声，增强图像中有意义的部分。这一过程可以填补二值化后纹线上的孔洞或者删除图像上的“毛刺”和孤立的值为 1 的像素，即包括填充和删除两个算法，如图 3-14 所示。

填充算法把同时满足以下条件的像素 p 值取为 1：①p 为 0 像素；②p 的四邻域中有 3 个以上的邻点为 1 像素。

删除算法把同时满足以下条件的像素 p 值取为 0：①p 为 1 像素；②$(p_1+p_2+p_3)(p_5+p_6+p_7)+(p_3+p_4+p_5)(p_7+p_8+p_1)=0$；③$p$ 不是端点。

图 3-14 (a)和(b)分别展示了填充算法和删除算法的实现过程，图 3-14 (c)则展示了 p_1～p_8 的位置定义模板。

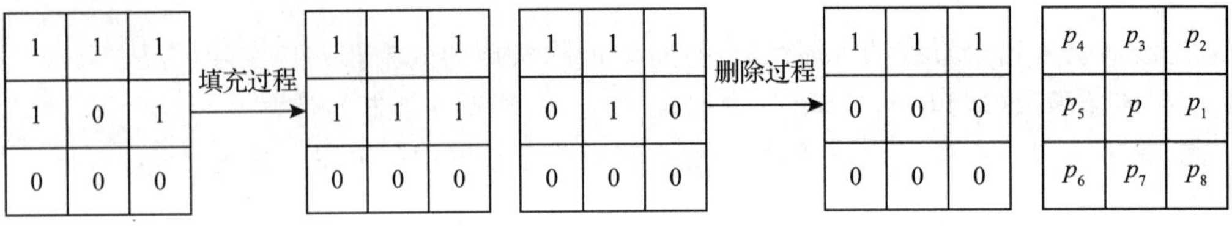

(a) 填充过程　　(b) 删除过程　　(c) 模板

图 3-14　二值化图像的去噪示例

(2)图像细化　细化是图像分析、信息压缩、特征提取和模式识别常用的基本技术，它使图像的每条纹线都变为单像素宽的“点线”，且细化后的纹线近似处于原图的“中轴”。在指纹的自动识别过程中，需要把二值指纹图进行细化，可以大大减少冗余的信息，突出指纹纹线的主要特征，从而便于后面的特征提取。

在细化过程中，在判断是否删除一个前景像素点时，需要考虑其 3×3 邻域中除其自身外的 8 个像素点中的连接成分数。如果此连接成分数为 1，则说明删除当前像素点不会改变原图的连通性，若大于 1，则改变了原图的连通性。令 N 为 p 的 8 邻域中的连接成分数，则由序列 $p_1p_2p_3p_4p_5p_6p_7p_8p_1$ 中 0～1 变化的次数可以得到 N。

接下来，可以采用逐层迭代算法对指纹图像进行细化。逐层迭代算法把一次迭代分作两次扫描，细化过程中由周边向中间逐层细化，使细化结果位于原图的“中轴”。令 BN 为 3×3 窗口内目标像素的个数，则：

$$\mathrm{BN}=\sum_{i=1}^{8} p_i \tag{3-4}$$

两次扫描中需满足的条件为：①$2\leqslant \mathrm{BN}\leqslant 6$(排除 p 为端点和内部像点的情况)；②若已标记 p_i 视为 1 时，有 $N=1$(保证删除当前像素不会改变原图的连通性)；③p 的值是 1(保证 p 为前景点)；④当 p_3 或 p_5 已标记时，若视 p_3、p_5 为 0，依然有 $N=1$(保证宽度为 2 的线条只删除一层像点，避免其断开)。

该细化算法重复执行如下两个步骤：

第一步：从左到右、从上到下顺序扫描图像，对同时满足以上条件的像素如果 $p_1p_3p_7=0$ 且 $p_1p_5p_7=0$，则将其作上标记。

第二步：从左到右、从上到下顺序扫描图像，对同时满足以上条件的像素如果 $p_1p_3p_5=0$

且 $p_3p_5p_7=0$，则将其作上标记。

当扫描完整幅图像后，去掉作了标记的像素。重复第一、第二步过程，直至得到单位宽度的线条为止。经过此细化算法处理后，得到如图 3-15 所示的单像素宽的 8 连通的指纹图像，经上述处理有利于后述的指纹细节特征提取。

图 3-15 指纹细化图

3.1.3 指纹对齐

在指纹特征提取和匹配阶段之前，往往需要对指纹图像进行对齐。指纹对齐是将待匹配的两个指纹的坐标系统一，便于计算匹配分数。可以对单个指纹进行绝对对齐，也可以在特征匹配时对两个指纹进行相对对齐。通常，绝对对齐的精度不如相对对齐，但它的优势是每个指纹只需在特征提取时执行一次，不影响比对速度，非常适合大库比对。绝对对齐和相对对齐都可以分为刚性和弹性两种。除了用于匹配，对齐还可以用在注册阶段，将同一根手指的多幅指纹图像拼为更大的指纹。

1. 绝对对齐

绝对对齐也称预先对齐，分为刚性绝对对齐和弹性绝对对齐两种。刚性绝对对齐即指纹姿态矫正(归一化)，关键在于从指纹图像估计姿态。由于手指在按压时发生弹性变形，当指纹不同捺印的变形不一致时，仅靠姿态矫正并不能实现非常精确的对齐。弹性绝对对齐(称为扭曲矫正)试图将弹性变形归一化，实现更加精确的指纹对齐。还有一个与皮肤变形相关的问题是非接触指纹的透视变形。这种变形对于传统指纹匹配的影响比弹性变形还要严重，因为透视变形在非接触指纹中是普遍存在的，而且变形幅度很大。

早期的姿态估计主要是依赖经验设计的算法检测中心奇异点或者焦点，对于噪声、残缺、变形等情况不够鲁棒。在非常依赖姿态矫正的指纹匹配算法中(如 FingerCode)，它成为匹配性能的瓶颈之一。近年来基于学习的姿态估计方法，尤其是深度学习方法，对于复杂情况下表现得比较稳定，姿态矫正已经能够有效提升匹配的精度和速度。

由于手指是凸且柔软的，所以每次按压力度、角度的不同，都会使指纹发生不同的变形。因此指纹的变形是永远存在的，给指纹识别带来困难的不是指纹变形本身，而是变形的不一致。在指纹采集中有一个标准的按压方法：手指放平，垂直按压，适度用力，按压后不要搓动或旋转。这样可以尽量保持指纹变形一致。我们将按照这种方法得到的指纹称为正常指纹，否则就称为扭曲指纹。

扭曲指纹变形如果较大的话，对于识别是非常困难的，如图 3-16 所示，一根手指的 3 个图像，利用 VeriFinger (http://www.neurotechnology.com)进行匹配，左边两个的匹配分数达 329 分，但右边两个的匹配分数只有 12。而根据 VeriFinger 的阈值，小于 60 分的即认为是不同的指纹。

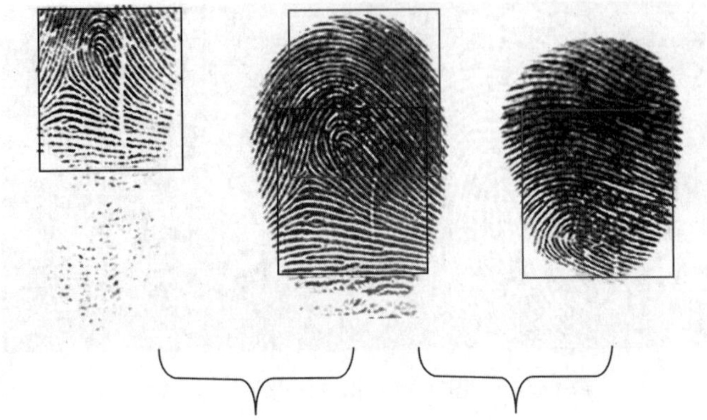

图 3-16　扭曲指纹与正常指纹的匹配分数

对于这个问题的处理一般有 3 种方法。第一种是修改匹配算法以容忍扭曲。这种做法的缺点就是会造成不同指纹也变得比较像，此外因为容忍的变形扭曲大，所以匹配速度也会变慢。第二种是使用压力传感器、视频跟踪检测扭曲。目前这种方法还只是出现在文章中，还没有发现应用于实际中。它的缺点是采集复杂，采集仪成本比较高，无法检测现有指纹数据库中的扭曲指纹，也不能矫正扭曲指纹。第三种是将脊线距离归一化，这种方法是 IBM 沃森实验室于 2001 年提出的方案，他们觉得指纹变形之后脊线之间的距离就会发生变化，如果归一化就可以把变形去掉。但这种方法的不足是指纹的脊线并不是均匀分布的，所以这样强行归一化会造成新的扭曲。

2. 相对对齐

相对对齐是指给定两个指纹的特征表示，相对对齐计算两者之间的空间变换，分为刚性对齐和弹性对齐。

对于稀疏点集表示(如细节点集合、关键点集合)的刚性对齐，研究者提出了多种方法，如基于最相似的细节点对、广义霍夫变换和变换空间聚类等。

对于稠密特征表示(如方向场、FingerCode)，可以采用遍历空间变换的方法，或者在绝对对齐的基础上对于小范围的空间变换参数进行遍历(FingerCode 尝试了 5 个不同的角度，选择最佳)，还可利用深度网络估计对齐参数。

对于混合的表示方式(细节点＋方向场)，可以用不同方式综合两种配准方法，实现更高的效率或者更高的精度。

3. 指纹拼接

指纹拼接技术能将不同角度、不同部位的多幅指纹图像融合为一幅面积更大、脊线更清楚的指纹，提高指纹图像的有效面积和信噪比。指纹拼接的主要挑战是皮肤弹性变形、重叠太小以及噪声。传统的指纹拼接方法是先找到两幅指纹之间的匹配细节点，然后拟合指纹之间的变形场。但是,当变形很大或匹配细节点有错时,拟合的变形场是不精确的,无法对准两个指纹的脊线,会导致拼接处不连续,反而带来副作用。因此,有研究者提出了利用稠密配准技术将各种角度的平面指纹拼接为一幅完整指纹。图 3-17 展示了指纹拼接技术的示例。

图 3-17　指纹拼接技术示例

(Cui 等,2020)

手机的指纹传感器面积很小,为了提高用户体验,保证用户用不同角度按也可以通过,用户在注册阶段要采集许多次指纹作为模板。利用稠密配准技术将许多小指纹图像拼接为面积更大的指纹模板,这样仅用一幅指纹就可以达到更高的识别率。图 3-18 所示为智能手机的指纹拼接过程。

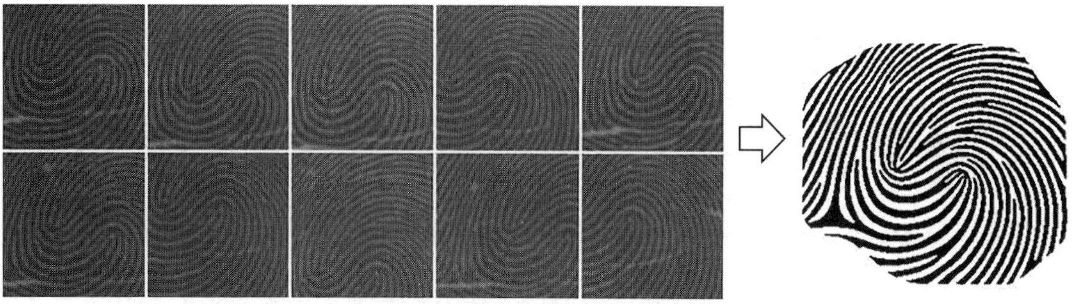

图 3-18　智能手机的指纹拼接过程

(Cui 等,2020)

3.1.4　指纹特征提取和匹配

指纹图像经过预处理后,将进入下一个阶段,也就是指纹识别系统中最为关键的阶段——指纹特征提取和匹配。评价一个指纹识别系统的性能,往往依赖于其特征提取和匹配算法。一个好的特征提取和匹配算法,不仅需要有较高的正确识别率和较低的错误拒绝率,也需要对指纹预处理算法的较低依赖。此外,算法运行的速度也往往是评价一个指纹特征提取和匹配算法性能的指标之一。

指纹识别技术发展至今,各种特征提取和匹配算法层出不穷。其中,最著名、最常见、最悠久的当属基于细节点的指纹特征提取和匹配算法了。这种方法最开始应用于法医和刑侦的指纹比对当中,一直流传至今,是因为细节点具有信息量大、鉴别能力强等优点,同时,细节点的存储空间小、匹配速度快，具有很强的应用性。但是，当其他多种特殊情况出现时，例如指纹图像质量低、难以提取细节点，又或是传感器的面积小导致细节点数量过少时，基于细节点的算法的精度往往会受到影响。因此，有研究者又提出了其他指纹特征提取和匹配算法，用于替代或是辅佐基于细节点的算法，以实现更高的性能。除了基于细节点的方法外，还有基于通用关键点的方法、基于纹理特征的方法及基于深度学习的方法等。下面详细介绍基于细节点和基于通用关键点的方法。

1. 基于细节点的方法

指纹可以表示为细节点的集合，其中每个细节点的基本属性为坐标和角度。指纹图像经过预处理之后，得到了清晰的细化二值图，就可以在此基础上对其进行基于细节点的特征提取和匹配了。基于细节点的方法提取要先将指纹图像中所有的端点和分叉点找出来，再判断它们是否有效，去伪存真。然后寻找奇异点，奇异点找到后就可以确定各细节特征点相对于奇异点的坐标，即各细节点的相对位置。

细化的指纹二值图像，脊线为单像素宽，因此可以根据以每个值为 1 的像素点为中心的 3×3 窗口的模式特征来找出所有的正常脊线点、分叉点和端点。如图 3-19 所示，正常脊线点的 3×3 窗口里有 3 个像素值为 1 的点，分叉点的 3×3 窗口里有 4 个像素值为 1 的点，而端点的 3×3 窗口里则只有 2 个像素值为 1 的点。

0	0	0
1	1	0
0	0	1

正常脊线点

0	1	0
0	1	1
1	0	0

分叉点

0	0	0
0	1	0
0	1	0

端点

图 3-19　指纹各特征点的像素值

搜索整个指纹图像，如找到一个像素值为 1 的点，且其标记为正常脊线点，则从该点开始按该点的方向搜索其领域内的下一个正常脊线点，依次搜索直到碰到标记为分叉点或端点的点为止，然后再从开始点反方向搜索该脊线的其他脊线点，将找到的所有该脊线的像素点按顺序存储起来，这样就找到了一条脊线。每找到一条脊线，就将刚找到的这条脊线上所有像素点的值修改为 0，重新开始搜索下一条脊线，直到搜索完指纹图像中所有的脊线，就能确定所有的分叉点和端点。

在确定了细节点之后，可以利用细节点的局部特征进行细节点匹配。常见的细节点局部特征主要有两种：一种是局部纹理特征，另一种是局部细节点的拓扑关系。这些特征也被称为细节点描述符。

细节点纹理描述符的主要特征包含局部脊线的方向和频率，通常通过采样的方式获取。图 3-20 所示为一种常见的细节点局部纹理信息采样结构，该结构由一组同心圆组成，每一个同心圆上等距离地采样一些点，不同大小的同心圆上采样点个数不同。在采样时，首先从中间开始，提取采样点的方向信息 θ_1 和频率信息 f_1，记为第一个采样点的特征。接着，按照逆时针的顺序，从里到外，依次提取每个采样点的方向信息和频率信息，最后将上述 i 个采样点的方向信息和频率信息排列起来，就可以得到该局部点的特征向量，也称之为局部纹理描述符。通过计算每个细节点特征向量之间的距离，就可以得到配对的细节点。

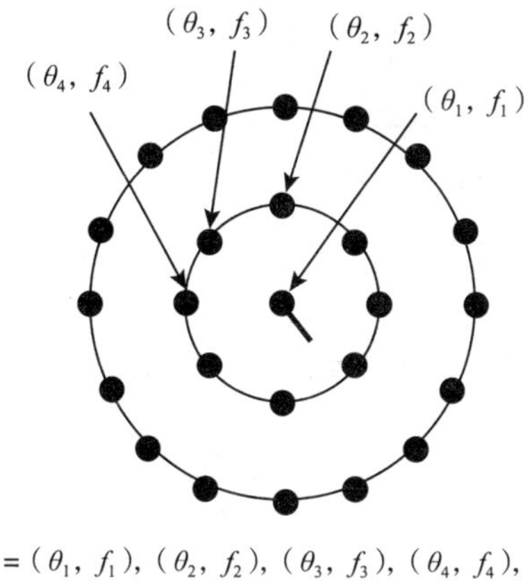

图 3-20　细节点局部纹理信息采样结构

然而，细节点局部的纹理信息变化比较缓慢，尤其是在距离奇异点较远的区域，这会导致纹理特征描述符的可区分性不够强，难以针对纹理较为相似的指纹图像。下面介绍一种区分性更强的细节点描述符——细节点局部拓扑结构描述符。

细节点局部拓扑结构描述符以邻近的细节点相互关系为特征来描述一个细节点，如图 3-21 所示。研究表明，如果两个细节点能够配对，那么其与邻近细节点间的拓扑关系将非常相似。利用这点，可以设计细节点的局部拓扑结构描述符，通过描述细节点与其周围邻域内其他细节点的拓扑关系，形成一个新的特征。这与人工进行细节点比对的方式十分相似。

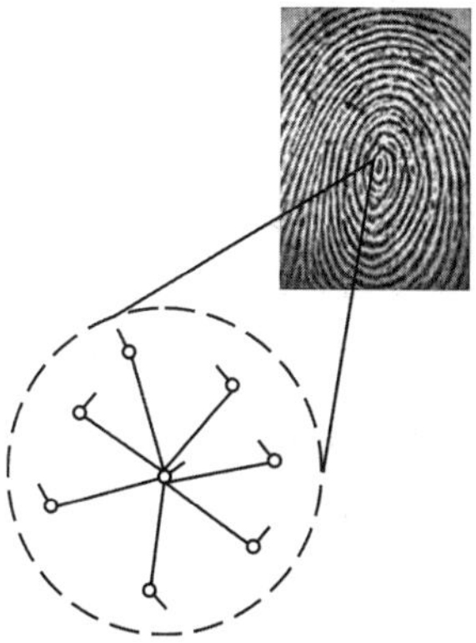

图 3-21　细节点局部拓扑结构描述符示意图

由于此时邻近的细节点的坐标和方向都以中心细节点为参考，所提取的特征都具有旋转和平移不变性，所以不同指纹图像之间的细节点进行局部匹配时不需要进行对准，可以极大提高指纹细节点匹配的计算速度。

细节点的邻域通常有两种，分别是固定范围邻域和最近细节点邻域。固定范围邻域，顾名思义，是取固定范围内的细节点作为邻域细节点，至于这个范围设置为多少，则需要根据实际情况而定。而最近细节点邻域则是取最近的 n 个细节点作为邻域细节点，当然，这个 n 也是需要针对不同的情况而设计。固定范围邻域取细节点的方式的优点是其对伪细节点或丢失细节点具有较好的稳定性，而最近细节点邻域取细节点的方式则在指纹前景区域较为分散或细节点分布较疏时，具有较好效果。两种方式适合的场景不同，在实际应用中需要针对实际情况选取合适的细节点邻域。

以固定范围邻域的局部细节点拓扑匹配为例进行介绍，如图 3-22 所示。

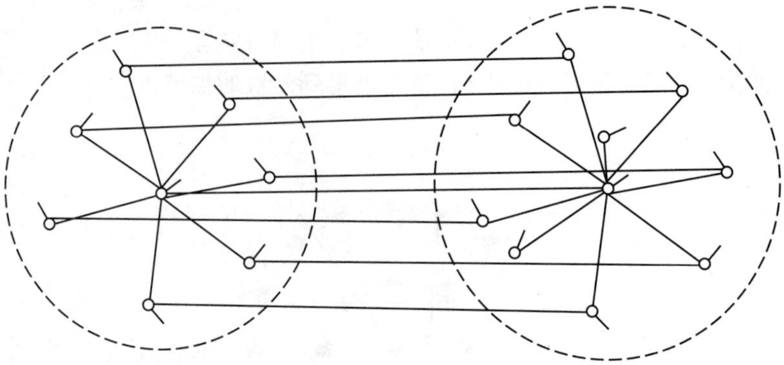

图 3-22　细节点局部拓扑结构匹配示意图

以中心细节点为参考，变换邻域细节点的坐标和方向，然后根据欧氏距离和角度差可以确定邻域内配对的细节点。根据邻域配对细节点个数，可以计算出两个细节点的拓扑结构相似度 sim，如式(3-5)所示：

$$\text{sim}=\frac{2n}{n_a+n_b} \tag{3-5}$$

式中，n 为局部邻域配对的细节点，n_a 和 n_b 分别为细节点 a 和细节点 b 的邻域细节点个数。例如，在图 3-22 中，共有 8 个配对的邻域细节点，细节点 a 的邻域细节点个数为 8，而细节点 b 的邻域细节点个数为 10，因此，细节点 a 和 b 的相似度为 0.89。

接下来，则需要计算两幅指纹图像之间的相似度。以下是一个简单的指纹相似度计算公式：

$$\text{score}=\frac{2N}{N_a+N_b}\times\frac{1}{N}\sum_{i=1}^{N}\text{sim}_i \tag{3-6}$$

式中，N 是两幅指纹图像配对的细节点对数，N_a 和 N_b 分别是两幅指纹图像对准后公共区域内的细节点的个数，sim_i 是第 i 对配对细节点的描述符相似度。式(3-6)可以分为两个部分：第一部分是对公共区域内相对配对细节点数的表示；第二部分则是配对细节点本身相似度。

在实际应用中，还可以在式(3-6)中加入各种其他相似性度量项，设计匹配分数计算公式需要很高的技巧和经验，因为在该公式中需要同时考虑多种因素对指纹相似度的影响，如细节点对的平均相似性、配对细节点个数、细节点质量、方向场的相似性等。

2. 基于通用关键点的方法

一些研究者将计算机视觉领域的关键点和描述符(如 SIFT、SURF、KAZE)用于指纹的表示，在手机的小面积指纹识别中取得了不错的性能。

Harris 角点检测是一种经典的计算机视觉算法，用于在图像中检测角点。它由 Chris Harris 和 Mike Stephens 于 1988 年提出，并被认为是图像处理中最早的角点检测方法之一。Harris 角点检测基于以下的思想：

(1)角点特征　角点通常被定义为图像中局部区域灰度值变化最显著的点。在角点附近，图像的灰度在多个方向上都有明显的变化。

(2)灰度变化　在角点周围,灰度在各个方向上的变化都较大。这意味着在局部窗口内,灰度变化的方向与窗口的方向不同,可以被认为是角点。

Harris 角点检测通过计算图像中每个像素点周围区域的灰度值变化来检测角点。具体来说,其计算步骤如下:

(1)灰度差分　对图像进行灰度差分,通常使用 Sobel 算子或其他滤波器来计算图像在水平和垂直方向上的梯度。

(2)计算协方差矩阵　对每个像素点的邻域窗口内的梯度进行协方差矩阵的计算。协方差矩阵描述了像素周围灰度变化的方向和强度。

(3)角点响应函数　利用协方差矩阵计算一个角点响应函数,通常采用以下公式:

$$R = \det(\boldsymbol{M}) - k \cdot \mathrm{trace}^2(\boldsymbol{M}) \tag{3-7}$$

式中,$\boldsymbol{M}$ 是协方差矩阵,$\det(\boldsymbol{M})$是其行列式,$\mathrm{trace}(\boldsymbol{M})$是其迹,$k$ 是一个常数,通常取值为 0.04～0.06。

(4)非极大值抑制　对角点响应函数进行非极大值抑制,以保留局部极大值,这些局部极大值对应于可能的角点。

(5)阈值处理　通过设定一个阈值,筛选出响应函数大于阈值的像素点作为最终的角点。

对一幅指纹图像进行 Harris 角点检测的结果如图 3-23 所示,采用 OpenCV 库进行操作。其中,Harris 阈值设为 125。

图 3-23　Harris 角点检测实现图

在得到 Harris 角点后,需要建立一种描述符,用于描述这些角点的信息,以进行特征匹配,这里介绍一种 ORB (Oriented FAST and Rotated BRIEF)描述符。

ORB (Oriented FAST and Rotated BRIEF)算法是基于 FAST 关键点检测器与 Rotated BRIEF 描述符所实现的,其优点是在旋转、缩放和亮度变化下表现良好,并且计算速度非常快。

FAST (features from accelerated segment test) 算法核心思想就是找出那些卓尔不群的点,即拿一个点跟它周围的点比较,如果它和其中大部分的点都不一样就可以认为它是一个特征点。

FAST 算法具体计算过程如下:

(1)从图片中选取一个像素点 P,判断它是否是一个特征点。首先将它的密度(即灰度值)

设置为 I_P。

(2)设定一个合适的阈值 t,当 2 个点的灰度值之差的绝对值大于 t 时,认为这 2 个点不相同。

(3)考虑该像素点周围的 16 个像素点,如图 3-24 所示。

(4)现在如果这 16 个点中有连续的 n 个点都和点 P 不同,那么它就是一个角点。这里 n 设定为 12。

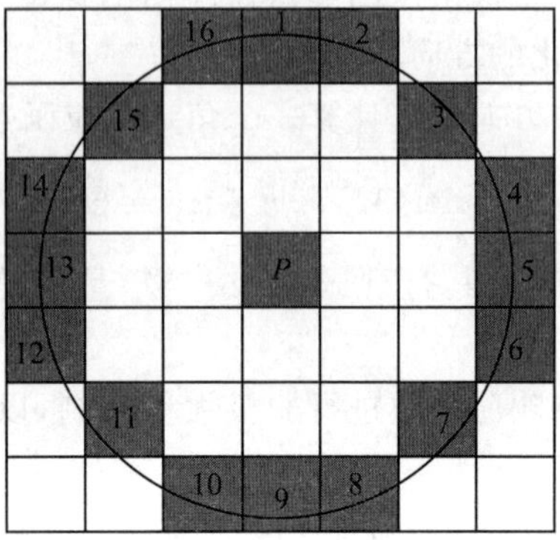

图 3-24　FAST 算法的像素点选取示例图

(5)现在进行一个高效的测试,来快速排除一大部分非特征点的点。该测试仅仅检查在位置 1、9、5 和 13 这 4 个位置的像素(首先检查 1 和 9,看它们是否和点 P 相同。如果是,再检查 5 和 13)。如果 P 是一个角点,那么上述 4 个像素点中至少有 3 个应该和点 P 相同;如果都不满足,那么 P 不可能是一个角点。

通过上述步骤选取像素点,与前面检测到的 Harris 角点相结合,就能得到所求的关键点。在得到关键点的位置信息后,需要一个描述符来描述这些关键点的特征,ORB 算法通过 Rotated BRIEF 描述符实现。

(1)以关键点 P 为圆心,以 R 为半径做圆 O。

(2)计算该圆的质心 Q,通过计算像素圆 O 的零阶几何矩 M_{00}、x 坐标的一阶几何矩 M_{10} 和 y 坐标的一阶几何矩 M_{01} 可以得出质心坐标 (Q_X, Q_Y)。质心坐标的计算方式如下所示,其中 R 为圆 O 的半径,$I(x,y)$ 为点 (x,y) 的像素值。

$$M_{00} = \sum_{X=-R}^{R} \sum_{Y=-R}^{R} I(x,y) \tag{3-8}$$

$$M_{10} = \sum_{X=-R}^{R} \sum_{Y=-R}^{R} xI(x,y) \tag{3-9}$$

$$M_{01} = \sum_{X=-R}^{R} \sum_{Y=-R}^{R} yI(x,y) \tag{3-10}$$

$$Q_X = \frac{M_{10}}{M_{00}}, Q_Y = \frac{M_{01}}{M_{00}} \tag{3-11}$$

(3)以关键点 P 和质心 Q 的连线为 x 坐标轴建立坐标系,即可实现旋转不变的 Rotated

BRIEF 描述符。这是因为当图片进行旋转时，虽然像素点的位置发生了变化，但其与质心的相对位置却是确定的。

(4)在该坐标系下，在圆 O 内以某一模式选取 N 个点对，如图 3-25 所示。这里为方便说明，$N=4$，实际应用中 N 可以取 256 等。假设当前选取的 4 个点对分别标记为：$P_1(A,B)$、$P_2(A,B)$、$P_3(A,B)$、$P_4(A,B)$，接着定义 T 操作：

$$T[P(A,B)]=\begin{cases}1, I_A > I_B \\ 0, I_A \leqslant I_B\end{cases} \tag{3-12}$$

其中，I_A 表示像素点 A 的像素值，I_B 表示像素点 B 的像素值。

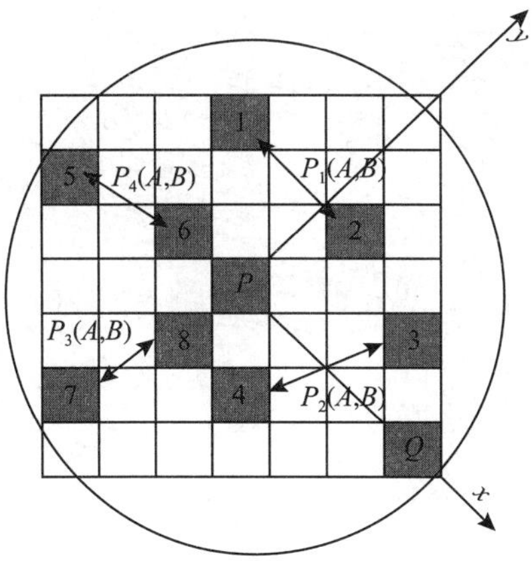

图 3-25　ORB 算法构建的关键点描述符坐标系

接着，对 4 个点对分别进行 T 操作，得到 0 和 1 的序列，按照点对的位置进行排列，得到一个二进制序列，即 P 点的描述符 D_P 。

最后，进行特征描述符的匹配，如式(3-13)所示。ORB 算法最大的特点就是计算速度快，Rotated BRIEF 描述符特有的二进制串的表现形式不仅节约了存储空间，而且大大缩短了匹配的时间。

$$特征点相似度=\frac{描述符相同个数}{描述符总个数} \tag{3-13}$$

例如，特征点 P_1、P_2 的描述符如下：

$$D_{P_1}:10101011$$
$$D_{P_2}:10101010$$

设定一个阈值，如 80%。当 P_1 和 P_2 的描述符的相似度大于 80%时，判断 P_1 和P_2 是相同的特征点，即这 2 个点匹配成功。在这个例子中，P_1 和P_2 只有最后一位不同，相似度为 87.5%，相似度大于 80%，则说明 P_1 和P_2 是匹配的。将上述方法应用于两幅指纹图像进行匹配，可以得到一个匹配结果，如图 3-26 所示。

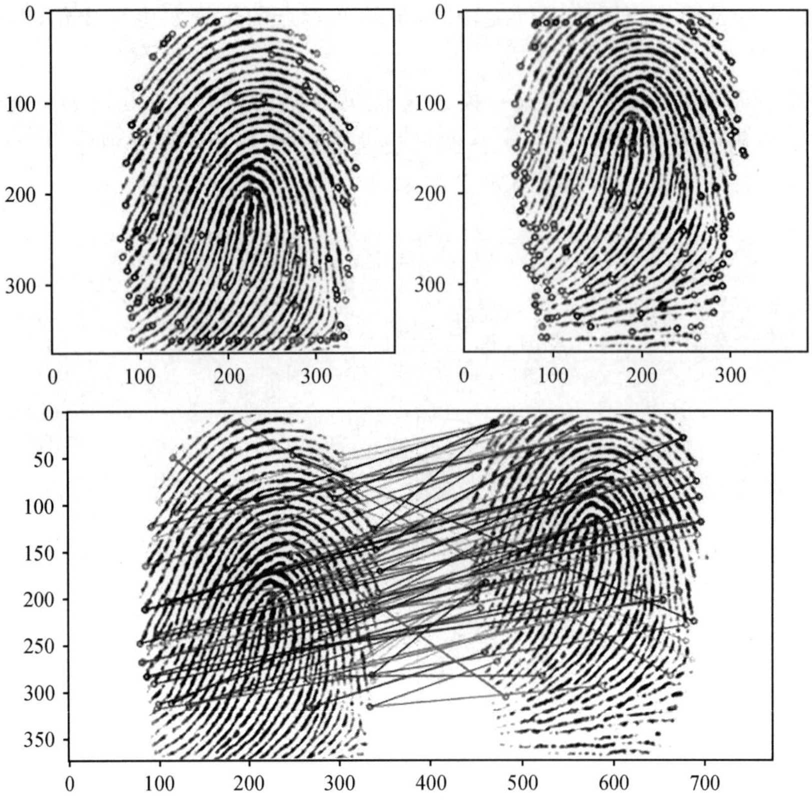

图 3-26 基于 Harris 角点检测 ORB 描述符的指纹匹配示例

3.2 掌纹识别技术

与指纹类似，手掌上也分布着大量的乳突纹，同时，其上还分布着许多褶皱和线条，这三者构成了掌纹的基本特征。此外，掌纹特征还包括手形特征、细节点和三角点等。每个手掌的掌纹特征也都是独一无二的，因此其可以用于身份验证和识别。掌纹的特征具体如下：

(1)手形特征　手形特征主要反映了手掌的几何形状，如手掌的宽度和长度、手指间隙的长短等。每个人的手掌手形特征都十分相似，因此，其不属于掌纹的主要特征，但可以在识别中起到辅助识别的作用。

(2)主线　主线是手掌上最深的几条线，也被称为屈肌线，其主要是在手掌的抓、握过程中，随着手掌的张开、弯曲等动作而形成的。与指纹相比，主线是掌纹最独特和最明显的特征之一，且其具有很强的区分能力和抗噪声能力。

(3)褶皱　褶皱也是掌纹比指纹独有的特征之一，其是由手掌运动形成的，与主线相比，具有纹理较细较浅、分布不规则等特点。褶皱包含着丰富的信息，与主线一起构成掌纹的主要特征信息。

(4)乳突纹　乳突纹是皮肤最外层表皮永久变厚形成的，为手掌拿东西提高摩擦力，通常是平行结构，或为曲线，或为直线，包含着丰富的信息。其分布在手掌上时，又被称为三角点和细节点。三角点是指分布于手指根下方的三角形区域的乳突纹，而细节点则是分布着其他边缘部分的乳突纹。

掌纹的基本特征如图 3-27 所示。与指纹相比，掌纹所包含的区域更大，包含更加丰富的乳突纹；同时，其拥有多种特征，如主线和褶皱等，这些特征通过融合，可以构成更高精度的识别系统。此外，主线和褶皱的纹理很深，因此掌纹信息具有很强的区分能力和抗噪声能力，即使掌纹图像的分辨率较低或质量较低，依然可以进行识别。

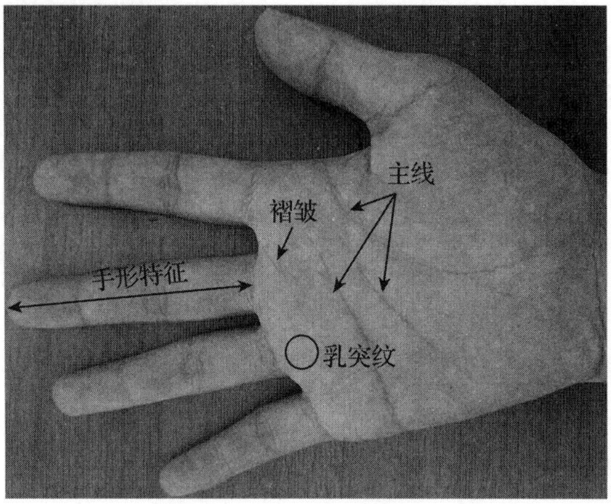

图 3-27　掌纹的基本特征

3.2.1　掌纹识别系统概述与掌纹采集

掌纹识别系统分为两个阶段：注册阶段和认证阶段。注册阶段先是采集用户的手掌图像，再对其进行手掌检测与感兴趣区域（region of interest，ROI）定位等一系列预处理操作，然后进行特征提取，将提取到的特征作为用户的个人信息存储在掌纹数据库中，完成注册。认证阶段前半部分和注册阶段一样，通过采集目标的手掌图像，对其进行一系列预处理操作后，再进行特征提取，后面将提取到的特征与已存储的掌纹数据库特征信息进行一一匹配，得出识别结果，即匹配或者不匹配。图 3-28 所示为掌纹识别的一般流程图。因此，在掌纹识别系统中，最关键的两个环节便是 ROI 定位和掌纹特征的提取与匹配。

掌纹识别发展至今，经历了多个阶段，其采集的设备和方式也随着科技的发展不断变化。掌纹采集的方式大体上可以按照接触方式分为接触式与非接触式，也可以按照采集环境分为受控环境与非受控环境。顾名思义，接触式与非接触式采集方式的区别就是手掌有没有直接接触采集设备，而受控环境与非受控环境的区别则是用户的手掌是否处于一个受采集设备或者条件控制下的环境。随着科技的进步，掌纹采集方式逐渐由最初的接触式、受控环境下采集发展到如今的非接触式、非受控环境下采集；逐渐由用户友好性和自由度低、采集质量和效率低发展到如今的用户友好性和自由度高、采集质量和效率高。掌纹采集方式的发展历程如下。

1. 墨迹掌纹图像采集

早期的掌纹研究主要用墨迹掌纹采集来获取掌纹图像：首先在用户手掌上涂上墨粉或墨汁，将其按在白纸上形成掌纹墨迹图像，再用扫描仪将该墨迹图像进行数字化并输入计算机，得到最终的掌纹图像。如图 3-29 所示，这种方式能够获取到非常丰富和清晰的手掌纹理，但是获取方式非常烦琐，对用户极不友好。因此，该方式仅用于研究使用，不具备应用条件，后来便被淘汰了。

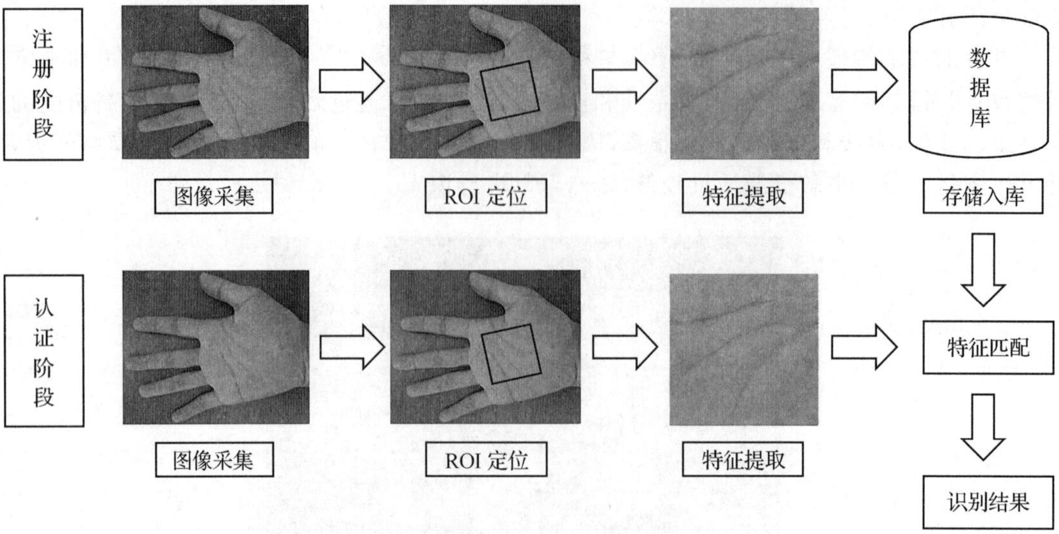

图 3-28　掌纹识别的一般流程图

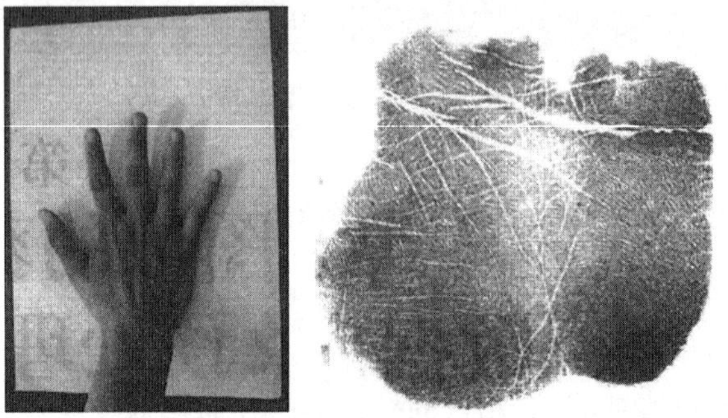

（a）采集过程　　（b）数字化后的图像

图 3-29　墨迹掌纹图像采集

（邬向前等，2006）

2. 基于扫描仪的掌纹图像采集

基于扫描仪的方式获取掌纹图像也是较早的掌纹图像采集方法之一，通过将手掌放置在扫描仪上扫描来获取手掌图像，如图 3-30 所示。其优点是用户友好性及便携性较之前有所提高，缺点是获取图像的速度较慢，且设备的便携性仍有待提高，不利于实现实时识别。

3. 基于电荷耦合器件(CCD)设备的掌纹图像采集

基于 CCD 设备的方式采集掌纹图像，只需将手掌固定放置在特定的 CCD 设备上，通过内置的光源、镜头和 CCD 传感器得到模拟掌纹图像信号，再通过 A/D 转换器将其转换成数字图像并存储。图 3-31 所示为香港理工大学和哈尔滨工业大学联合设计和开发的基于 CCD 的掌纹采集设备，其内置了独特的孔洞和小柱，用于限制手掌的平移和旋转，同时将手指分开，以便掌纹图像的定位；同时在孔洞上方设计了一个挡光盖，以避免外界光线对采集设备的影响。其优点是可以很好地保证掌纹图像的质量，且比之前有了更快的采集速度和便携性，可以实现应用落地。缺点是仍然将手掌处于一个接触式与受控环境下进行采集，对于如今的数字化时代来说仍然不够智能和方便。

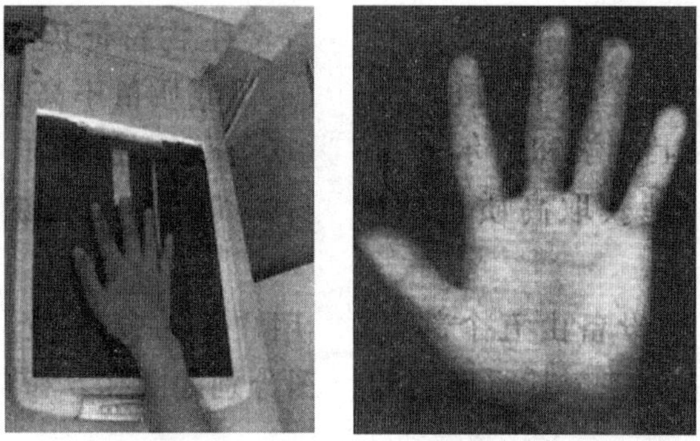

（a）采集过程　　（b）采集的图像

图 3-30　基于扫描仪的掌纹图像采集

（邬向前等，2006）

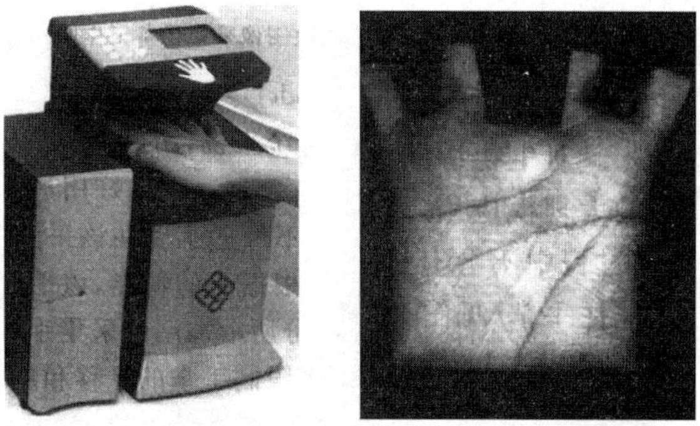

（a）采集过程　　（b）采集的图像

图 3-31　基于 CCD 的掌纹图像采集

（邬向前等，2006）

4. 基于数码相机和智能手机的掌纹图像采集

在智能手机发展之前，基于数码相机的掌纹图像采集方式是将用户的手掌置于一个密闭的空间内，再通过数码相机拍摄手掌图片得到。较之前的采集方式已经从接触式变为非接触式，极大提高了用户友好性及便捷性，但其掌纹图像质量受限于数码相机的分辨率，且仍然处于受控环境下，在实际应用时仍然会对使用者进行相应的条件限制。

如今，随着数码相机和智能手机硬件设备的发展，计算机科学及数字图像处理等领域的进步，目前已经能够通过数码相机和智能手机获得很高质量的手掌图像了，同时，这种方式拥有极高的用户友好性和便捷性，不再需要将手掌处于一个受控的环境下采集，更加智能和自由，可以实现实时识别。相应地，由于非接触式、非受控环境下一些干扰因素如手的姿势、背景物体、光照条件等大大增加，对于掌纹识别算法和系统的研究和设计难度也大大增加。图 3-32 所示为智能手机掌纹图像采集过程以及采集到的高分辨率(3 000×4 000)掌纹图像。

5. 基于 3D 扫描仪的 3D 掌纹图像采集

随着科技的发展，一种基于 3D 扫描仪的 3D 掌纹采集方式也逐渐进入大众视野。与 2D 掌纹图像相比，3D 掌纹图像的优点是拥有更加丰富的信息，可以进行更加高精度的识别；缺点则是设备昂贵，难以大规模普及。图 3-33 所示为香港理工大学用 3D 扫描仪采集的 3D 掌纹图像。

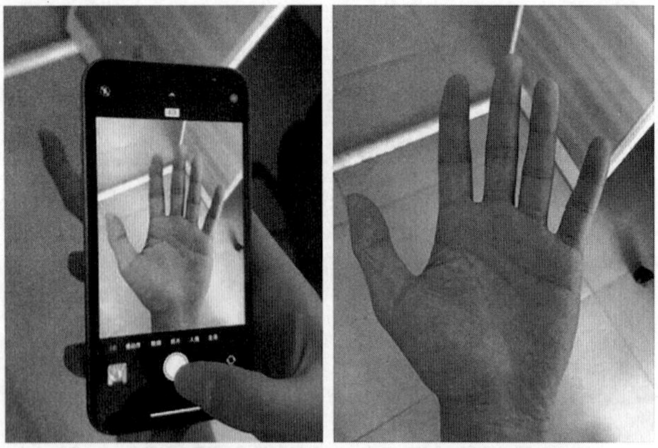

（a）采集过程　　（b）采集的图像

图 3-32　基于智能手机的掌纹图像采集

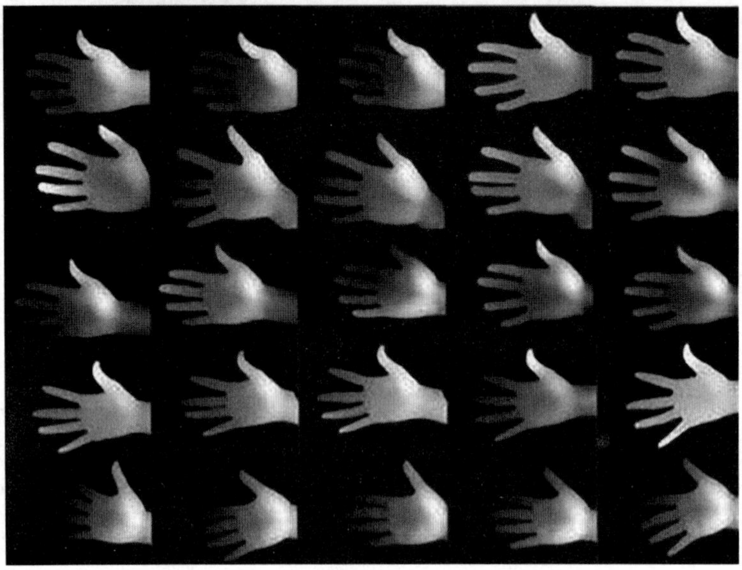

图 3-33　基于 3D 扫描仪的 3D 掌纹图像

（Kanhangad 等，2011）

下面介绍几个较有代表性的掌纹数据集。

1. PolyU 公开掌纹数据集

PolyU 公开掌纹数据集是由香港理工大学发布的数据集，包括多个版本。最早的为接触式掌纹数据集，通过将受试者的手按在 CCD 设备上进行采集图像，是最早的公开掌纹数据集。此后，PolyU 发布了多个版本的数据集，包括非接触式 2D/3D 数据集 1.0、非接触式 2D/3D 数据集 2.0、PolyU-IITD 联合非接触数据集 3.0。作为最早的一批研究掌纹识别的高校之一，香港理工大学为掌纹数据的发展做出了重大贡献。

2. CASIA 公开掌纹数据集

CASIA 公开掌纹数据集是中国科学院自动化研究所于 2005 年发布的，该数据集采集了 312 名受试者的 5 502 张非接触式掌纹图像，分为左、右手。每只手包含 1～15 张图片不等，并标明了受试者的性别。采集设备为互补金属氧化物半导体(CMOS)设备,采集到的图像统一为大小为 640×480 的灰度图像。

3. 同济大学公开掌纹数据集

同济大学公开掌纹数据集是同济大学于 2017 年发布的包含 600 只手、由两个时期收集的非接触式数据库,共 12 000 张图片,每只手有 20 张图片,其中两个时期各采集 10 张。该数据集为特制的 CCD 设备所采集,控制了背景为纯黑色且手的姿势基本不变。

4. 华南农业大学掌纹数据集

华南农业大学掌纹数据集是华南农业大学于 2022 年 10 月所采集的,为非接触式掌纹数据集。该数据集通过智能手机拍摄,分辨率为 3 000×4 000,包含了 88 个人的 176 只左、右手图像,共计 2 271 张图片。其中,不控制受试者的手掌姿势、角度,并且鼓励受试者做出更加丰富的姿势以应对现实可能存在的挑战;同时,图像的背景也没有受到限制,既有较为纯净的背景,也有较为复杂的背景。此外,还分为了自然光照条件和闪光灯条件。其示例图像如图 3-34 所示。

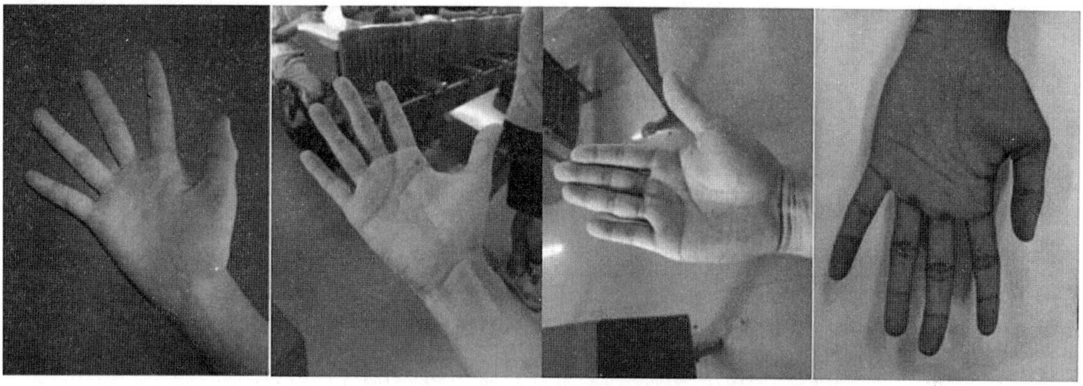

图 3-34　华南农业大学掌纹数据集示例图像

3.2.2　掌纹感兴趣区域定位

由于用于每次注册或认证时手的姿态、角度、皮肤状态以及拍摄的光线、环境等因素都大不相同,如果直接将原始图片作为用户的个人信息进行注册或者认证,那么将很难实现理想的识别效果。因此,需要一个既包含该手掌大部分主要特征又在每次拍摄时均能不受或者较少受到其他因素(如手的姿势、拍摄的环境等)影响的相对鲁棒的区域,来代表一个手掌的信息。这个区域便是掌纹感兴趣区域(ROI)。一般的掌纹 ROI 位于手掌的中心位置,包含三条主线和大部分褶皱,以及若干乳突纹。不同的 ROI 定位算法提取到的 ROI 面积不尽相同,但基本都包括了上述主要特征。因此,一个准确、高效、鲁棒的 ROI 定位方法成为掌纹识别研究的第一步。

下面将详细介绍一种基于深度学习的掌纹 ROI 定位方法,该方法采用 YOLOv5-lite 和一个改进轻量化 U-Net 实现。该方法首先采用 YOLOv5-lite 对手掌进行初定位,接着用改进轻量化 U-Net 对初定位后的手掌进行关键点定位,最后通过几何运算得到正方形的 ROI。

在实际应用中,掌纹识别系统首先需要判断目标是不是一只手,才能进行接下来的 ROI

定位和特征提取、匹配等工作。倘若不先判断目标是否为手，直接执行下一步的操作，当多个物体同时经过或进入摄像头拍摄范围内时，会增加很多干扰，影响识别系统的工作。同时，在对手掌进行初定位后，可以有效提取出手掌部分，滤去大部分复杂背景的干扰，更有利于第二阶段的关键点和 ROI 的定位。掌纹识别系统的主要重心在于 ROI 定位和特征提取、匹配工作，因此，在第一步的手掌初定位阶段，所应用的网络只起到辅助作用，应该考虑轻量化、快速、高效的目标检测算法。

YOLO 将目标检测重新定义为一个回归问题，它将单个卷积神经网络(CNN)应用于整个图像，将图像分成网格，并预测每个网格的类概率和边界框，其检测速度比两阶段检测算法 R-CNN、Fast R-CNN 和 Faster R-CNN 等快得多，是当今最强大的目标检测算法之一。YOLO 算法发展至今，已经从 YOLOv1 发展到 YOLOv8，每个版本都比上个版本有改进之处。其中，YOLOv5-lite 是 YOLOv5 的轻量化版本，其在 COCO 数据集上的识别 Map@0.5(平均识别准确率)达到了 35.1%，只用了 0.73 G 的 FLOPS 和 0.78 M 的参数量，规模只有 1.6 M，超越了之前的轻量级网络 YOLOv3-tiny 和 YOLOv4-tiny，非常易于在各种低算力设备上部署。

YOLOv5-lite 基于 ShuffleNetv2 的轻量化设计理念，将主干网络大部分卷积块替换成含 Channel Shuffle 的 ShuffleNetv2 卷积块，减少了计算量和参数量；摘除了 ShuffleNetv2 主干的 1 024 卷积层和 5×5 池化层，在不影响太多精度的情况下大大提升了检测速度；摘除了 Focus 层，以避免频繁地采用 slice 操作导致缓存占用过于严重；摒弃 YOLOv5 中使用的通道数较高的 C3 层，以减少缓存空间，提高运行速度。此外，YOLOv5-lite 还对 YOLOv5 的头进行通道剪枝，最小化内存访问量。YOLOv5-lite 的网络结构如图 3-35 所示。

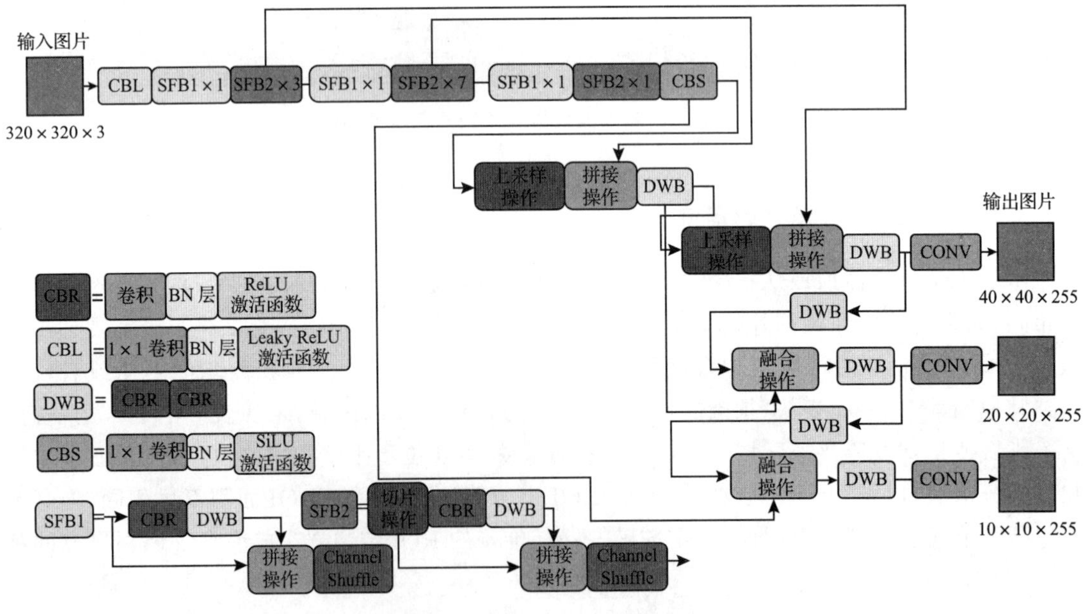

图 3-35　YOLOv5-lite 的网络结构

在进行了手掌初定位后，还需要一个网络进行关键点定位。下面介绍一个轻量化的关键点定位网络，其仿照 U-Net 的编码器-解码器的结构，通过跳跃连接将编码器和解码器的特征进行连接。这样的设计不仅增加了网络的感知能力，而且能够捕捉多个尺度的特征，同时结合高分辨率的局部信息和低分辨率的整体信息，提高了网络的识别能力。然而，原始的 U-Net 过于庞大，是为分割任务而服务的，要想将其引入关键点检测任务，可对其进行改进。

改进后的轻量化 U-Net 网络结构如图 3-36 所示，与原 U-Net 相比，主要进行了如下 3 个方面的改进。

(1)改进了原有随着网络深度的加深和特征图分辨率的降低，特征通道数成倍增加的方式，删减了卷积核的数量，保持其特征图数量不变，避免了产生过多冗余特征以及过多的计算量。

(2)将原有通过最大池化的方式实现下采样改为利用步长为 2 的卷积实现下采样，同时引入了残差连接，避免了因特征数量减少和网络加深带来的网络退化问题。

(3)采用可分离卷积替换了原有的普通卷积，对各级网络特征图融合后，即特征图数量较多的情况下进行特征提取，减少了网络的计算量，提高了网络运行速度。

采用热力图回归与直接回归相结合的方式，输出端改为与原图大小相同的两个特征图，即热力图，再通过 soft-argmax 函数回归出相应热力图概率值最大的关键点坐标。因此，网络有 4 个输出，分别是两个热力图和两个关键点的坐标。

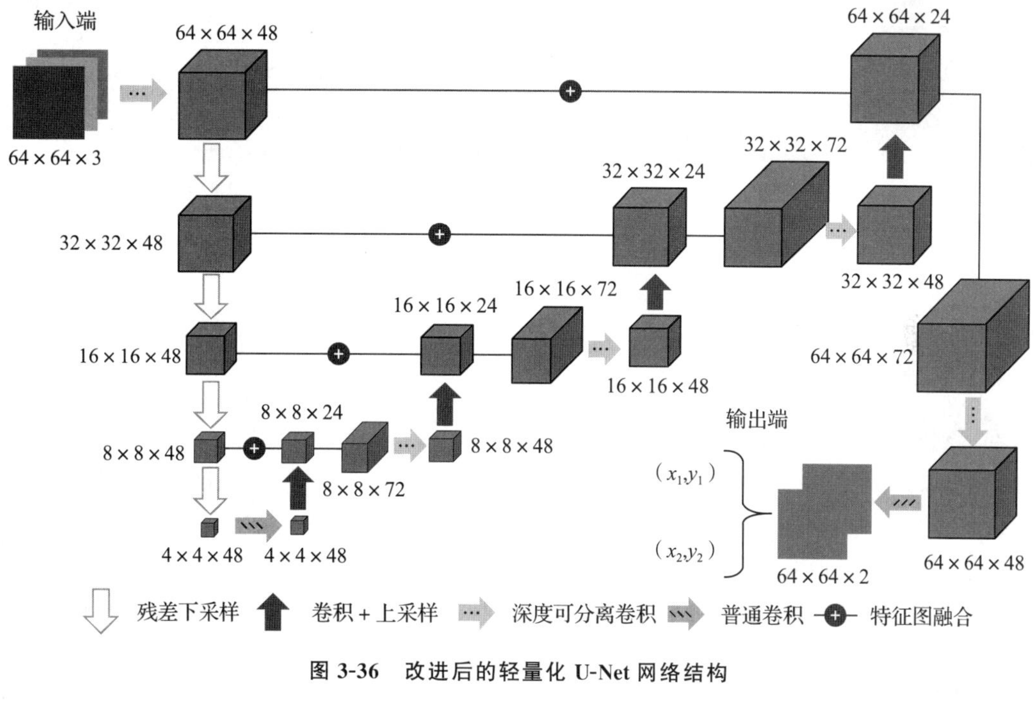

图 3-36　改进后的轻量化 U-Net 网络结构

在将上述两个网络进行训练后，就可以对掌纹图像中的关键点进行定位，进而提取 ROI 了。先将图像通过训练好的 YOLOv5-lite 网络，可以得到手掌的初定位图像。再将其通过训练好的关键点检测网络 U-Net，可以检测到食指-中指以及小指-无名指两个关键点，称为 A 和 B。连接 A 和 B，计算其与水平线的夹角 θ 后，使 θ 变为 0，则实现了对图像进行方向校正，使 AB 连线处于水平状态。接着，计算 AB 的长度，以及 AB 的中点 O。以 O 为圆心、AB 为 x 轴建立坐标系，在 y 轴上距 O 为 $1.2|AB|$ 的点取为 ROI 的中点，以 $0.8|AB|$ 为边长做正方形，得到的区域即为 ROI。该方法的实现过程如图 3-37 所示。

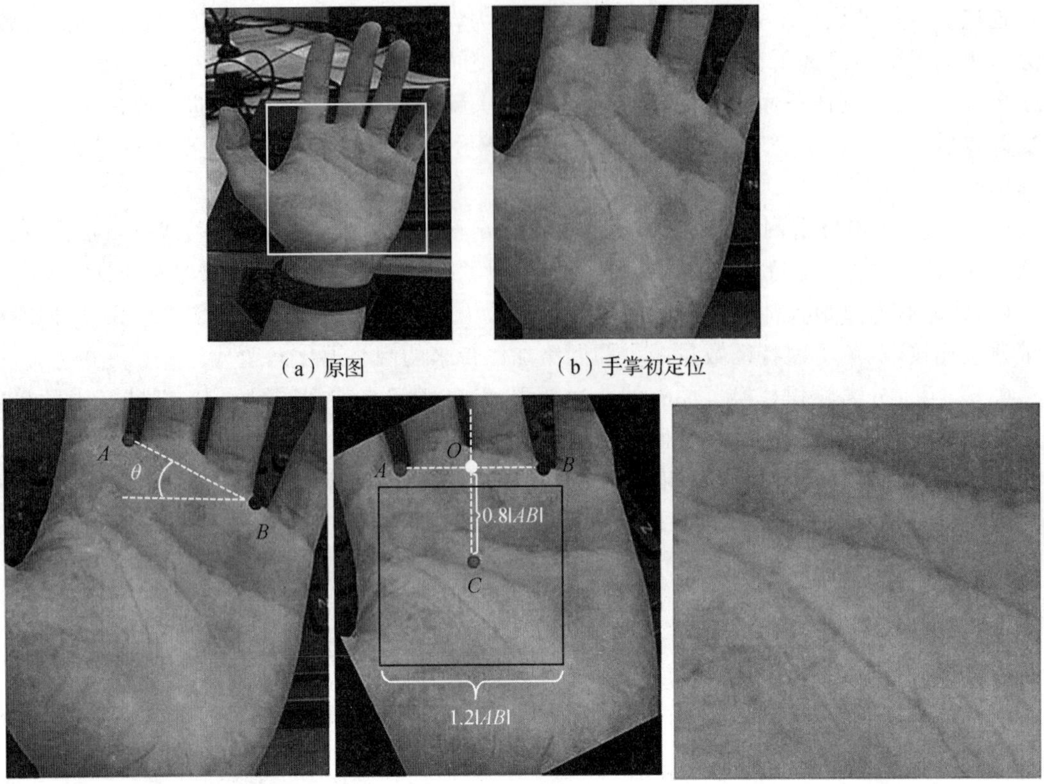

（a）原图　（b）手掌初定位

（c）关键点定位　（d）ROI 计算　（e）提取出的 ROI

图 3-37　ROI 定位实现过程示例

（Lin 等，2024）

3.2.3　掌纹特征提取和匹配

在得到掌纹 ROI 图像之后，需要对其进行特征提取，将提取到的特征信息作为这个手掌用户的信息，再通过距离匹配来确定两个手掌是否来自同一个人。因此，准确、有效的特征提取和匹配算法成为掌纹识别的关键。为了最大限度地区分不同人的掌纹图像，进行高精度的身份验证，新的特征提取算法不断出现，不仅特征类型越来越多，而且提取特征的方法也更准确有效。根据提取的特征是否由手工设计，掌纹的特征提取可以分为基于手工设计的方式和基于深度学习的方式。

1. 基于手工设计的方式

基于手工设计的特征提取方式主要根据掌纹图像的特点设计特定的滤波器，提取掌纹的纹理、线条、特征点、频率等信息作为特征。按照其提取的特征类型的不同，又可以大致分为基于纹理编码特征的方式、基于结构特征的方式、基于统计特征的方式和基于子空间特征的方式。

(1)基于纹理编码特征的方式　基于纹理编码特征的方式针对掌纹图像的纹理特征，将其转换成由 0 和 1 组成的数字编码，降低空间复杂度，实现简单。常见的编码方式首先使用滤波器对掌纹进行滤波，滤去一些无关干扰、提取纹理信息，然后根据一定的准则进行编码，以位编码的形式存储信息，最后通过二进制算术运算获得图像间的相似度。人们相继提出 Palm-

Code、CompetitiveCode、FusionCode、OrdinalCode、DoGCode 等编码方法，实现更加高精度的编码识别。与相位信息相比，掌纹纹线的方位信息受到更多的关注，此外，滤波器的设计、编码方案、掌纹图像分类原则和优化方案的研究都在持续进行。

（2）基于结构特征的方式　基于结构特征的方式是从指纹识别中移植的传统识别技术，其主要思想是利用各种算法提取脊线、主线或特征点的方位信息，作为图像所代表的身份特征信息进行识别和匹配。其中，最先被提出来的便是基于线的结构特征提取方式。基于线的结构特征提取方式的主要思想是利用边缘检测算子对掌纹 ROI 进行处理，提取出其中的线条特征。常见的用于边缘检测的算子有 7 种，分别是 Sobel 算子、Prewitt 算子、Robert 算子、Canny 算子、Local Variance 算子、图像熵和 LOG 算子。

（3）基于统计特征的方式　基于统计特征的方式一般采用熵、能量、均值和方差等统计量进行特征提取，具有噪声不敏感、占据存储空间较小、匹配速度较快等优点。其可以分为两种：一种是局部的，另一种是全局的。局部统计方法将图像划分为几个小区域，计算每个小区域的灰度值、均值、方差等局部统计量，最后连接形成特征向量表示掌纹信息。局部区域块通常是方形的，但也有椭圆形和圆形的。在特征提取之前，常常会对图像进行傅里叶变换、Gabor 变换、离散余弦变换和小波变换等，目的是使变换域提取出更好的特征识别。

（4）基于子空间特征的方式　基于子空间特征的方法，也称为基于外观的方法，其来源于人脸识别，通常将掌纹图像视为高维矩阵或向量，并通过投影或数学变换等方式将其转换为低维形式进行表征和分类。基于子空间特征的方法可以得到图像的最佳描述，并且具有牢固的理论基础，具有特征小、识别率高等优点。不过该类方法存在以下缺点：所有训练样本数据组成训练空间位数过高，会引起维数灾难，并且增加最优投影向量的时间和计算量；同时该类方法的性能与样本数、特征维紧密相连，如果训练集发生变化，那么训练过程就必须重新进行。

主成分分析（principal component analysis，PCA）、独立成分分析（ICA）、线性判别分析（LDA）等方法首次应用于人脸识别中，均取得较为良好的效果。因此，有许多研究者将其引进到掌纹识别中，其中，主成分分析是提取特征向量最成功的方法之一。下面重点介绍一种基于主成分分析的掌纹特征提取和匹配方式 Eigenpalms。

主成分分析（PCA），本质是 K-L 变换，是一种常用的线性降维方法，通过求解数据的协方差矩阵的特征向量，将高维数据映射到低维子空间中。PCA 对数据进行正交变换，使得投影方差最大，从而保留了数据的主要信息。

掌纹图像是一个 $n \times n$ 的二维数组，可以被定义为长度为 n^2 的向量。如果掌纹 ROI 图像的分辨率为 128×128，则可以得到 16 384 维空间中的单个像素点的矢量。又因为掌纹 ROI 具有相似的结构：通常是 3 条主线和 3 条折痕，因此所有的手掌矢量都位于一个狭窄的图像空间中，可以用一个相对低维的空间来描述它们。K-L 变换作为图像压缩最优的正交化展开，可以表示掌纹图像分布的主分量或掌纹图像协方差矩阵的特征向量，这些向量称为 Eigenpalms（Lu 等，2003）。Eigenpalms 定义了掌纹的映射子空间，训练集中的每个掌纹图像都可以精确地表示为 Eigenpalms 的线性组合。

给定一个掌纹训练集 $x_1, x_2, \cdots, x_M$，其中 M 为数据集的图像数量，则该数据集的平均图像 μ 可以定义为：

$$\mu = \frac{1}{M}\sum_{i=1}^{M} x_i \tag{3-14}$$

因此，给定图像 x_i 的协方差矩阵 $\boldsymbol{C}$ 可以定义为：

$$\boldsymbol{C}=\frac{1}{M}\sum_{i=1}^{M}(x_i-\mu)(x_i-\mu)^{\mathrm{T}}=\frac{1}{M}X\boldsymbol{X}^{T} \tag{3-15}$$

其中，$X=[\varphi_1,\varphi_2,\cdots,\varphi_M]$，而 $\varphi_i=x_i-\mu$，即每个图像与平均图像之差。矩阵 $\boldsymbol{C}$ 的维度是 $n^2\times n^2$。显然，$\boldsymbol{C}$ 的特征向量可以跨越一个代数特征空间，可以根据均方差 MSE 为训练样本提供最优逼近。然而，直接确定矩阵 $\boldsymbol{C}(\boldsymbol{C}\in\mathbb{R}^{n^2\times n^2})$ 的特征向量和特征值较为困难，因此，需要找到一种有效的方法来计算特征向量和特征值。矩阵 $\boldsymbol{C}$ 满足以下性质：

$$\boldsymbol{C}u_k=\lambda_k\boldsymbol{u}_{\mathrm{k}} \tag{3-16}$$

其中，$\boldsymbol{u}_k$ 是矩阵 $\boldsymbol{C}$ 的特征向量，λ_k 是矩阵 $\boldsymbol{C}$ 的相关特征值。

又因为矩阵 $\boldsymbol{L}=\boldsymbol{X}^{T}X(\boldsymbol{L}\in\mathbb{R}^{M\times M})$ 的特征向量 $\boldsymbol{v}_k$ 和特征值 a_k 的计算比 $\boldsymbol{u}_k$ 和 λ_k 容易得多，因此，可以进行变换：

$$\boldsymbol{X}^{T}\mathrm{X}\boldsymbol{v}_k=a_k\boldsymbol{v}_k \tag{3-17}$$

将等式两边同时乘以 X，则有：

$$X\boldsymbol{X}^{T}(\mathrm{X}\boldsymbol{v}_k)=a_k(X\boldsymbol{v}_k) \tag{3-18}$$

因此，可以得到矩阵 $\boldsymbol{C}$ 的特征向量：

$$\boldsymbol{u}_k=X\boldsymbol{v}_k \tag{3-19}$$

通过这种方式，可以大大减少计算量，$\boldsymbol{U}=\{\boldsymbol{u}_k,k=1,\cdots,M\}$ 表示对应于原始掌纹图像映射到子空间的基向量，即为 Eigenpalms。图 3-38 (a)和(b)分别显示了训练集中的样本及其提取到的 Eigenpalms。

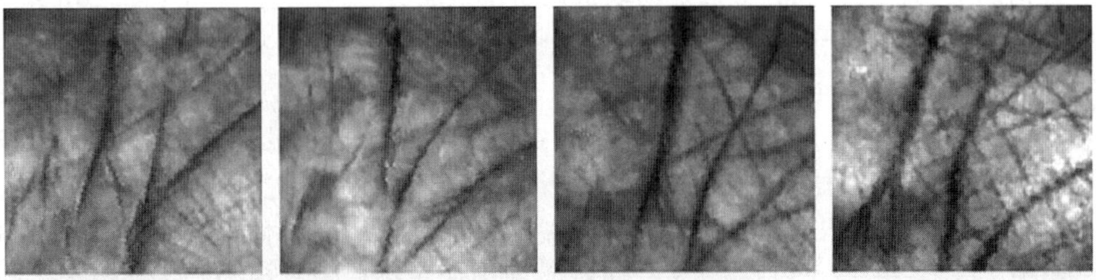

(a)

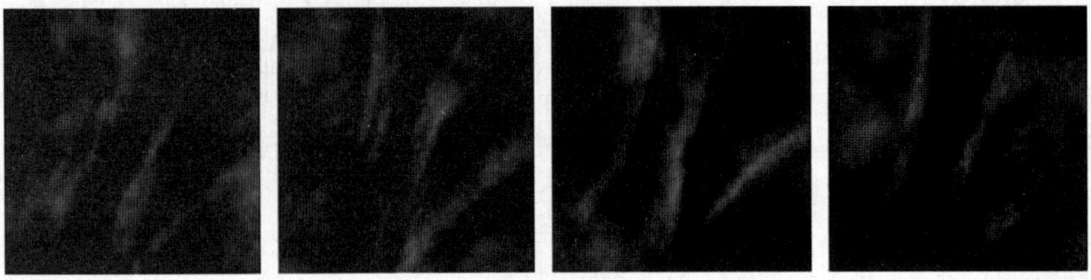

(b)

图 3-38　对应掌纹图像的 Eigenpalms

(Lu 等，2003)

由于训练集中的每个掌纹都可以用一个特征向量来表示，所以特征掌纹的数量等于训练集中样本的数量。然而，主成分分析理论指出，不需要选择所有的特征向量作为基向量，只要那些最大特征值对应的特征向量就可以很好地代表训练集的特征。因此，对于每幅图像的最大特征值 $\boldsymbol{u}'_k$，Eigenpalms 则可以表示为：

$$\boldsymbol{U}'=\{\boldsymbol{u}'_k, k=1,\cdots,M'\} \tag{3-20}$$

最终每个训练图像可以用 Eigenpalms 表示为：

$$\boldsymbol{f}_i=\boldsymbol{U}'(x_i-u)(i=1,\cdots,M) \tag{3-21}$$

其中，投影的权重 $\boldsymbol{f}_i(\boldsymbol{f}_i \in \mathbb{R}^{M'\times 1})$ 代表了每个手掌的标准特征向量，M'则为特征长度，一般取 50、100、150 和 200 等。最后，用加权的欧氏距离 d_k 计算这些特征的距离并分类：

$$d_k=\sum_{i=1}^{N}\frac{[\boldsymbol{f}(i)-\boldsymbol{f}_k(i)]^2}{(s_k)^2} \tag{3-22}$$

其中，$\boldsymbol{f}(i)$为未知掌纹的特征向量，$\boldsymbol{f}_k$ 和 s_k 表示第 k 个特征向量及其标准差，N 为所定义的特征长度。

2. 基于深度学习的方式

目前，随着深度学习的发展，基于深度学习的特征提取方式或以深度学习为主手工设计方式为辅二者相结合的方式将逐渐成为掌纹特征提取的主流。深度学习算法在掌纹识别技术中迅速发展，主要原因如下：

(1)手工设计特征的方法通常依赖设计者的先验知识，只能设计特定的滤波器以提取特征，难以利用大数据的优势，较为烦琐；而基于深度学习的识别算法能够利用大数据进行自我学习，更加高效、便捷。

(2)基于手工的掌纹特征提取方法只在某种特定的数据库上表现良好，外界环境(如光照、模糊、亮度、对比度)的改变和手掌姿态的变化都会对掌纹识别的精度产生极大影响；而基于深度学习的识别算法能从大量数据中自行学习更加复杂的掌纹特征提取方式，其提取的掌纹特征也更加丰富、鲁棒，泛化能力更强。

近些年学者们对基于深度学习的掌纹识别开展研究，在早期，有学者建立了深度信念网络，利用训练样本进行自上而下的无监督训练，在掌纹识别上取得优于 PCA、LBP 的结果（Xin 等，2015）。Liu 和 Sun(2016)尝试使用 AlexNet 提取深度特征。Sun 等(2017)利用 CNN-F 网络进行掌纹识别，并评估从不同层提取到的卷积特征。Svoboda 等(2016)提出 d-prime CNN，用于提取掌纹特征，假设真匹配和伪匹配的距离分布均满足正态分布，通过最大化两个正态分布之间的均值差和最小化各自分布的方差，达到真匹配和伪匹配最大程度上的分离。

Zhang 等(2018)公开了同济大学掌纹和掌静脉数据库，并利用改进的 Inception-ResNet-v1 网络模型提取掌纹特征。如图 3-39 所示，将掌纹 ROI 图像输入网络，分别经过 7 层的 Stem、Inception-ResNet-A、ReductionA、Inception-ResNet-B、ReductionB、Inception-ResNet-C 后再经过平均池化操作，最后结合 Softmax loss 和 Center loss 两个损失函数进行输出。表 3-1 显示了 7 层的 Stem 的结构，可以看出，经过 6 层的卷积和 1 层的最大池化后，掌纹特征图由输入的 1 通道、160×160 尺寸变为了 256 层、尺寸为 17×17 的特征图。

表 3-1 Stem 的结构

类型	滤波器数量	特征图尺寸	卷积核尺寸	步长	填充
输入图像	—	160×160×1	—	—	—
卷积层-1	32	79×79×32	3×3	2×2	0×0
卷积层-2	32	77×77×32	3×3	1×1	0×0
卷积层-3	64	77×77×64	3×3	1×1	1×1
最大池化层	—	38×38×64	3×3	2×2	0×0
卷积层-4	80	38×38×80	1×1	1×1	0×0
卷积层-5	192	36×36×192	3×3	1×1	0×0
卷积层-6	256	17×17×25	3×3	2×2	0×0

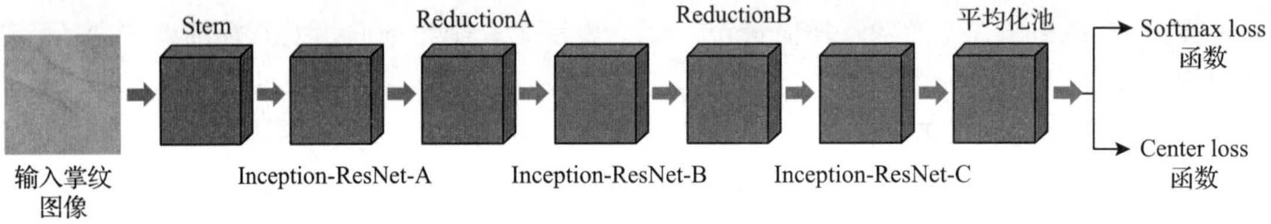

图 3-39 改进的 Inception-ResNet-v1 网络结构

与其他深层结构相比，Inception 架构表现出令人满意的性能和相对较低的计算成本。同时，残差连接在图像识别领域也取得了巨大的成功，因为它可以加速网络收敛。因此，将 Inception 架构与残余连接组合在一起是一个非常有潜力的方向。针对网络中的不同阶段，Inception 架构和残差连接被设计为 3 种不同的模块，能够有效提取特征图在不同尺度下的多种特征：Inception-ResNet-A、Inception-ResNet-B 和 Inception-ResNet-C（图 3-40），所有 3 种模块都使用残差连接，因此这些模块的输出大小与输入大小相同。

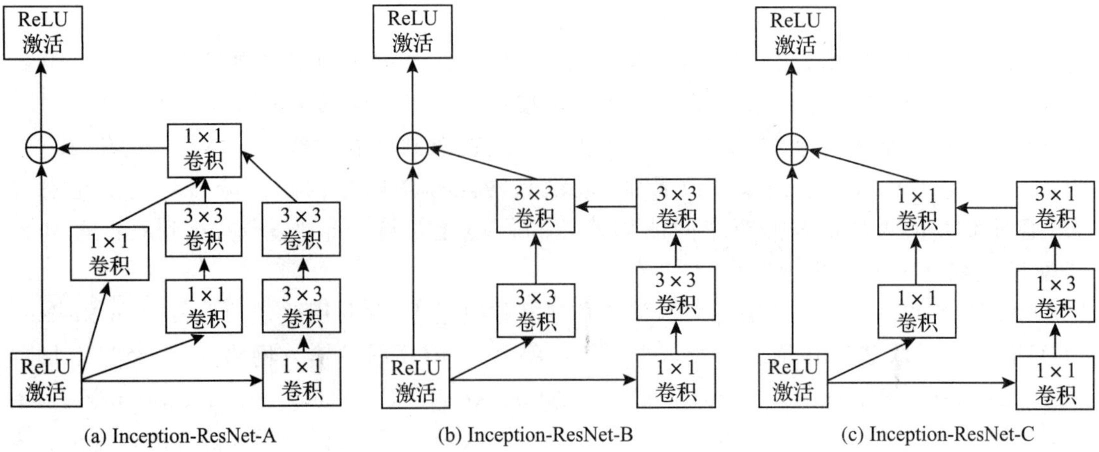

图 3-40 3 种不同的 Inception-ResNet 模块

3 种 Inception-ResNet 模块的不同在于采用的卷积核大小和数量以及连接方式不同。Inception-ResNet-A 模块由于较为靠近网络的输入，此时特征图的尺寸还比较大，特征图的数量较少，因此选择了 3 个不同的网络通路进行卷积，且逐级提高 3×3 卷积层的数量。Inception-ResNet-B 模块处于网络的中间位置，采用了 2 个残差通路、3×3 卷积层占大比例的策略来对网络进行深层特征提取，最后在 Inception-ResNet-C 模块中增加 1×1 卷积层的数量，减少 3×3 卷积层的数量以减少参数量，降低过拟合的风险。

最后，将特征图进行平均池化操作后，结合 Softmax loss 和带有权重 λ 的 Center loss 两个损失函数进行学习。Softmax loss 常用于深度学习中的分类任务，计算图像经过网络提取后的特征归属于某个类别的概率。其定义为：

$$L_{\text{softmax}} = -\frac{1}{N}\sum_{i=1}^{N}\log\frac{\mathrm{e}^{W_{y_i}^{\mathrm{T}}x_i+b_{y_i}}}{\sum_{j=1}^{C}\mathrm{e}^{W_j^{\mathrm{T}}x_i+b_j}} \tag{3-23}$$

其中，$Wx+b$ 是网络层的输出，代表了网络中的权重参数。因此 log 的输入就表示了 x_i 属于类别 y_i 的概率。

而 Center loss 则注重类内样本之间的分布，定义为：

$$L_{\text{center}} = \frac{1}{2}\sum_{i=1}^{N}\|x_i - c_{y_i}\|_2^2 \tag{3-24}$$

其中，x_i 为某个样本的输出，而 c_{y_i} 代表第 y_i 个类别的特征中心，N 表示每一个批次(batch)的大小。因此，Center loss 就是希望一个 batch 中的每个样本的特征离中心的距离越小越好，也就是类内距离要越小越好。

为了应对非接触式掌纹图像由于变形、姿态和光照等变化而出现图像质量显著变化的问题，Xu 等(2021)将空间转换器网络(spatial transformer network，STN)加入所提出的特征网络中，其能够基于任务对数据进行自适应空间变换和对齐，提升网络的学习能力。接着，采用 7×7 的卷积核以及两种不同方式的残差块进行连接，最后通过平均池化层进行输出，实现识别和验证的任务。具体的网络结构如图 3-41 所示。

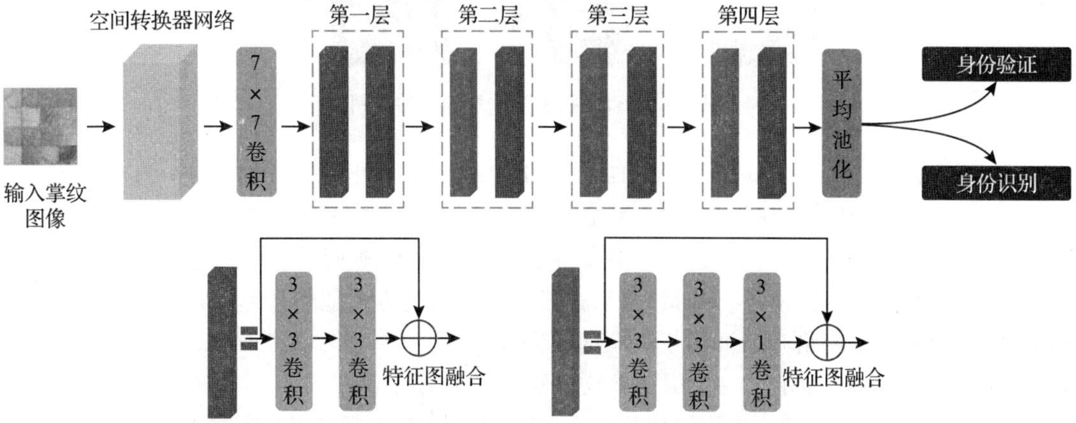

图 3-41　Xu 等(2021)提出的网络

STN 是一个可微分模块，如图 3-42 所示。它可以直接插入现有的卷积结构中，由 3 部分组成：定位网络(localisation net)、网格生成器(grid generator)和采样器(sampler)。定位网络是一个简单的回归网络，旨在生成参数 θ，网格生成器使用目标特征图的坐标来通过矩阵运算计算目标特征图 T(T-feature map)中的坐标在源特征图中的对应坐标，采样器根据网格生成器的坐标对原始特征图进行采样(使用双线值插值对相邻坐标点的像素值进行采样)，并将输入特征图 S(S-feature map)中的像素复制到与目标特征图 T 对应的位置，实现对数据进行空间变换和对齐。

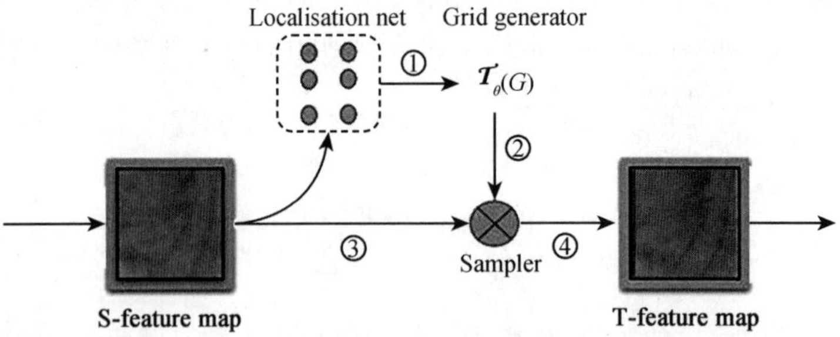

图 3-42　空间转换器网络 STN 的组成

STN 模块在手写数据集上的应用效果如图 3-43 所示，当原始数据的位置、形状发生偏移时，其可以很好地定位到目标所在的位置，并将其进行对齐。这样，就能解决不同姿势、不同变形等带来的数据干扰，大大增加掌纹识别的准确率。

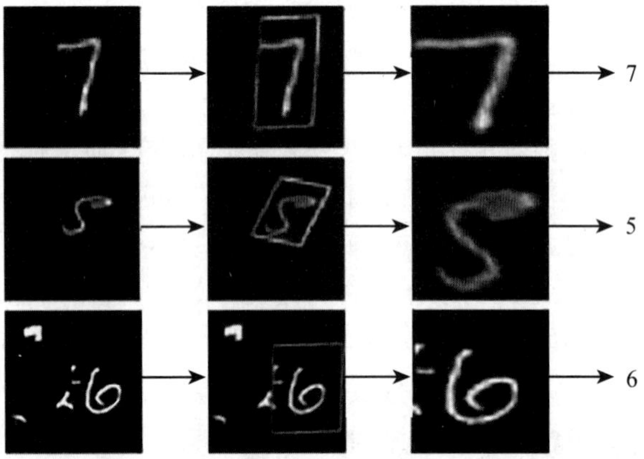

图 3-43　STN 在手写数据集上的应用

孪生网络(siamese network)是在 1933 年由 Bromley 提出来的，当时用来验证美国支票签名。孪生网络是神经网络框架的一种，它包含有两个分支，这两个分支具有相同的结构而且共享参数，所以称为“孪生”。但这两个分支有着不同的输入，通过分别输入不同类别的图像到这两个分支中，再对其输出进行连接，最后通过距离度量的方式能够计算出这两个输入图像的相似度。后来，孪生网络开始被用于人脸的识别和验证，也有学者将其引入掌纹识别中(许赫庭等，2022)。图 3-44 展示了一个用于掌纹识别的孪生网络结构。

该孪生网络的主干特征提取网络由 DenseNet 组成，提取到的掌纹特征向量为 1×1 024，将两个 DenseNet 提取到的特征向量 feature1 和 feature2 相减，取绝对值，得到一个距离。将

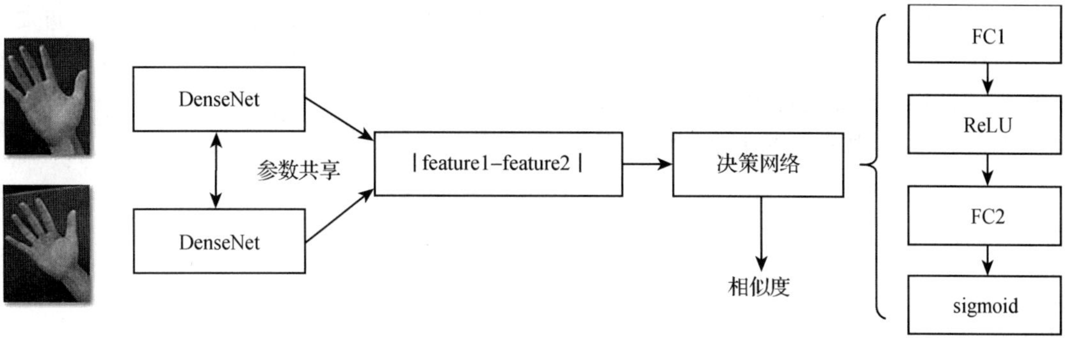

图 3-44 用于掌纹识别的 Siamese Network

该距离输入决策层网络中，通过两个全连接层 FC1 和 FC2，以及 ReLU 激活函数和 sigmoid 激活函数后，得到一个相似度分数，以此来评价两个掌纹图像是否属于同一只手。

DenseNet 于 2017 年由 Huang 等(2017)提出，该网络是对 ResNet 中旁路通道思想的延伸，它提出了一种密集连接的思想，如图 3-45 所示。在 Dense Block 中，每一层的输出都连接到后续层，让后面的层能更好地复用前面层的特征。DenseNet 改善了整个网络中的梯度和信息流，更易于训练。此外，Dense Block 还具有正则化的效果，它有效降低了小数据集过拟合现象的发生。

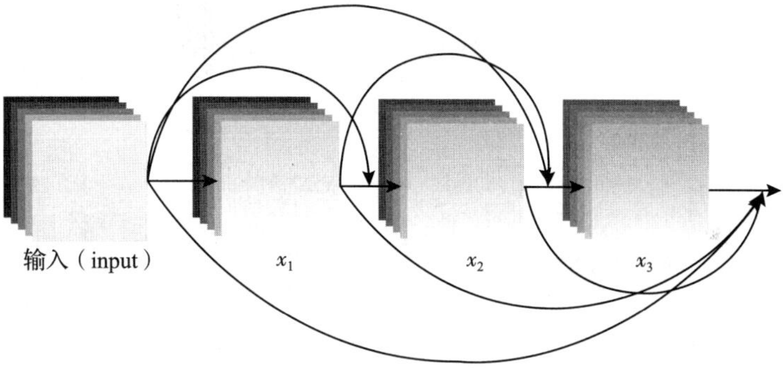

图 3-45 Dense Block 的结构

由于掌纹中具有丰富信息的特征是纹理特征，在前人的研究中，也有许多针对纹理特征的手工设计的掌纹特征提取和匹配方式取得了显著的效果。因此，Yang 等(2023)提出了一个深度学习网络 CO_3Net，旨在通过深度学习的方式提取掌纹中的纹理信息并编码。CO_3Net 的网络结构如图 3-46 所示，其采用 3 个并行的特征提取通路，分别采用不同尺度：(7×7、15×15 和 35×35)的可学习的 Gabor 滤波器(LGF)对输入掌纹图像信息纹理特征进行提取，解决了基于手工设计的 Gabor 滤波器需要手动设计参数的问题，并且多尺度的 Gabor 层可以实现更丰富的纹理信息的学习。

LGF 提取了纹理特征，但不同纹理的辨别能力并不相似，LGF 不能自动对每个手掌中不同的区域给予不同的关注。因此，为了屏蔽一些未区分的特征以有效提高识别性能，网络引入了坐标注意力模块 CA (Hou 等，2021)，其能够将空间信息嵌入通道注意力中，实现空间信息和通道注意力的相结合。坐标注意力模块的提出是为了解决卷积注意力模块 CBAM (Woo 等，2018) 和瓶颈注意力模块 BAM (Park 等，2018) 只能捕捉局部关系而非全局空间的问题。

CA 模块先通过全局平均池化 GAP 对输入分别从垂直和水平方向进行池化操作，再通过 1×1conv 和 BN 层和 ReLU 函数后输出，对输出再次分为垂直和水平方向的特征，再进行卷积和 sigmoid 操作，最后得到的特征图表示为原图与水平和垂直方向的特征之积。对于给定的输入特征图 X，其水平和垂直方向的 GAP 输出分别为 z^h 和 z^v：

$$z^h = GAP^h(X) \tag{3-25}$$

$$z^v = GAP^v(X) \tag{3-26}$$

定义 ReLU 操作为 $\delta(X)$，sigmoid 操作为 $\sigma(X)$，则有：

$$\hat{z} = \delta\{BN[\mathrm{conv}(z^j)]\} \tag{3-27}$$

$$g^v = \sigma[\mathrm{conv}(\hat{z}^v)] \tag{3-28}$$

$$g^h = \sigma[\mathrm{conv}(\hat{z}^h)] \tag{3-29}$$

分别将水平和垂直方向的特征与原图进行相乘，得到 CA 模块的输出 $\hat{X}(i,j)$：

$$\hat{X}(i,j) = X(i,j) \times g^v(i) \times g^h(j) \tag{3-30}$$

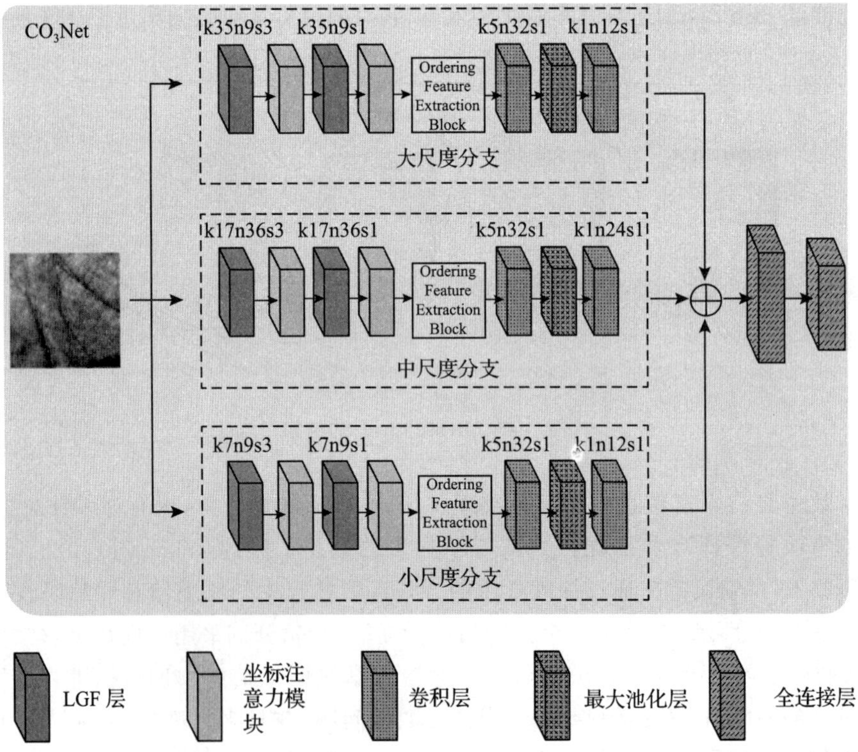

图 3-46 CO_3Net 的网络结构

接着，将 3 个通路的特征图进行融合，再经过全连接层输出，得到最终的特征向量，将该特征向量进行一个混合损失函数的学习，结合交叉熵损失和对比损失，并用两个权重 w_1 和 w_2 将其连接起来。该混合损失函数能够扩大类间距离的同时缩小类内距离，提高网络的识别效果。混合损失函数定义如下：

$$l = w_1 l_{se} + w_2 l_{con} \tag{3-31}$$

其中，l_{se} 为交叉熵损失，定义为：

$$l_{se} = -\frac{1}{N}\sum_{i=1}^{N}\sum_{c=1}^{M} y_{i,c}\log(p_{i,c}) \tag{3-32}$$

l_{con} 为对比损失，定义为：

$$l_{con} = -\sum_{i \in I}\frac{1}{|P(i)|}\sum_{p \in P(i)}\log\frac{e^{\frac{z_i z_p}{\tau}}}{\sum_{a \in A(i)} e^{\frac{z_i z_a}{\tau}}} \tag{3-33}$$

最终进行特征匹配时，计算网络提取到的两幅输入手掌图像的特征向量 $\boldsymbol{z}_1$ 和 $\boldsymbol{z}_2$ 之间的距离 $\mathrm{dis}(\boldsymbol{z}_1, \boldsymbol{z}_2)$ 进行匹配。$\mathrm{dis}(\boldsymbol{z}_1, \boldsymbol{z}_2)$ 定义如下：

$$\mathrm{dis}(\boldsymbol{z}_1, \boldsymbol{z}_2) = \frac{\arccos(\boldsymbol{z}_1, \boldsymbol{z}_2)}{\pi} \tag{3-34}$$

3.3　指纹与掌纹识别应用案例

指纹识别技术的应用与技术本身发展互相促进、相辅相成，随着计算机图像处理、模式识别等软硬件处理技术的不断发展与成熟，指纹识别系统的体积不断缩小，价格也不断下降，适用范围越来越广。随着苹果公司系列手机指纹解锁功能推动指纹识别革命，指纹识别技术强势入驻移动设备多元化应用更是遍地开花。指纹识别技术不再局限于刑侦领域，走进了市场广大的商业、民用、医疗卫生等多个领域。

刑事案件侦破中，相关工作人员利用化学试剂完成指纹的显现和保存，如可以借助高空镀膜技术和荧光喷雾技术进行指纹显现，然后对指纹痕迹进行提取，经档案库指纹信息比对确定指纹主人，缩短破案时间。各国警察机关都非常重视指纹信息的收集和指纹识别系统的应用，并致力于打造高速度、大容量、集中比对、网络化运行的指纹识别系统，以期在打击犯罪、防控犯罪与服务社会中发挥更大作用。

指纹在刑侦领域中的应用最早可以追溯到 19 世纪。巴黎警察局的阿方斯・贝蒂荣习惯性地收集许多犯罪现场留下的物品上的指纹印，建立了一个庞大的罪犯指纹数据库。1882 年，法国警方利用他的指纹库资料与一个谋杀案现场的血指纹比照，顺利地找到了凶手。

在民用领域，指纹识别技术目前也应用广泛，十分成熟。在金融业中，金融机构通过引入指纹识别技术升级企业运营的安全系数，较常见的应用包括各种登录身份的确认，如保险行业中投保人及期货证券提款人的身份确认，金融行业内部人员登录及远程授权的身份认证，银行储蓄防冒领的指纹密码和通存通兑的加密方法、各类智能信用卡的防伪及银行金库等地的进出入管理。指纹识别技术也广泛应用于移动电子商务的个人身份认证中，指纹识别验证方式也是移动支付中主要验证方式之一，可以有效对抗电子商务中的支付风险，指纹识别有效地解决了数字密码被破译或被遗忘等问题。此外，很多企事业单位均使用指纹考勤系统，可以有效缓解代打卡问题，保证考勤数据的真实性。指纹识别门禁系统在社区、高校、企业、实验室等地中也有诸多应用,可以避免门禁卡或钥匙丢失带来的问题,还可以有效防范非法入侵。

首款搭载正面按压式指纹识别的手机,发布于 2013 年。其首次引入了指纹 ID:Touch ID,给整个手机行业带来颠覆性的变革。该款手机将指纹传感器部署于 Home 键当中,围绕指纹识别展开了一个完整的生态系统,不仅可以用指纹解锁,还能将其用于手机支付。此后,很多手机纷纷应用指纹解锁、指纹支付等功能,手机进入了指纹解锁时代。图 3-47 所示为智能手机的指纹录入过程。

图 3-47 智能手机的指纹录入过程

目前,掌纹识别系统的应用也主要分为两个领域:刑侦领域和民用领域。之前,非接触式掌纹识别发展缓慢,大多数掌纹识别系统采用接触式的方式,导致其便利性不如指纹识别,所以在民用领域发展较为缓慢,主要用于刑侦领域。刑侦专家认为,犯罪现场所留下的所有印迹中,掌纹印记大约占 30%,提取和分析这些掌纹印迹对于案件的侦破具有重大意义,掌纹鉴别是确认犯罪嫌疑人的新利器。因此,很多研究人员针对刑侦领域的特点,研制了一系列相关系统。这类系统主要用于分析犯罪现场遗留下来的掌纹印迹,进而辨识犯罪嫌疑人的身份,所提取的掌纹特征为掌纹图像的乳突纹特征。这类系统包括 SPEX Forensics 公司的 PrintQuest APIS 系统、SAGEM 公司的 DMA 系统和 Cogent System 公司的 CAPFIS 系统等。

最近几年,随着各种智能设备的发展,以及人工智能、深度学习等网络计算机技术的发展,促进了非接触式掌纹识别系统的研究,也促使越来越多的民用和商用领域开始采用掌纹识别系统。

香港理工大学和哈尔滨工业大学于 2002 年联合研制了世界上第一套民用掌纹识别系统,该系统采用基于 CCD 的掌纹采集设备,通过提取和匹配 PalmCode 进行身份识别。该系统如图 3-48 所示,用户需要在电脑上进行登录,并且通过按压在接触式的 CCD 装置上进行身份识别。

在近年来,各种基于掌纹的身份识别系统层出不穷,如腾讯公司推出的"刷掌"支付(图 3-49),就是结合掌纹与掌静脉双重特征的身份识别系统。在未来,相信掌纹识别系统会更加先进、更加成熟,进一步促进人们生活水平的便利与安全。

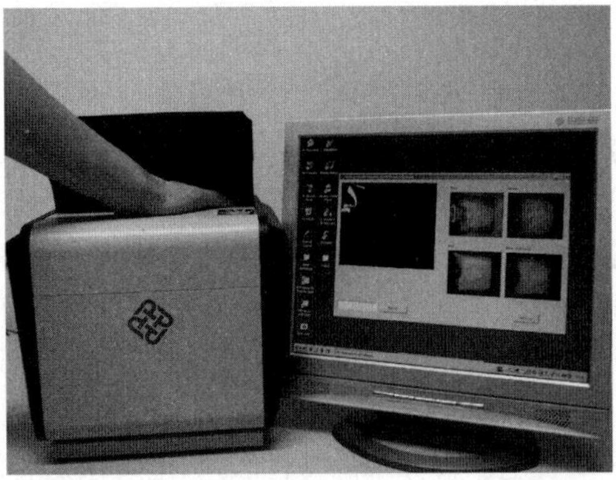

图 3-48 香港理工大学的接触式掌纹识别装置

(图片来源:https://www.doczj.com/doc/b417139764.html)

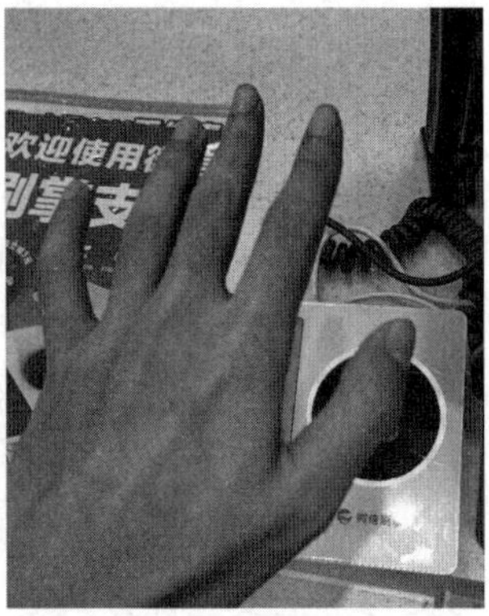

图 3-49 腾讯公司推出的"刷掌"支付

本章小结

本章首先详细介绍了指纹识别技术，包括指纹特征、指纹识别系统概述与指纹采集、指纹图像预处理、指纹对齐、指纹特征提取和匹配方法；其次介绍了掌纹识别技术，包括掌纹特征、掌纹识别系统概述与掌纹采集、掌纹 ROI 定位方法、掌纹特征提取和匹配方法；最后分别介绍了指纹与掌纹识别的应用实例。

思考题

1. 指纹根据其总体结构可以大致分为几种纹形？其分别是什么？
2. 指纹图像预处理一般包含哪些步骤？
3. 什么是掌纹 ROI？
4. 基于手工设计的掌纹特征提取方式有哪几种？

拓展学习

1. 基于 YOLOv5-lite 和轻量化 U-Net 的掌纹 ROI 提取示例代码讲解

2. 基于深度学习的掌纹特征提取和匹配示例代码讲解

第 4 章　手静脉识别技术

手静脉识别是一项生物特征识别技术，通过分析和识别人体手指、手掌或手背上的静脉图像来识别个体身份。该技术基于人体血管系统的独特性，每个人的静脉结构都是独特而不可复制的，具有高度的安全性和准确性。

静脉识别的工作原理是利用近红外光线透过皮肤组织，血液中血红素对近红外光具有较强的吸收特性，使得近红外光照射后的手的图像会在皮下静脉处呈现较暗的纹路，利用该特征进行身份识别。这些静脉图像包含了血管网络的细节，如分支、交叉和间隔等，构成了一个独特的静脉纹路。该技术的主要特点在于非侵入性的图像采集方式，难以通过可见光观测到静脉特征，因此具有较高的抗伪造性。此外，静脉识别技术能够一定程度上进行活体验证，因为只有活体的手在近红外光照射下才会产生明显的对近红外光的吸收效应。由于静脉模式位于皮下，不受外部因素如伤口或表面损伤的影响，所以在识别和验证个体身份的过程中具有高度的可靠性和准确性。

4.1　手背静脉识别

血红蛋白是血液中的色素，血红蛋白吸收近红外光。与动脉中的血液相比，静脉中的血液明显含有更多的还原氧合血红蛋白(DeoxyHb)。还原氧合血红蛋白是一种没有结合氧的血红蛋白。氧合血红蛋白(OxyHb)和还原氧合血红蛋白的吸收光谱不同。在小于 805 nm 的波长范围内，氧合血红蛋白的吸收强度低于还原氧合血红蛋白，而在 805 nm 以上的波长范围内，氧合血红蛋白的吸收强度高于还原氧合血红蛋白。因此，在近红外光源和近红外敏感图像传感器的帮助下，手内的血管图案可以呈现为可见的。

手背静脉(dorsal hand vein，DHV)识别整体流程为首先使用近红外摄像头采集手背静脉图像，接着对手背静脉图像进行感兴趣区域(ROI)定位，然后对 ROI 提取图像特征，最后进行特征匹配。

4.1.1　手背静脉图像采集系统

当近红外光穿透皮肤组织时，由于血红蛋白对近红外光的高吸收率，它会部分被血液中的血红蛋白吸收。因此，当近红外光照射到手部静脉时，被静脉中的血液部分吸收，剩余的未被吸收的光散射回成像设备。利用成像装置接收到的散射光信号，通过处理算法重建手部静脉图像。图 4-1 为近红外摄像头的基本构成，其中图 4-1(a) 描述了一个带有 4 个红外发光二极管的散装相机，图 4-1(b) 显示了不带镜头的 CMOS 传感器。CMOS 传感器是一种常用于数码相机和其他成像设备的图像传感器，它由数百万个微小像素组成，每个像素收集光并将光转换为电荷。当光线进入相机镜头时，它会聚焦到 CMOS 传感器的表面。传感器中的每个像素都包含一个光电二极管，它可以将光子转换成电子。这些电子被存储在一个电容器中，这个电容器连接到每个光电二极管上。每个电容器中存储的电荷量与落在相应像素上的光量成正比。CMOS 传感器从每个电容器中读取电荷，并将其转换为表示像素亮度的数字值。一旦所有的像素都被读取，它们就组合成一个单一的数字图像。

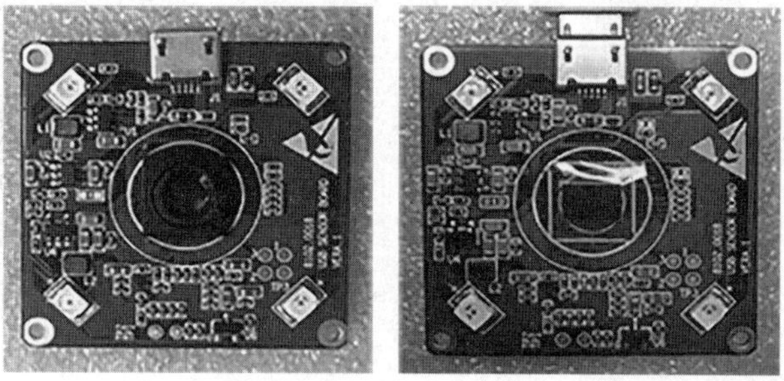

（a）带镜头　　　　（b）不带镜头

图 4-1　近红外摄像头的基本构成

手背静脉图像的采集方式分为接触式采集和非接触式采集两种。接触式采集方式如图 4-2 所示，其特点是需要支架固定手的位置；非接触式采集方式如图 4-3 所示，其特点是不需要支架固定手的位置。

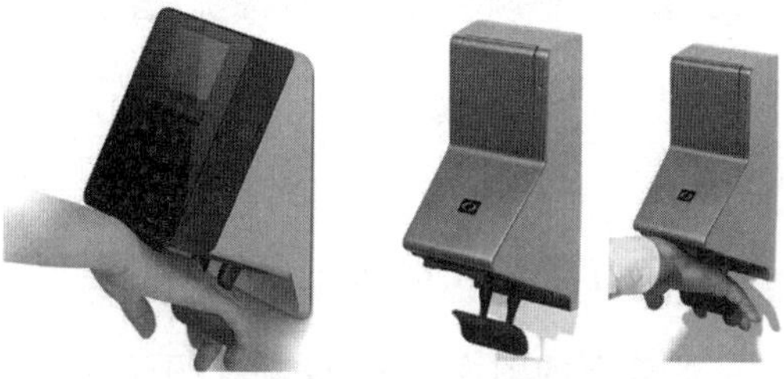

图 4-2　接触式手背静脉图像采集

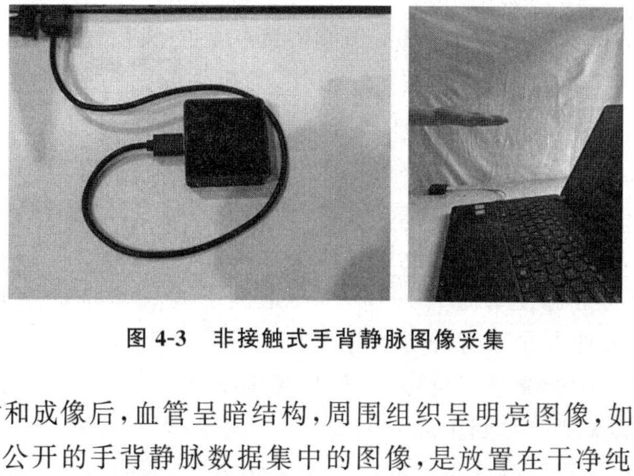

图 4-3　非接触式手背静脉图像采集

在近红外光照射和成像后，血管呈暗结构，周围组织呈明亮图像，如图 4-4 所示。图 4-4（a）～（c）为吉林大学公开的手背静脉数据集中的图像，是放置在干净纯黑的背景上拍摄的。

图 4-4(d)～(f)为 Bosphorus 手背静脉数据集中的图像，是放置在干净纯白的背景上拍摄的。图 4-4(g)～(i)为华南农业大学自建数据集 SCAU-DHV 中的图像，特点是多角度有复杂背景、非接触式、手悬空没有任何限制装置、用户体验好，但图像可能出现背景干扰，如日光灯干扰和衣服上的荧光图案干扰。

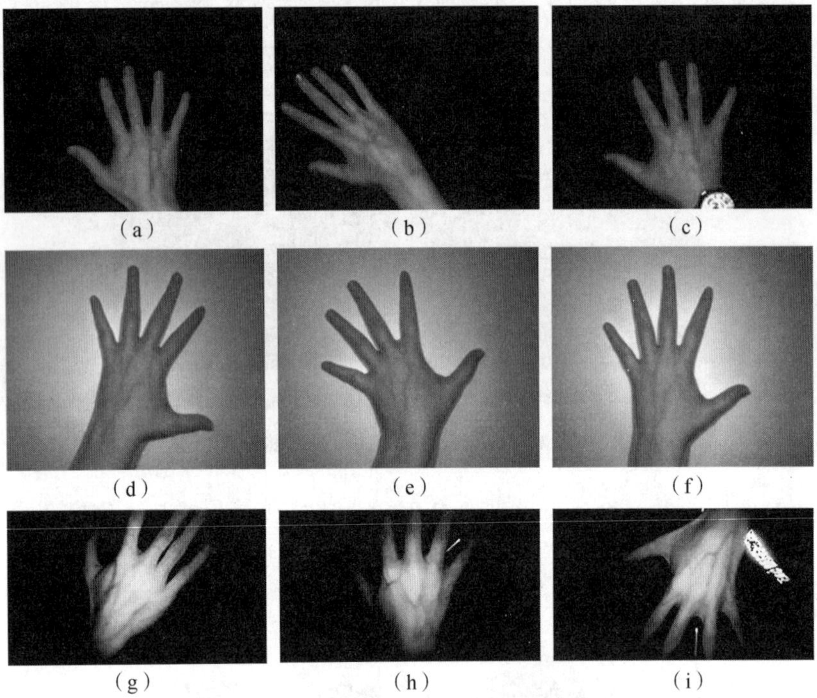

图 4-4　手背静脉数据集图像

4.1.2　U-Net 网络关键点定位与 ROI 提取

很多研究人员已经使用一些经典的图像处理方法进行手背静脉图像 ROI 提取，通常先确定手指间谷点(称作关键点)，再根据得到的关键点作矩形进行 ROI 提取。目前，传统图像处理算法检测关键点主要分为两种方法：第一种是将原始图像转换为灰度图像，然后进行二值化，最后对二值化后的图像进行轮廓分析，检测手部轮廓的凸包和凸缺陷，定位关键点。第二种也是将原始图像转换为灰度图像并进行二值化，分析手的轮廓来计算其质心作为参考点，并测量轮廓上的所有点与参考点的距离，然后选择最接近的 4 个点作为关键点。用这两种图像处理方法定位吉林大学手背静脉图像数据集中的关键点。凸包和凸缺陷检测方法的实现和有效性可以在图 4-5(a)中看到，而质心距离方法的有效性可以在图 4-6(a)中看到，可以看出当背景单一，手部完整时，传统的图像处理方法可以实现良好的关键点检测。但用这两种方法对非接触式方式采集的手背静脉图像进行处理时，却遇到了挑战。例如图 4-5(b)～(c)和图 4-6(b)～(c)都来自华南农业大学手背静脉数据集(SCAU-DHV)，在图像中存在部分遮挡、背景有日光灯管或者服装上的荧光字母，因此二值化图像不能正确生成，轮廓检测、检测凸包和凸缺陷失败，这导致后续无法检测到正确的关键点。质心距离法检测出复杂背景中 4 个以上的局部极小点。因此，如果是接触式手背静脉图像采集方式，研究对象限制手的位置，背景也十分干净，则传统图像处理算法对此类图像的分割十分有利，关键点检测效果良好。如果是非接触式采集方式，通常手背静脉图像会带有复杂的背景，此时传统图像处理算法很难分割出完整手的图像，难以满足实际的使用需要。

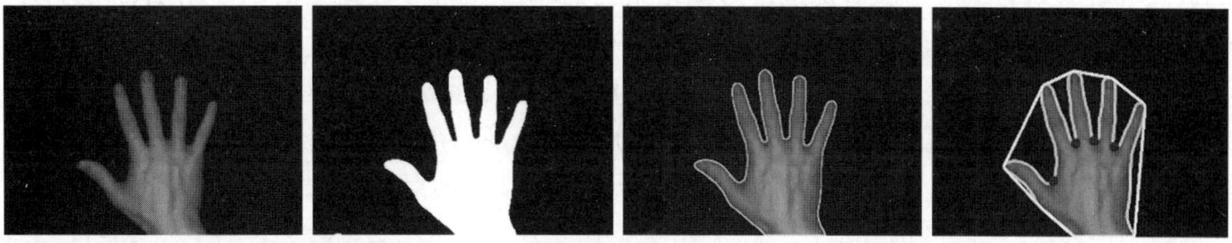

（a）背景单一

（b）手部不完整

（c）背景复杂

图 4-5　凸包和凸缺陷检测方法在不同图像处理中的效果

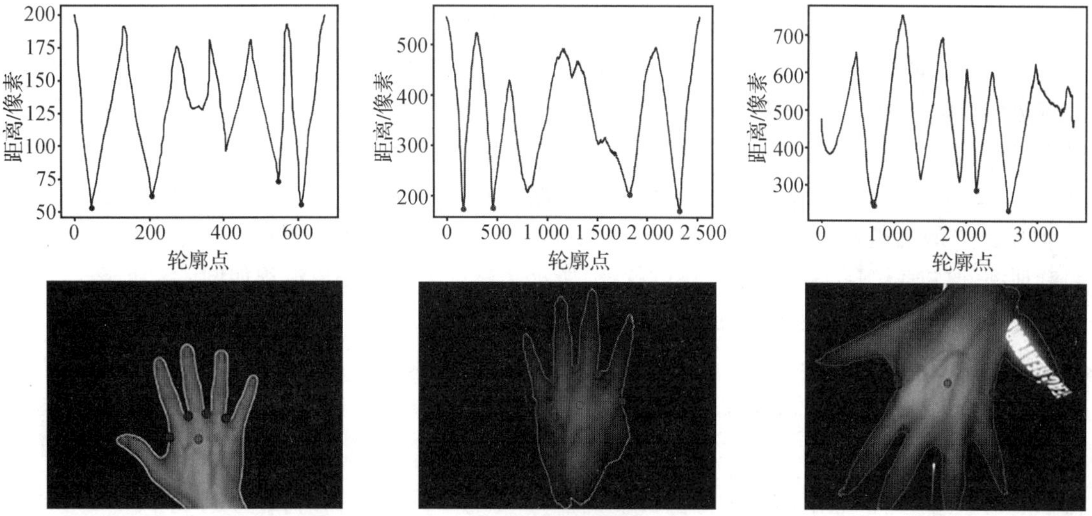

（a）背景单一　　（b）手部不完整　　（c）背景复杂

图 4-6　质心距离方法在不同图像处理中的效果

如今,深度学习已经成为计算机视觉领域最重要的技术之一。在生物识别领域,尤其是人脸识别领域,深度学习已成为最主流的技术。对于基于图像的生物识别技术,神经网络是最常用的深度学习技术。到目前为止,已经提出了许多经典的神经网络,并在许多识别任务中取得了令人印象深刻的结果。随着深度学习网络架构的不断完善和数据量的不断增加,深度学习在不同生物识别任务中的识别准确率也在不断提高。

目前深度学习检测关键点主要分为两种方法:一种是通过神经网络的全连接层直接回归出关键点坐标,另一种是通过神经网络去掉全连接层直接输出热力图,热力图峰值对应的坐标即为关键点坐标。人脸关键点检测大多使用全连接层直接回归关键点坐标的方法,因为人脸可视为刚体,点与点之间的相对位置基本不变。而手十分灵活,姿态较为多样,采集非接触式手背静脉图像时,因为没有手部固定装置,手会出现平移、旋转、俯仰、弯曲和张合不同等情况,关键点的相对位置变化较大,所以手背静脉识别的关键点检测可以选择热力图方法。U-Net网络模型是 Olaf Ronneberger 等(2015)提出的网络。作为全卷积神经网络中的经典模型,分为下采样路径和上采样路径,通过跳跃连接将低级特征与高级特征融合得到更加丰富的特征信息,能够更准确地定位手背静脉图像关键点。下面就以 U-Net 为例,重点介绍基于 U-Net 的手背静脉图像关键点检测。

4.1.2.1 U-Net 网络

U-Net 模型的提出是为了解决语义分割任务,它不同于卷积神经网络,卷积神经网络最后连接的是全连接层实现分类或者回归,U-Net 网络没有全连接层,直接输出特征图实现图像的端到端语义分割。U-Net 模型左右对称呈 U 形,如图 4-7(a)所示,左路径每层先进行 2 次 3×3 卷积再进行最大池化下采样,特征图长、宽各缩小 1/2,共下采样 4 次;右路径每层先进行 2 次 3×3 卷积再进行 2×2 转置卷积上采样,特征图长、宽各放大 2 倍,并与同层的下采样特征图裁剪后进行融合。下采样路径相当于编码器逐层提取低级特征,上采样路径相当于解码器恢复高级特征,通过跳跃连接将低级特征和高级特征融合进一步丰富特征图的细节特征,提高模型的分割精度。

4.1.2.2 基于改进 U-Net 网络的关键点检测和 ROI 提取

为了在保证模型检测精度的基础上,实现模型的轻量化,可以针对接触式手背静脉图像关键点定位目标,先对 U-Net 网络进行改进,可选用热力图预测关键点坐标的方法改进 U-Net 网络,将原 U-Net 网络的下采样路径中加入残差模块以解决因网络加深而导致的模型退化问题,将 U-Net 网络的上采样路径中的转置卷积改为双线性插值上采样减少网络参数,并引入 JS 散度损失函数监督最后的特征图,再引入 soft-argmax 对特征图解码出关键点坐标实现端到端训练,改进 U-Net 网络结构如图 4-7(b)所示。整个关键点提取流程如图 4-8 所示。

使用改进的 U-Net 网络提取到手背静脉图像 0,1,2,3 共 4 个关键点,如图 4-9 所示。可以采用下面的几何算法,提取手背静脉图像的 ROI,具体流程为:①获得 4 个关键点 P_0, P_1, P_2, P_3;②将 P_1P_3 中的直线设置为 X 轴;③设置垂直于 P_1P_3 的方向为 Y 轴的正方向;④设置 P_1P_3 的中点 P_4 为原点(x_0, y_0);⑤建立局部坐标系;⑥将 ROI 的中心 P_5 坐标设置为 $\left(x_0, y_0+\frac{5}{6}\|P_1P_3\|\right)$;⑦将 ROI 的边长设置为 $\|P_1P_3\|$;⑧返回分割 ROI。

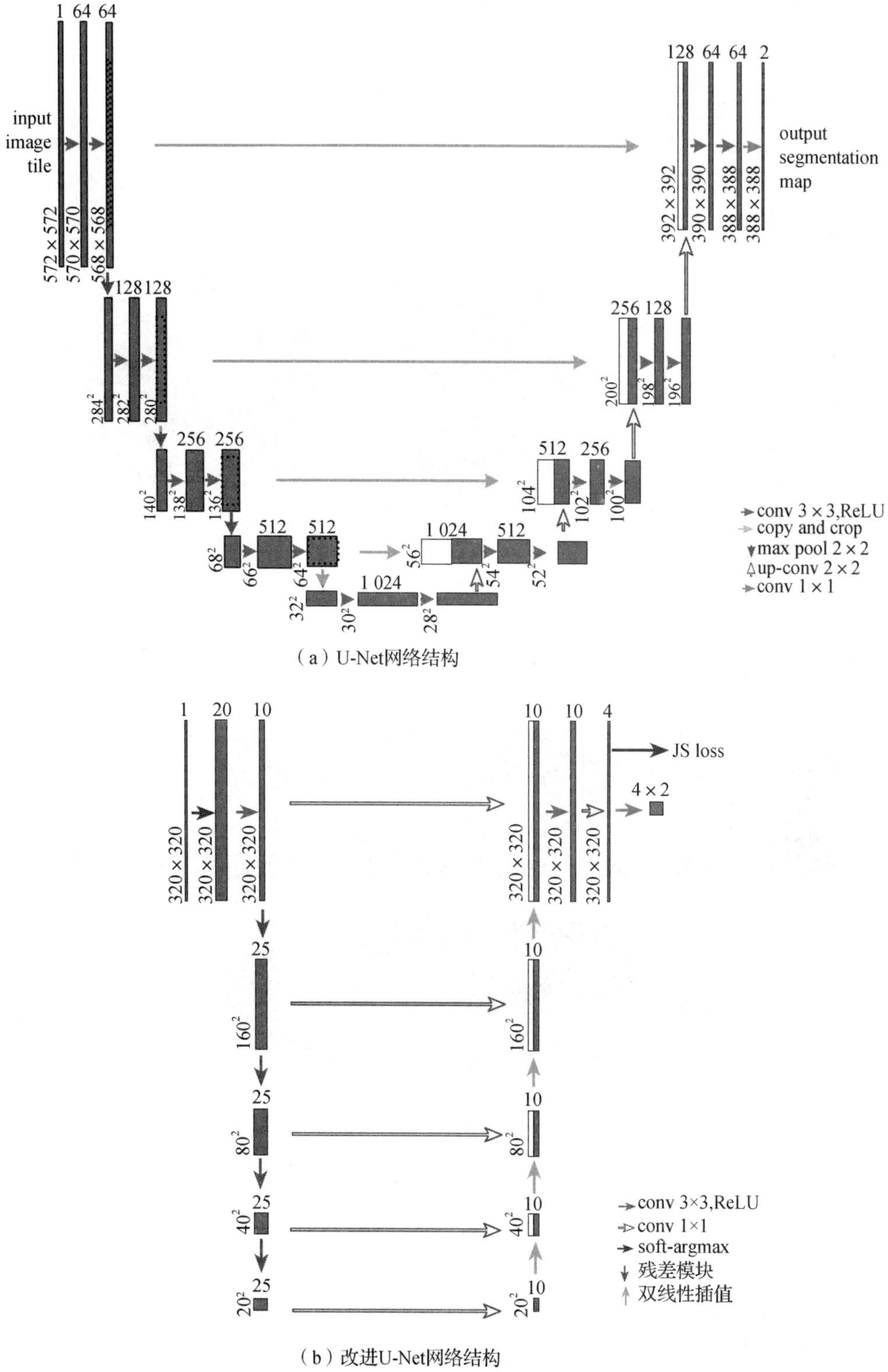

（a）U-Net网络结构

（b）改进U-Net网络结构

图 4-7　原 U-Net 和改进 U-Net 网络结构对比

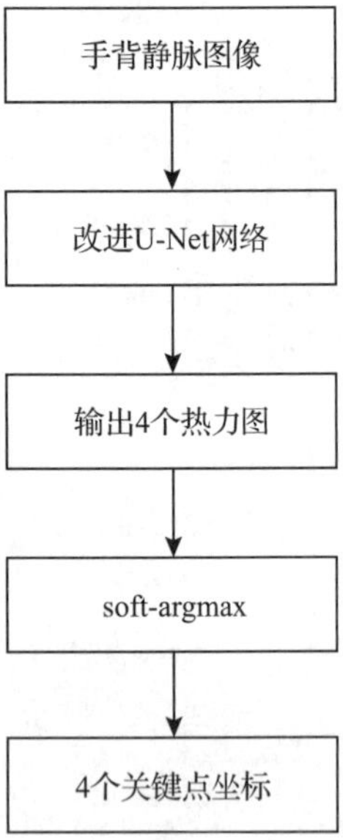

图 4-8 关键点提取流程

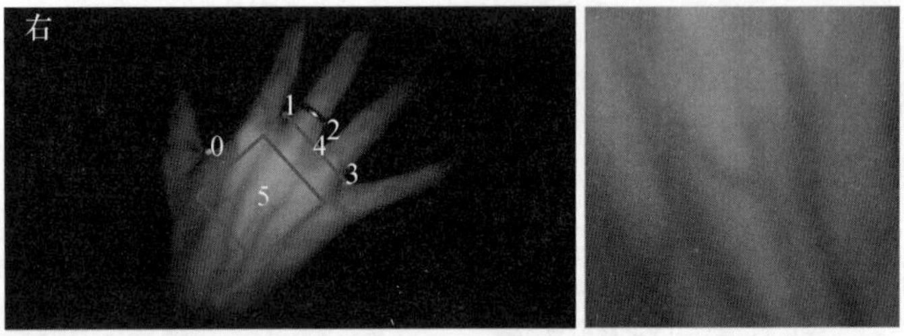

（a）ROI提取流程　（b）提取到的ROI

图 4-9 手背静脉特征点提取

采用上述改进 U-Net 模型对手背静脉图像进行关键点定位和 ROI 提取的结果如图 4-10 所示。从图中可以看出，改进的 U-Net 模型可以在复杂背景和手部不完整的情况下获得更高的关键点定位精度。

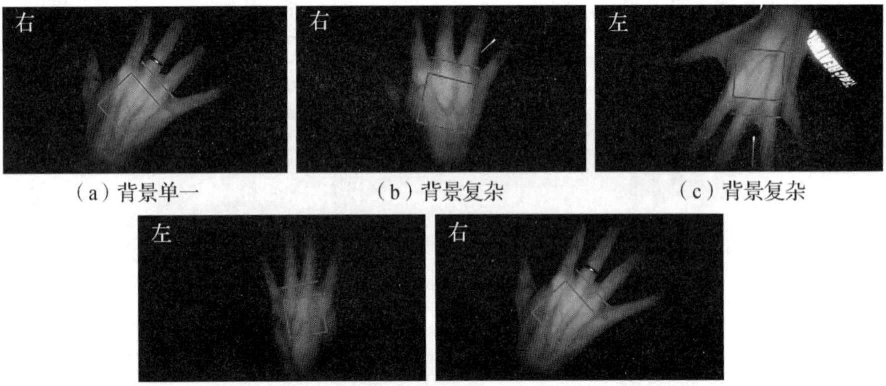

（a）背景单一　（b）背景复杂　（c）背景复杂

（d）手部不完整　（e）手指有遮挡（戒指）

图 4-10 基于改进 U-Net 的关键点检测和手背静脉图像 ROI 提取效果

4.1.3 LBP、SIFT 和手背静脉特征提取

在 DHV 识别研究领域，基于结构的方法是最早的研究方法，因为结构是 DHV 的基本特征，然而它们的识别精度并不理想，主要原因是纹理线或骨架的特征质量容易受到图像质量和光照的影响。但是作为基本方法之一，基于结构的方法可以与其他方法相结合，形成基于多特征的方案。在基于纹理的识别方法中，小波和 Gabor 方法的识别能力有限，识别精度有待进一步提高。密集描述符是非常流行的手工制作方法，它们设计简单、识别精度较高、匹配速度

也比较快，但是这些方法的识别精度很容易受到图像质量和其他图像方差的影响。稀疏描述符具有良好的识别精度，但这些方法计算复杂度高、匹配时间长，因此，它们更适合于验证，但不适合于识别。基于子空间学习的方法已经得到了广泛的研究，但是它们有一个明显的缺点，即对光照、平移和旋转方差很敏感，即使这些方差很小。在实际应用中的识别性能并不理想，但是基于子空间学习的方法可以用于其他方法的降维，如基于密集纹理描述符的方法。基于方向编码的方法对光照变化具有鲁棒性，然而它们对平移和旋转方差的敏感性还没有得到很好的解决。因此，对于基于触摸的 DHV 识别，基于方向编码的方法可以实现很好的识别性能，因为在基于触摸的捕获模式下，平移和旋转方差都很小，但是在非接触捕获模式下，由于平移和旋转方差较大，其识别性能会下降。基于深度学习的人脸识别方法取得了良好的识别精度，因此认为基于深度学习的方法在 DHV 识别中也是很有前途的。然而由于数据库中数据量有限，基于深度学习的方法在 DHV 识别中的作用还没有显现出来。

在手背静脉识别领域，特征提取是决定系统性能的关键步骤之一。本节将重点介绍 3 种具有代表性的特征提取方法：局部二值模式（local binary pattern，LBP）、尺度不变特征变换（scale-invariant feature transform，SIFT）和 MobileFaceNet 网络特征提取方法。

4.1.3.1　局部二值模式（local binary pattern，LBP）

LBP 是由 T. Ojala，M. Pietikäinen 和 D. Harwood 等在 1994 年提出来的一种用于纹理分析的强大方法，提取的是图像的局部纹理特征，对手背静脉图像的特征提取同样表现出色。

LBP 算子定义为在 3×3 的矩阵内，以矩阵中心像素灰度值为阈值，与相邻的 8 个像素的灰度值进行比较，若周围像素灰度值大于中心像素灰度值，则该像素点的位置被标记为 1，否则为 0。这样，3×3 矩阵内的 8 个点经比较可产生 8 位二进制数（通常转换为十进制数即 LBP 码，共 256 种），即得到该矩阵中心像素点的 LBP 值，并用这个值来反映该区域的纹理信息。LBP 中的阈值比较如图 4-11 所示。

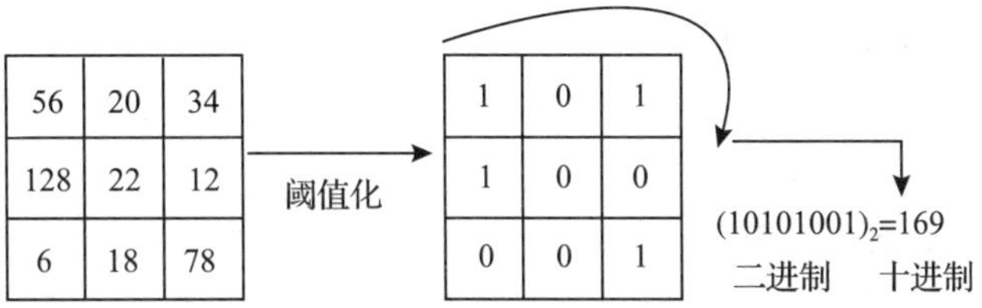

图 4-11　LBP 中的阈值比较

最终的特征提取，可以通过统计 LBP 图中不同模式的出现频率，从而得到具有判别性的纹理特征。

4.1.3.2　尺度不变特征变换（scale-invariant feature transform，SIFT）

SIFT，全称为尺度不变特征变换，是由 David Lowe 于 1999 年提出的，旨在从图像中提取出重要的特征点，并对每个点进行唯一描述，使这些特征点不受图像旋转、尺度缩放、亮度变化等因素的影响。这样的特征点和它们的描述符可以在不同视角和条件下拍摄的两幅或多幅图像之间进行匹配，从而用于图像识别、3D 重建、目标跟踪和更多的计算机视觉任务。SIFT 特征提取和匹配具体步骤可以描述如下。

1. 尺度空间极值检测（scale-space extrema detection）

这一步骤的目的是在所有可能的尺度上找到图像中对尺度变化稳定的关键点。SIFT 通过构造尺度空间并在该空间中识别关键位置来做到尺度不变性。尺度空间通常通过对原始图像应用不同的高斯核(即高斯滤波)进行模糊来实现,形成一个高斯金字塔,如图 4-12 所示。为查找尺度空间极值点,算法对每一尺度的图像计算高斯差分(difference of Gaussians, DoG),这涉及相邻尺度级别的图像相减。极值点是指那些在 DoG 函数中比周围像素点灰度值都高或都低的点。

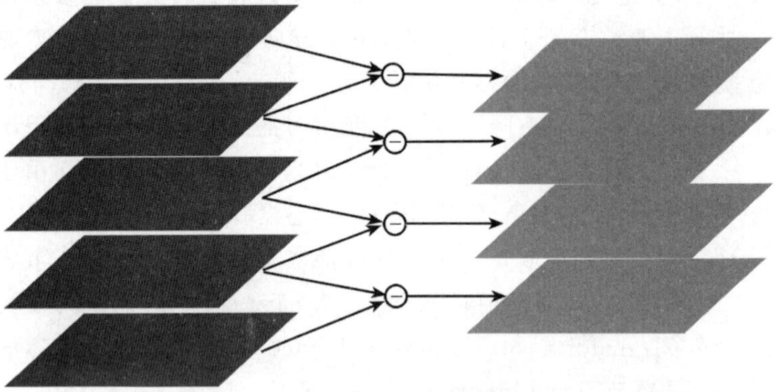

图 4-12 生成高斯差分金字塔(DoG 金字塔)

2. 关键点定位(key point localization)

在第一步中检测到的关键点候选中精确定位关键点的位置。同样,这一步将去除那些不稳定的候选关键点。由于 DoG 是离散空间的计算结果,极值点的位置需要精确定位。这通常通过拟合一个 3D 二次函数来找到局部的极值,从而精确地确定关键点的位置。在这个过程中,还会排除对比度较低的关键点(非稳定点)以及在边缘响应上比较大的点,因为这些点的特征不明显,容易产生定位误差。

为了检测 $D(x,y,\sigma)$的局部极大值和极小值,每个采样点都要与它同尺度的 8 个相邻点及上下相邻尺度对应的 9×2 个点相比。只有当它比所有相邻点都大或者都小的时候,这个点才被选择。

3. 稳定关键点方向信息分配

为了使特征具有旋转不变性,对每个关键点基于它们局部图像的梯度方向分配一个方向。首先,在关键点的邻域内计算图像的梯度幅值和方向。然后,创建一个方向直方图,直方图的峰值对应的方向作为该关键点的主方向。有时,可能有多个峰值,此时会为同一关键点分配多个方向,生成多个关键点,每个都有不同的方向。

稳定的极值点是在不同尺度空间下提取的,这保证了关键点的尺度不变性。为关键点分配方向信息所要解决的问题,是使关键点对图像角度和旋转具有不变性。方向的分配是通过求每个极值点的梯度来实现的。然后利用直方图统计领域内像素对应的梯度和幅值,梯度方向角为横坐标轴刻度,取 45°为一个单位,如图 4-13 所示。

4. 关键点描述

生成每个关键点位置的描述符,这些描述符可用于不同图片之间匹配关键点。关键点描述符是通过考察关键点周围邻域内像素的梯度信息生成的。每个邻域被划分为若干个小的子区域,然后在每个子区域内统计梯度的方向,形成局部梯度的方向直方图,这些直方图联合起

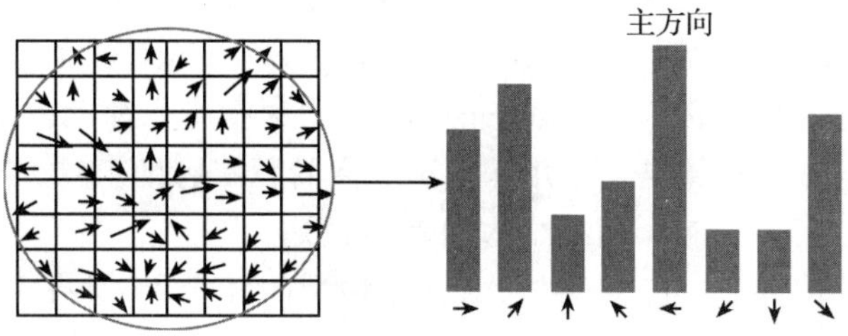

图 4-13　稳定关键点方向信息分配

来就构成了该关键点的描述符。为保证旋转不变性，所有的梯度方向都是相对于关键点的主方向计算得到的。此外，这些直方图会根据邻域中心的高斯权重，进一步去除尺度和旋转的变化。

每一个关键点都具有 3 个信息，即位置、尺度和方向。接下来就是为每个关键点建立一个描述符，使其不随各种变化而改变，如光照变化、视角变化等。并且描述符应该有较高的独特性，以便于提高特征点正确匹配的概率。以特征点为中心取 8×8 的邻域作为采样窗口，将采样点与特征点的相对方向通过高斯加权后归入包含 8 个方向直方图，最后获得 2×2×8 的 32 维特征描述符。

5. 特征点匹配

特征提取是提取包括关键点的位置、尺度、方向及关键点周围的梯度信息。特征点的匹配是通过计算两组特征点的 128 维的特征的欧氏距离实现的。欧氏距离越小，则相似度越高，当欧氏距离小于设定的阈值时，可以判定为匹配成功。

SIFT 算法提取的是图像中某些局部区域(关键点)的特征。平移操作意味着整个图像向某一方向移动，但图像中局部区域的相对位置和局部外观不会因为平移而改变。因此，SIFT 提取的这些局部特征(以关键点为中心的小块图像区域)在图像发生平移时，依然能够被识别和匹配。关键点周围区域的梯度方向不会因为整个图像的平移而改变，所以生成的基于梯度的描述符具有平移不变性。

在为每个关键点分配方向时，SIFT 算法根据关键点周围区域内的梯度方向计算，生成一个方向直方图。图像区域中像素最常见的梯度方向被赋予关键点作为其主方向。这就意味着即使图像被旋转了，关键点周围区域的梯度方向也会相应旋转相同的角度。通过这种方式，算法为同一关键点的特征描述符提供了一致的方向，从而实现旋转不变性。生成关键点描述符时，SIFT 算法在关键点周围的一个邻域内，相对于分配给关键点的主方向，收集局部梯度方向和大小信息。这样，即便图像发生了旋转，描述符中的信息也是相对于主方向编码的，因此，关键点描述符保持不变。

LBP 方法和 SIFT 方法，这两种特征提取方法分别侧重于纹理和局部结构，可根据具体应用场景选择。在手背静脉识别中，LBP 方法适用于突出血管纹理的情境，而 SIFT 方法则在处理具有尺度和旋转变换的静脉图像时表现卓越。合理选择和组合这些特征提取方法有助于获取更全面、鲁棒性更强的手背静脉特征信息。

4.1.3.3　MobileFaceNet 网络及 DHV 特征提取

MobileFaceNet 是 Chen 等(2018)提出的网络，是一种轻量级人脸识别网络，由于其高效的特征提取能力，也在手背静脉识别领域取得了良好的应用效果。MobileFaceNet 是基于深度卷积神经网络(DCNN)的特征提取模型,其设计注重轻量级和高性能。MobieFaceNet 是基于 MobileNetV2 改进的网络,常用于人脸识别。MobileFaceNet 的特点描述如下:

(1)深度卷积神经网络结构　MobileFaceNet 采用深度卷积神经网络结构,包括多个卷积层、深度可分离卷积层和全连接层。采用深度可分离卷积层有助于减少网络参数数量,提高模型的轻量级性能。MobileFaceNet 网络结构如表 4-1 所示。

(2)轻量化设计　MobileFaceNet 的设计注重模型的轻量化,通过深度可分离卷积和网络剪枝等技术,实现在保持高识别准确率的同时减小模型规模。

(3)归一化和激活函数　MobileFaceNet 引入批量归一化(batch normalization,BN)层,有助于加速收敛和提高模型稳定性。激活函数采用修正线性单元(parametric rectified linear unit,PReLU)来引入非线性。

(4)低维度特征向量　MobileFaceNet 最终输出低维度的特征向量,具有较好的表达能力和辨识度。通过特征向量进行静脉模式的表示,有助于在有限的计算资源下实现高效的特征提取。

(5)损失函数设计　MobileFaceNet 通常采用具有人脸识别特点的三元损失函数,包括同一类别样本间的相似度最大化和不同类别样本间的相似度最小化。

表 4-1　MobileFaceNet 网络结构

输入	操作符	扩展因子(t)	输出通道数(c)	重复次数(n)	步长(s)
$112^2\times3$	conv3×3	—	64	1	2
$56^2\times64$	depthwise conv3×3	—	64	1	1
$56^2\times64$	bottleneck	2	64	5	2
$28^2\times64$	bottleneck	4	128	1	2
$14^2\times128$	bottleneck	2	128	6	1
$14^2\times128$	bottleneck	4	128	1	2
$7^2\times128$	bottleneck	2	128	2	1
$7^2\times128$	conv1×1	—	512	1	1
$7^2\times512$	linear GDconv7×7	—	512	1	1
$1^2\times512$	linear conv1×1	—	128	1	1

表 4-2 为 depthwise 块结构图,从 k 个通道变换到 k' 个通道,s 为步距,t 为拓展因子。

表 4-2　depthwise 块结构图

输入	操作符	输出
$h\times w\times k$	Conv1×1+BN+PReLU	$h\times w\times tk$
$h\times w\times tk$	3×3 dwises=s,PReLU	$\frac{h}{s}\times\frac{w}{s}\times tk$
$\frac{h}{s}\times\frac{w}{s}\times tk$	linear 1×1 conv2d	$\frac{h}{s}\times\frac{\omega}{s}\times k'$

DHV 中应用 MobileFaceNet 提取特征流程如图 4-14 所示，将手背静脉 ROI 图像输入 MobileFaceNet 网络提取特征向量，通过计算两张手背静脉 ROI 图像的相似度来判断是否为同一个对象。MobileFaceNet 通过上述方法在手背静脉识别任务中表现出色，其轻量化的设计使得在嵌入式设备上也能够实现高效的静脉特征提取。在实际应用中，可以结合 MobileFaceNet 的特征提取与其他方法进行融合，以进一步提升手背静脉识别系统的性能。

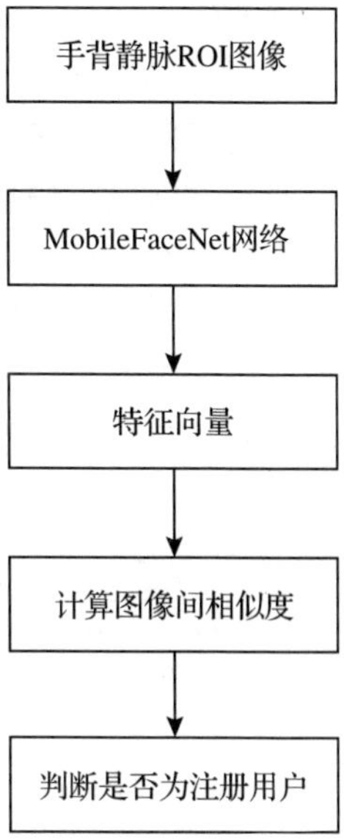

图 4-14　DHV 中应用 MobileFaceNet 提取特征流程

4.1.4　手背静脉特征匹配

手背静脉识别技术作为一种生物特征识别技术，在手势识别领域表现出色。前文已经详细介绍了手背静脉的特征提取过程，而本部分将深入讨论手背静脉特征的匹配方法，包括单一特征匹配和多特征融合匹配的策略。

4.1.4.1　单一特征匹配

在手背静脉特征的匹配过程中，可以选择采用单一特征进行匹配，其中欧氏距离和余弦相似度是两种常用的度量方法。当在手背静脉特征匹配中使用欧氏距离和余弦相似度时，实际上是在考虑两个特征向量之间的相似性度量。下面将详细介绍这两种距离度量方法的概念和计算过程。

1. 欧氏距离(Euclidean distance)

欧氏距离是一种最为直观的距离度量方法，也被称为 L_2 范数。对于两个 n 维向量 $\boldsymbol{a}$ 和 $\boldsymbol{b}$，它们之间的欧氏距离计算公式为：

$$d(\boldsymbol{a},\boldsymbol{b})=\sqrt{\sum_{i=1}^{n}(\boldsymbol{a}_i-\boldsymbol{b}_i)^2} \tag{4-1}$$

式中，$\boldsymbol{a}_i$ 和 $\boldsymbol{b}_i$ 分别表示向量 $\boldsymbol{a}$ 和 $\boldsymbol{b}$ 的第 i 个分量。换言之，欧氏距离是通过计算两个向量对应分量之间的差的平方和，再取平方根来度量它们的相似度。

在手背静脉匹配中，如果将两个静脉特征向量表示为 $\boldsymbol{a}$ 和 $\boldsymbol{b}$，欧氏距离用于量化它们之间的差异，那么较小的欧氏距离意味着两个特征向量更为相似。

2. 余弦相似度(cosine similarity)

余弦相似度是一种用于衡量两个向量之间夹角的相似性的度量方法。对于两个 n 维向量 $\boldsymbol{a}$ 和 $\boldsymbol{b}$，它们之间的余弦相似度计算公式为：

$$\text{cosine similarity}(\boldsymbol{a},\boldsymbol{b})=\frac{\boldsymbol{a}\cdot\boldsymbol{b}}{\|\boldsymbol{a}\|\cdot\|\boldsymbol{b}\|} \tag{4-2}$$

式中，$\boldsymbol{a}\cdot\boldsymbol{b}$ 表示向量 $\boldsymbol{a}$ 和向量 $\boldsymbol{b}$ 的点积，$\|\boldsymbol{a}\|$ 和 $\|\boldsymbol{b}\|$ 分别表示向量 $\boldsymbol{a}$ 和向量 $\boldsymbol{b}$ 的范数。余弦相似度的值范围为[−1,1]，越接近 1 表示两个向量夹角越小，相似度越高。

在手背静脉匹配中，这两种度量方法都可以用于比较两个静脉特征向量的相似性。欧氏距离适用于直观地量化两个向量之间的距离，而余弦相似度适用于考虑向量方向的相似性。研究人员可以根据实际需求选择适当的距离度量方法，甚至将它们结合使用，以提高匹配的准确性和鲁棒性。

在进行手背静脉特征匹配时，数据库的选择对于模型训练具有重要影响。常见的数据库包括国际公开的手背静脉数据库和自建数据库。在选择数据库时，需要考虑其数据规模、数据质量以及与实际应用场景的相似性。

匹配结果通常以匹配分数或相似度进行度量，通过设置合适的匹配阈值来确定是否匹配成功。匹配结果的准确性和鲁棒性直接影响着手背静脉识别技术的实际应用效果。例如，在华南农业大学手背静脉数据集和吉林大学数据集上用 MobileFaceNet 网络提取特征向量，用欧氏距离和余弦相似度作为度量距离，匹配结果如表 4-3 所示。

表 4-3 两种匹配方法在 SCAU-DHV 和吉林大学数据集的匹配结果

数据集		欧氏距离	余弦相似度
SCAU-DHV	EER	2.00%	3.22%
	FRR@FAR=0.01	2.45%	4.88%
	FRR@FAR=0.001	6.63%	21.92%
	FRR@FAR=0.000 1	12.95%	78.14%
吉林大学数据集	EER	3.03%	3.63%
	FRR@FAR=0.01	4.58%	6.47%
	FRR@FAR=0.001	13.27%	26.24%
	FRR@FAR=0.000 1	74.86%	66.70%

4.1.4.2 多特征融合匹配

除了单一特征匹配外，多特征融合是提高手背静脉识别系统性能的有效手段。常见的融合策略包括全局特征与局部特征的融合。

全局特征包括手背整体的静脉分布特征，而局部特征关注手背上的具体细节，如静脉分叉点等。将全局特征和局部特征进行融合可以更全面地描述手背静脉的特性，提高匹配的准确性。

多特征融合的方式多种多样，可以采用加权融合、级联融合等策略，根据实际需求选用适当的融合方式。

为了进一步提高手背静脉特征匹配的准确性和鲁棒性，未来的研究可以探索更先进的特征提取和匹配方法，结合深度学习等技术，进一步提高手背静脉识别系统的性能。此外，多样性和规模更大的数据库的建立也是未来研究的方向之一，以更好地反映手背静脉识别技术在实际应用中的表现。

4.2 手掌静脉识别技术

掌静脉识别是采用近红外光源对人体手掌进行照射，利用血液中血红素对近红外光具有较强的吸收特性，使得近红外光照射后的手掌图像会在皮下静脉处呈现较暗的纹路，利用该静脉特征进行身份识别。掌静脉识别的主要特点是非侵入式的图像采集，并且静脉特征在可见光下无法获取，具有较高的安全性，同时还具有一定的活体检测功能（只有活体手掌才具有静脉特征）。掌静脉血管模式是个体独特且难以冒充的，与其他生物特征识别技术（如指纹、面部识别等）相比，它更具抗伪造性和隐私保护性。

掌静脉识别系统从数据采集方式可以分为接触式掌静脉识别系统和非接触式掌静脉识别系统（图 4-15）。接触式系统能够获得高质量的静脉图像，从而提供更高的识别准确性，缺点是对使用者来说不友好，特别是疫情时期，增加病毒传染的风险。非接触式系统的优点是用户友好以及更卫生，缺点是每次采集得到的静脉图像位置大小角度都不同，而且可能会有复杂背景干扰。掌静脉识别系统的工作流程如图 4-16 所示，包括数据采集、获取近红外图像、提取感兴趣区域（ROI）、特征提取、相似度函数设计、数据库特征比对。

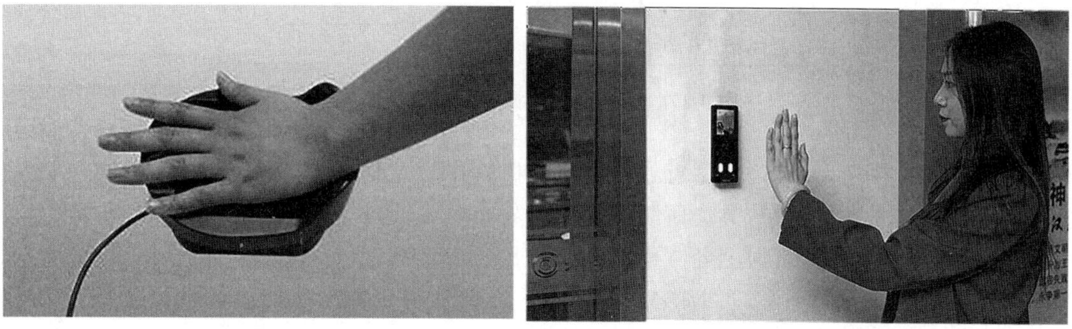

（a）接触式掌静脉识别系统　　（b）非接触式掌静脉识别系统

图 4-15　掌静脉识别应用系统

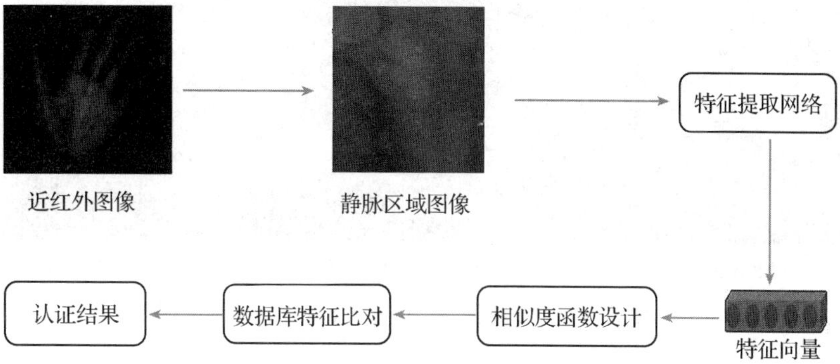

图 4-16　掌静脉识别系统的工作流程

4.2.1　掌静脉采集系统和数据库

采集近红外掌静脉图像的过程如 4-17 所示。

（1）光源发射　近红外光源会发射出一束特定波长的近红外光。

（2）光传输　发射的近红外光穿过手掌皮肤组织，同时被组织和血红蛋白等物质吸收和散射。

（3）光接收　传感器接收到经过组织散射的近红外光，并将其转化为电信号。

(4)图像生成　利用电信号，通过信号处理和算法，可以生成一幅包含手掌区域血管图样的图像。

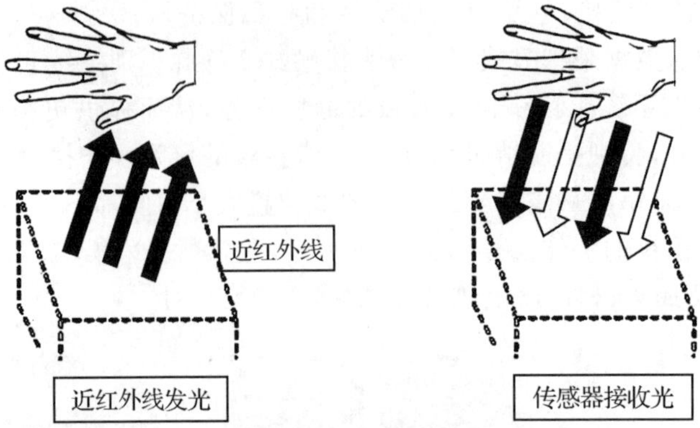

图 4-17　采集近红外掌静脉图像的过程

在光源的选择上，一般是采用近红外发光二极管作为光照来源。而在光源的分布上，市面上较广泛采用的是环形分布，类似医院的无影灯分布模式，这种分布模式的优点是较少产生阴影。光源波长的选择上，市面上经常使用到的波长为：740 nm、850 nm 和 940 nm，不同的波长对不同的手掌成像效果不同。例如，对几只手掌分别采用 3 种光源的成像效果如图 4-18 所示。对这几幅图而言，明显可见 850 nm 波长照射下，静脉模式分布明显，成像效果较好，而 740 nm 和 940 nm 波长照射下，静脉模式分布不明显，成像效果较差。

（a）760 nm 静脉图像　（b）850 nm 静脉图像　（c）940 nm 静脉图像

图 4-18　3 种波长照射下采集的掌静脉图像

在掌静脉识别领域中，常见的开源掌静脉数据库有中国科学院的 CASIA 掌静脉数据库，同济大学的 TJU-PV 掌静脉数据库，以及华南农业大学的 SCAU-PV 掌静脉数据库，如图 4-19 所示。

4.2.2　HRNet 网络关键点定位和 ROI 提取

非接触掌静脉图像采集用户体验好，特别是在疫情时期，避免了多人多次触摸带来的交叉感染，但由于对用户的手掌没有任何限制，采集过程中不可避免会发生手掌平移、旋转、缩放等现象，为了后续进行准确认证，必须对掌静脉图像中的 ROI 进行准确的提取，并且进行必要的大小以及方向的归一化，目前主要的方法有如下 3 种。

(1)基于最大内切圆的方法　该方法的主要思路是先通过定位手掌的边缘区域，根据手

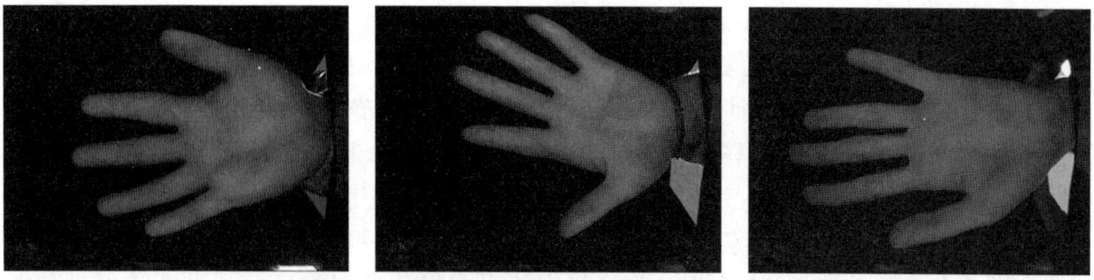

(a) CASIA

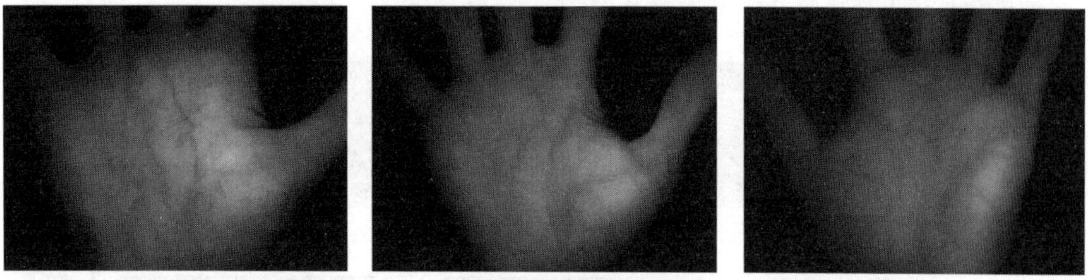

(b) TJU-PV

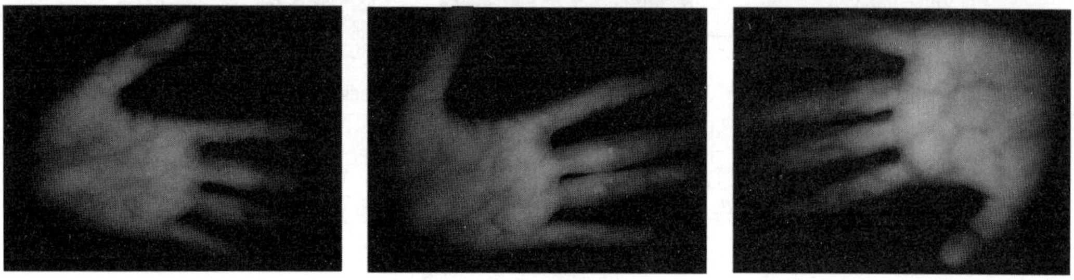

(c) SCAU-PV

图 4-19　几种公开的掌静脉数据库中的图像

掌边缘区域确定手掌区域的最大内切圆，然后在最大内切圆区域截取相关的矩形图像，从中获取 ROI，如图 4-20 所示。该方法的优点是计算量小，且定位不易受图像质量的影响，但不足是定位的容错率高，且难度也是比较高的。

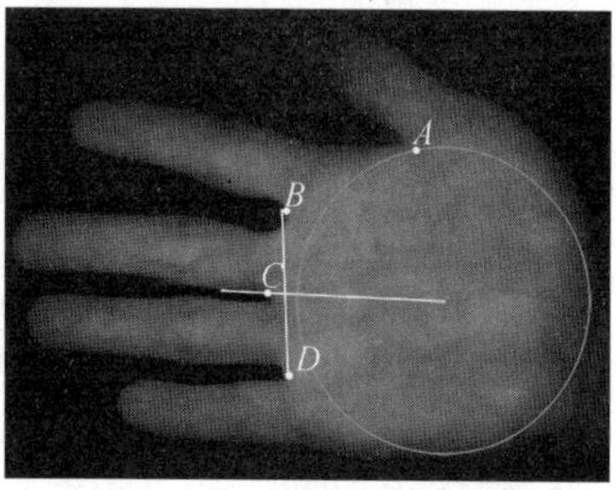

图 4-20　最大内切圆区域

(2)质心法提取的方法　基本思想是计算手掌区域的质心，然后以质心为图像的中心，选出一个矩形区域，最终获得感兴趣区域(ROI)。其中图像的质心可以用式(4-3)计算。将已经二值化的图像的质心设为 COG (x_0, y_0)，则：

$$x_0 = \frac{\sum_{i,j} i \cdot f(i,j)}{\sum_{i,j} f(i,j)};\ y_0 = \frac{\sum_{i,j} j \cdot f(i,j)}{\sum_{i,j} f(i,j)} \tag{4-3}$$

其中 i，j 为像素坐标，$f(i,j)$ 为该坐标下像素的灰度值。这种方法易受手指的影响，容易导致最后选取的区域偏移。

(3)关键点定位的方法　基本思想是在手掌静脉图像中确定几个关键点,通过这几个关键点建立直角坐标系,通过几何运算从中截取特定大小的矩形图像块作为 ROI。其中准确的关键点定位方法是核心。后续将重点介绍基于关键点检测的掌静脉 ROI 提取方法。

Deng 等(2019)提出利用 HRNet 关键点检测网络获取手部关节点进行手势预测,达到了很好的检测效果。基于深度学习网络进行关键点定位从而获得 ROI 的算法流程如图 4-21 所示。先将掌静脉图像输入到训练好的关键点检测模型进行关键点定位,然后根据关键点连接构成的矢量叉积判断左右手,再根据几何运算定位手掌静脉感兴趣区域以及所选区域位置的微调,最后利用仿射变换算法得到掌静脉 ROI。

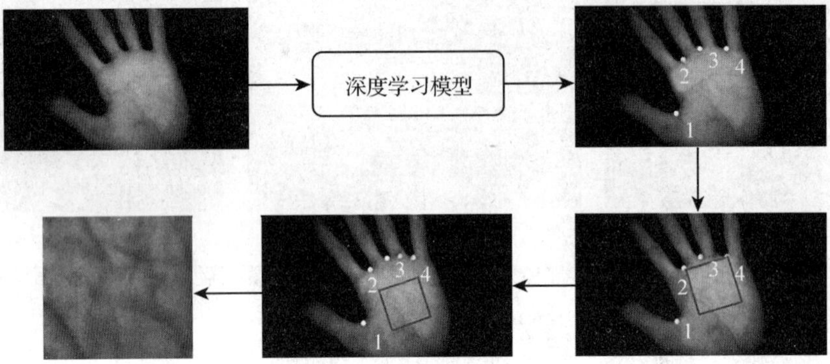

图 4-21　算法流程图

关键点检测任务的前期工作也是必不可少的,先将采集的大量掌静脉图像用标注工具(如 labelme)进行标注。在这里,具体需要对 5 根手指之间的 4 个谷点进行标注,自大拇指开始,用数字 1～4 依次标号。图像标注效果如图 4-22 所示。

为了增加训练样本的多样性,可以对训练数据集进行数据增强操作,如随机翻转、亮度和对比度的调整,如图 4-23 所示。

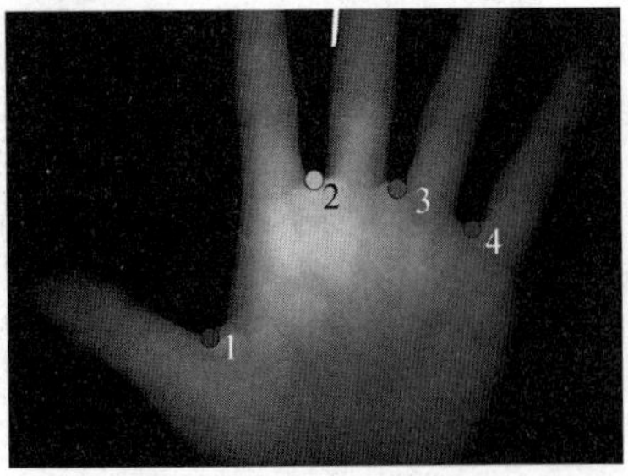

图 4-22　图像标注效果

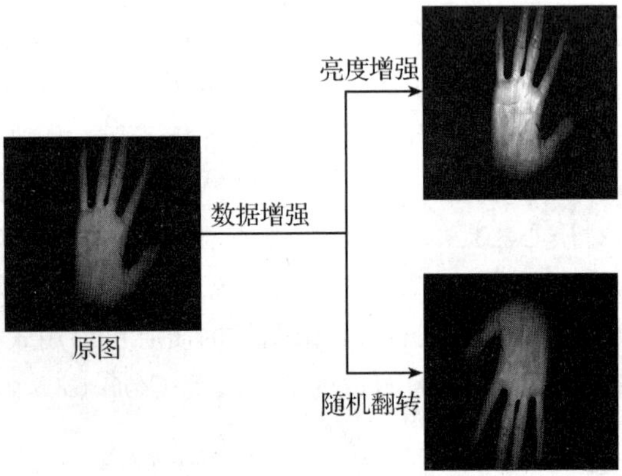

图 4-23　数据增强

1. HRNet 网络及其改进

在姿态估计中,图像特征图(feature map)的分辨率大小至关重要,以往的姿态估计方法都是采用串行的高低高的方式来获得语义信息强的高分辨特征图。与现存广泛应用的网络相比，HRNet 有两个优点：一是并行地连接多个从高分辨率到低分辨率然后恢复高分辨率子网络，而不是串联，在并联的基础上，添加不同分辨率特征图之间的交互。因此，HRNet 的方法可以维持高分辨率而不是通过从低到高的过程来恢复高分辨率信息，进而预测的热力图(heat map)在空间上可能更精确。二是大多现存的融合方案是直接融合低、高分辨率级别的特征图。而 HRNet 进行重复的多尺度融合，借助相同深度、相似等级的低分辨特征来增强高分辨率特征的表达。因此 HRNet 的高分辨率特征也非常丰富，足够实现姿态估计。HRNet 的网络结构分为两个阶段，即低分辨率阶段和高分辨率阶段。低分辨率阶段生成多个分辨率的特征图，其中包括原始分辨率、1/2 分辨率、1/4 分辨率和 1/8 分辨率。高分辨率阶段使用特征融合模块将低分辨率阶段生成的特征图融合起来，生成高分辨率的特征图。HRNet 网络结构如图 4-24 所示。

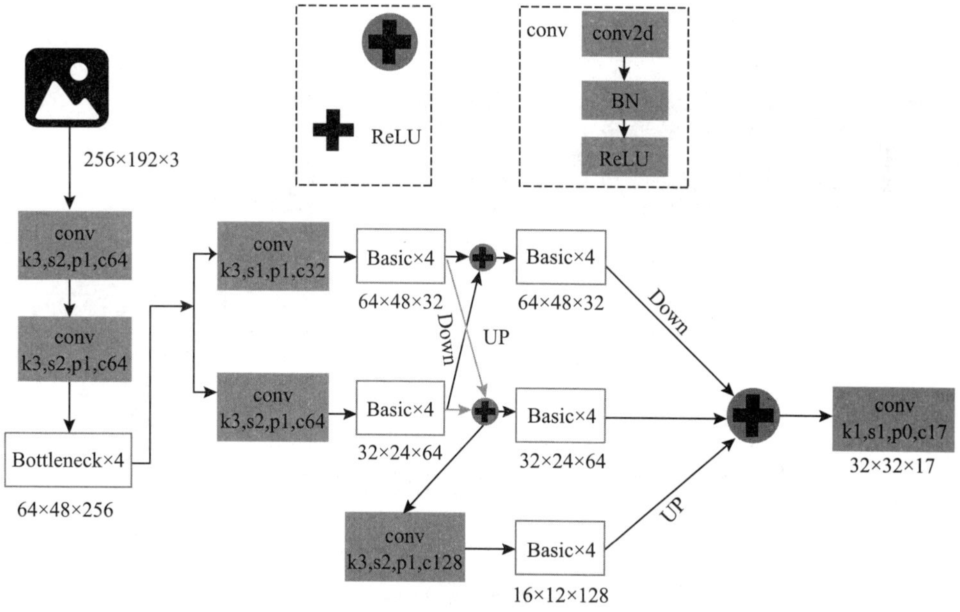

图 4-24　HRNet 网络结构

HRNet 由于重复堆叠，多分辨融合，在关键点检测任务上表现超过了众多的目标检测算法，但是这样的网络结构带来了巨大的计算开销和时间开销，在需要实时的检测任务中并不能很好地适用，特别是在低成本嵌入式系统中。更快速准确的掌静脉 ROI 定位能极大地改善用户体验，可以通过以下方法对 HRNet 进行改进：

(1)减少卷积核数量，以及删减多分辨率堆叠次数。

(2)通过将高分辨率与次高分辨率特征与最后两个阶段低分辨率与次低分辨率特征进行融合，维持较高分辨率特征。

(3)下采样通过控制卷积步长与池化操作(MaxPool、AveragePool)实现，上采样则是通过转置卷积(transposed conv)操作实现。

(4)将原 HRNet 残差模块部分的标准卷积用深度可分离卷积替换(DSC)。

通过上述改进，网络可以从多个分辨率级别的特征中受益，并在处理图像或其他任务时更好地捕捉到不同频率范围内的信息。不仅增加了网络的拟合能力，同时大大缩减了网络参数数量，使得模型更加精简，使其运算速度更快。改进 HRNet 的网络结构如图 4-25 所示。

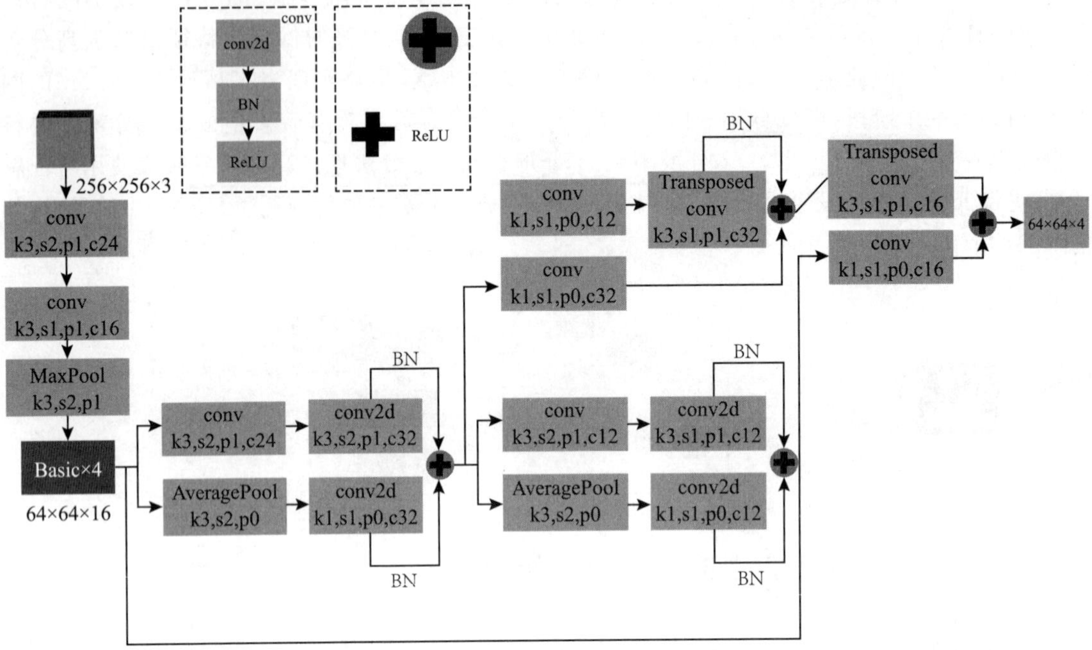

图 4-25 改进 HRNet 的网络结构

在关键点的预测部分，采用热力图，通过设置阈值的方式，最终输出关键点的确切位置。在训练时，损失函数可以采用均方误差损失函数。计算公式如下。

$$MSE=\frac{\sum_{i=1}^{n}(y_i-\hat{y}_i)^2}{n} \tag{4-4}$$

式中，y_i 为真实值，$\hat{y}_i$ 为预测值。

2. 基于改进 HRNet 的关键点检测和掌静脉 ROI 提取

通过上述网络输出，可以得到 4 个关键点的坐标值，利用关键点坐标，设计掌静脉 ROI 提取算法，具体流程如下：

(1)获取 P_1，P_2，P_4 3 个点的坐标。

(2)以线段 P_2P_4 作为 X 轴。

(3)将垂直于 P_2P_4 以及靠近 P_1 的方向设为 Y 轴的正方向。

(4)将 P_2P_4 的中点 $Q(x_0,y_0)$ 作为坐标原点。

(5)将 $|P_2P_4|$ 距离作为单位长度。

(6)获得 A 点 $(x_0-1/2|P_2P_4|,y_0+1/4|P_2P_4|)$，获得 B 点 $(x_0+1/2|P_2P_4|,y_0+1/4|P_2P_4|)$，获得 C 点 $(x_0+1/2|P_2P_4|,y_0+5/4|P_2P_4|)$，获得 D 点 $(x_0-1/2|P_2P_4|,y_0+5/4|P_2P_4|)$。

(7)依次连接 $ABCD$ 得到 ROI。

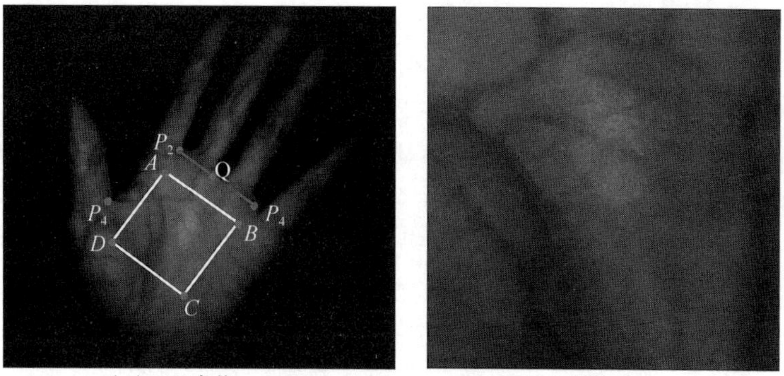

（a）ROI定位　　（b）提取ROI

图 4-26　掌静脉区域提取流程

最后，对提取的 ROI 进行缩放和旋转归一化，利用仿射变换得到最终要匹配的手掌静脉 ROI。

4.2.3　Gabor 变换和掌静脉特征提取

掌静脉特征提取的方法总体上分为 4 类，分别是形态学方法、模板匹配方法、变换域方法和机器学习方法。

1. 形态学方法

形态学方法主要通过检测静脉形态中的关键特征点来进行特征提取。这类方法主要关注静脉中枝节点、交叉点等特征点的位置及其相对关系，但是，形态学方法对图像质量的要求较高，且较容易受到照明条件的影响。形态学操作是处理图像中几何和拓扑结构的主要工具，主要包含膨胀（dilation）、腐蚀（erosion）、开操作（opening）和闭操作（closing）。它们通过保留或移除某些形状尺度的细节来高亮或弱化某些特性。形态学在处理二值图像中的静脉图像的树状结构特征上有明显优势。

2. 模板匹配方法

模板匹配方法是一种基于样本的识别方式，通过对样本模板和输入图像进行匹配，实现对静脉特征的识别和提取。这种方法的优点在于算法简单、实现容易，但是对样本质量的依赖度较高，实际识别效果可能会受到样本质量的影响。这种方法的原理是比较待识别图像和数据库中已有模板的相似度。在静脉识别中，简单的区域匹配、基于差值的匹配或者基于相关系数的匹配是常用的方式。

3. 变换域方法

变换域方法主要包括傅里叶变换、拉普拉斯变换、小波变换等，这类方法主要在图像的频域内或变换域进行特征提取，特点是提取效果较稳定。主要是通过傅里叶变换、拉普拉斯变换、小波变换（包括 Gabor 变换）等分析工具，将图像从空间域转化到频域以提取静脉特征。例如，小波变换具有多分辨率分析的特性，可以在多个尺度上对图像进行分析。本章后续就将重点以 Gabor 变换这一常用的方法，介绍掌静脉的特征提取。

4. 机器学习方法

这类方法主要使用机器学习算法进行特征提取和识别，如神经网络、支持向量机（SVM）、深度学习等。这种方式能够通过学习和训练来提高模型的识别性能，但是需要大量的样本进行训练，且训练过程较为消耗时间。

4.2.3.1 Gabor 变换概述

Gabor 变换实际上是短时(加窗)傅里叶(Fourier)变换。Fourier 变换，就是信号的转化与分解，将不同的信号分解为复正弦信号之和，对确定性信号及平稳信号适用。但 Fourier 变换对非平稳信号的处理略显不足，主要不足为对发生频率的时间无法准确分析，同时也无法对频谱进行有效的时间分析。1946 年 Daugman 提出 Gabor 变换，克服了传统傅里叶变换中在时间维度上的缺陷，从而提高了信号的转化的质量。

在生物特征识别中，处理的数据都是二维图像，在图像处理的工作中，二维 Gabor 变换是一种常用的频域滤波方法，用于分析图像的纹理和边缘特征。在空间域中，一个二维 Gabor 滤波器是一个由正弦平面波调制的高斯核函数，是由高斯函数和余弦(或正弦)函数的乘积组成的。科学家们研究发现 Gabor 滤波器的频率和方向表达同人类视觉系统十分类似，所以 Gabor 变换经常用于纹理方面的识别工作，在虹膜识别、指纹增强、指纹匹配、人脸识别、非接触类的掌纹识别技术等中均有应用，并取得了较好的效果。

4.2.3.2 基于 Gabor 的掌静脉特征提取

Gabor 滤波方法的主要思想是不同纹理具有特定的频率特征，而在滤波过程中，滤波器只会允许与其频率相对应的纹理顺利通过，而其他不同频率的纹理则会被滤除，最后得到相关的分析与提取结果。通过 Gabor 滤波器提取纹理特征主要包括两个流程：①第一是设计滤波器(对我们需要滤波的对象设计相关的函数，方向和间隔做一个预先设计)；②第二是从滤波器的输出结果中提取有效纹理特征集。

根据经验，可以选取 5 个尺度($v=\{0,1,2,3,4\}$) 和 8 个方向($u=\{0,1,2,3,4,5,6,7\}$)共 40 个滤波器进行手掌静脉的纹理特征提取，图 4-27 为 40 个不同尺度和方向的 Gabor 滤波器。

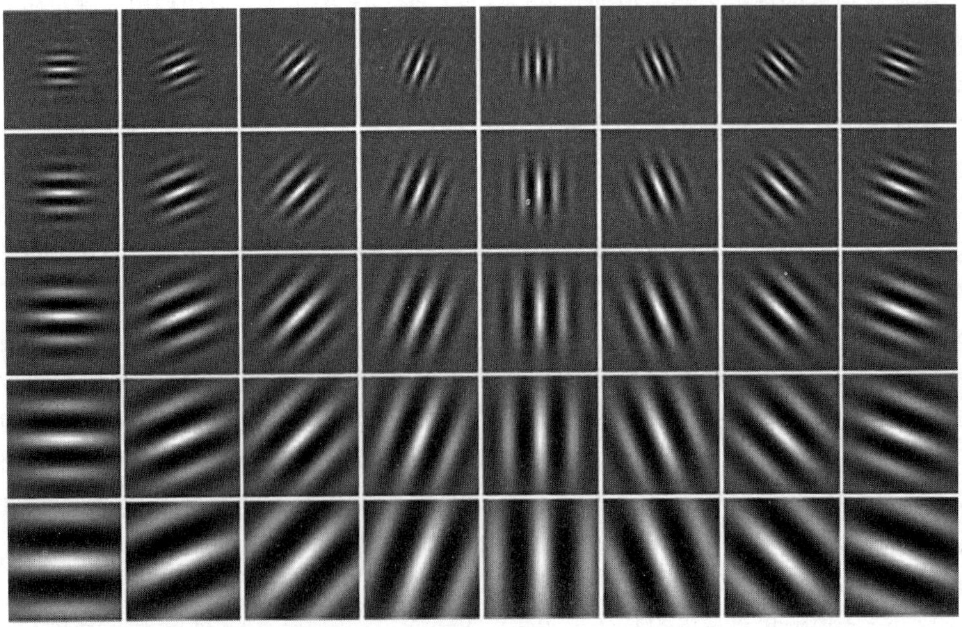

图 4-27　40 个不同尺度和方向的 Gabor 滤波器

如果所采用的 Gabor 滤波器为单尺度多方向(8 个方向)的 Gabor 滤波器，将输入图像 $I(z)$与各个 Gabor 滤波器进行卷积，即可得到 Gabor 滤波器的变换结果，如图像 $I(z)$与 u 方向的卷积结果可以表示为：

$$O_u = I(z) \cdot \phi_u(z) \tag{4-5}$$

由于 O_u 是复数形式，一般都会采用其幅值信息 G_u 作为特征的描述：

$$G_u = \sqrt{\mathrm{Re}(O_u)^2 + \mathrm{Im}(O_u)^2} \tag{4-6}$$

每一幅图像都有一组不同方向和尺度上的 Gabor 特征，为了便于分析，将每个像素的特征串联成一个向量如式(4-7)所示：

$$\boldsymbol{X} = [\mathrm{G}_{0,0}, \mathrm{G}_{0,1}, \cdots, \mathrm{G}_{0,7}] \tag{4-7}$$

采集的手掌静脉的图像大小为 512 × 512，故每一幅图像经 Gabor 滤波之后的维数为 512×512×8=2 097 152，图像如图 4-28 所示：

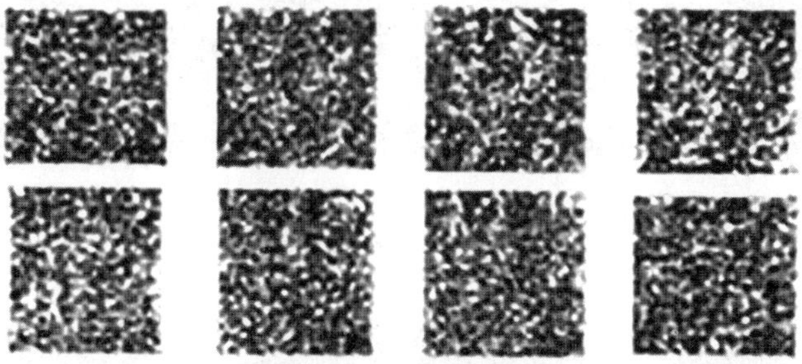

（a）单幅图像的Gabor幅值图像

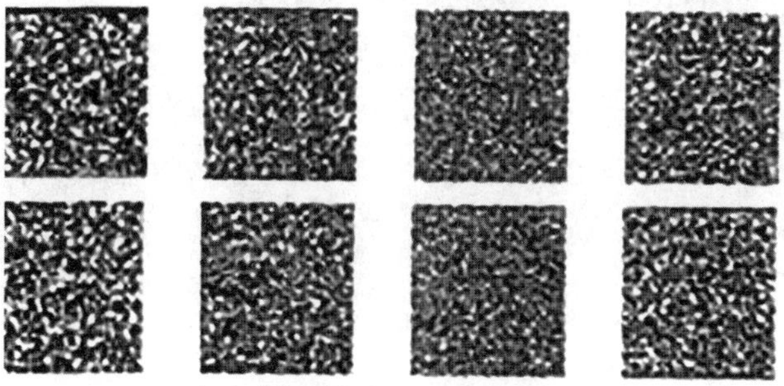

（b）单幅图像的Gabor相位图像

图 4-28　单幅图像的 Gabor 幅值和相位图像

如果直接将原始的 Gabor 滤波结果作为特征向量，特征空间的维数特别大，特征匹配的过程也会耗费很长的时间，因此需要对原始 Gabor 特征进行降维。

4.2.3.3　掌静脉分块 Gabor 特征向量

将静脉图分成 $M \times N$ 个块，每个块的大小为 $n \times n$，例如选取 $M=N=4, n=128$。设第 k 个块为 $a(k)$，它的能量为 $e(k)$，则第 k 个块的能量定义为式(4-8)：

$$E(k) = \sum_{i=0}^{127} \sum_{j=0}^{127} G_K(i,j) \text{ 或 } e(k) = \sum_{i=0}^{n} \sum_{j=0}^{n} G_K(i,j) \tag{4-8}$$

其中，G_K 表示第 k 个 Gabor 滤波之后的块。

为简单起见，选取 1 个尺度、6 个方向的 Gabor 滤波器对静脉图进行滤波。将每个分块的能量值组成一个 16 维的行向量[$\boldsymbol{e}(1)$，$\boldsymbol{e}(2)$，…，$\boldsymbol{e}(16)$]。因此 6 个方向的滤波器可以组成一个 96 维的特征向量。我们来看看两幅手掌静脉图示例，分别如图 4-29 和图 4-30 所示。

图 4-29(a)和(b)是同一个手掌(手掌 1)两次不同采样得到的静脉图，图 4-29(a)的第一个方向的特征向量如下：

43.11　43.12　36.57　42.49　39.06　43.16　31.21　43.27　43.96　47.67　48.24　38.54　45.15　30.98　45.82　48.15

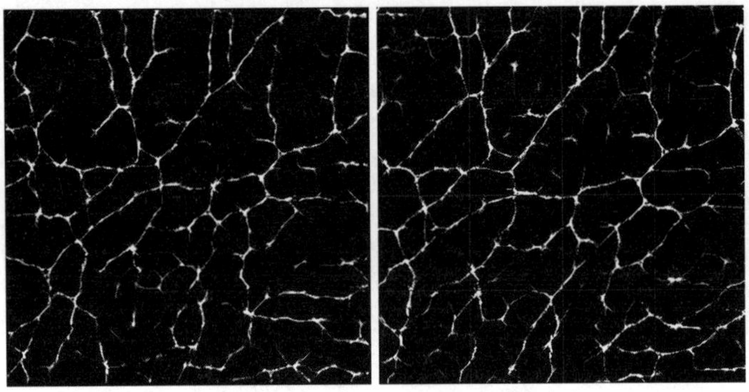

(a)　(b)

图 4-29　手掌 1 的静脉图示例

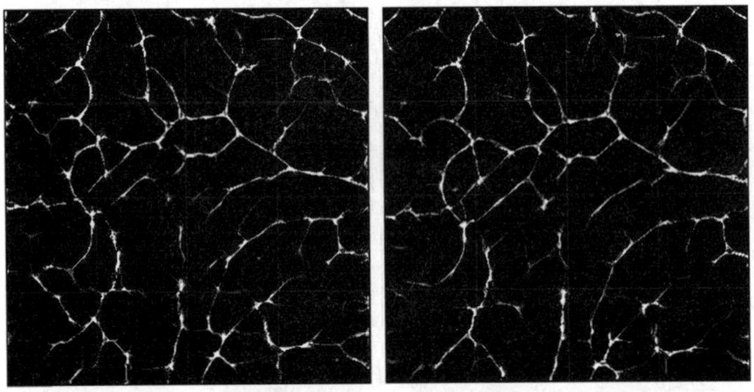

(a)　(b)

图 4-30　手掌 2 的静脉图示例

图 4-29(b)的第一个方向的特征向量：

43.83　38.81　37.24　42.04　36.99　41.90　33.16　39.51　49.59　47.49　49.26　38.84　41.71　37.30　43.76　45.86

另一个手掌(手掌 2)的两次不同采集的静脉图，如图 4-30(a)和(b)所示。

图 4-30(a)和(b)的第一个方向的特征向量分别是：

44.37　41.46　45.87　46.29　43.19　48.89　46.57　44.92　48.09　41.33　37.96　42.82　42.62　46.76　51.51　45.30

40.44　38.50　45.79　45.44　43.13　46.08　42.08　46.88　46.17　41.29　32.58

42.13　39.97　43.89　50.59　43.05

4.2.4　掌静脉特征匹配

目前最常用的几种特征匹配策略是欧氏距离匹配、余弦距离匹配以及点模式匹配，下面就以欧氏距离匹配为重点进行详细介绍。

我们先定义两个特征向量 **A** 和 **B**，每个向量都由多个特征值组成，如果将每个特征值视为一个维度，那么这个特征向量就存在于一个多维空间中。欧氏距离就是这个多维空间中 **A** 点到 **B** 点的直线距离。

准确来说，如果向量 $\boldsymbol{A}=[a_1,a_2,\cdots,a_n]$，向量 $\boldsymbol{B}=[b_1,b_2,\cdots,b_n]$，那么 **A** 和 **B** 之间的欧氏距离可以通过下面的公式计算：

$$D=\sqrt{(a_1-b_1)^2+(a_2-b_2)^2+\cdots+(a_n-b_n)^2} \tag{4-9}$$

从这个公式可以看出，欧氏距离是通过平方和的平方根来度量特征向量 **A** 和 **B** 之间的差异的。当 **A** 和 **B** 完全一致时，欧氏距离为 0，当 **A** 和 **B** 的差异越大，欧氏距离越大。在特征匹配过程中，常常使用欧氏距离来度量待匹配特征与已有样本特征之间的差异，进而找出差异最小的样本，达到匹配的目的。

在前文中，通过 Gabor 变换，得到了 4 个特征向量，计算两幅掌静脉图像的特征向量的欧氏距离，可以区分它们是否属于同一类别，即同一个手掌。第一组图 4-29(a)和(b)两张图和第二组图 4-30(a)和(b)的第一个方向的特征向量欧氏距离分别是：

$$D_{29a29b}=11.73$$
$$D_{30a30b}=10.54$$

而两组图片之间的欧氏距离分别是：

$$D_{29a30a}=29.51$$
$$D_{29a30b}=28.71$$
$$D_{29b30a}=27.03$$
$$D_{29b30b}=27.03$$

首先分别计算每组 ***a***，***b*** 的两个特征向量的欧氏距离，即类内距离。然后计算两组之间的欧氏距离，如第一组 ***a*** 特征向量与第二组 ***a*** 特征向量的欧氏距离，即类间距离。类内距离计算结果为 11.73 和 10.54，类间距离计算结果为 29.51、28.71、27.03 和 26.93。从这两个手掌静脉图的类内和类间距离值可以看出，Gabor 特征向量能够比较好地区分类内和类间样本。

4.3　指静脉识别技术

指静脉识别是一种生物特征识别技术，通过对手指静脉的图像进行采集和分析，用于个体身份验证和识别。这种技术基于每个人手指的独特静脉结构，因为每个人的指静脉图谱是独特的，就像指纹一样。

指静脉识别的一般流程是图像采集、感兴趣区域(ROI)提取、特征提取与特征匹配，具体描述如下：

(1)图像采集　通过专用近红外图像设备,对用户的手指静脉进行图像采集。

(2)感兴趣区域(ROI)定位　采集的图像中可能包含其他无关的信息,如手掌或者背景,因此需要定位手指静脉所在的感兴趣区域。这一步确保后续处理只针对手指静脉进行。

(3)特征提取　基于 ROI 图像,系统会提取手指静脉的特征,这些特征可以是静脉的分支、交叉点、密度等信息,也可以是卷积神经网络自动提取到的一个特征向量。

(4)特征匹配与识别　通过将提取的特征与事先存储在数据库中的已知指静脉图像的特征进行比对,从而验证或识别个体身份。

4.3.1　指静脉采集系统

指静脉图像的采集可以通过不同的方式进行,包括反射式和透射式,分别如图 4-31 和图 4-32 所示。这些方式使用不同的光源和传感器配置来捕获指静脉图像,以实现生物特征识别和身份验证。

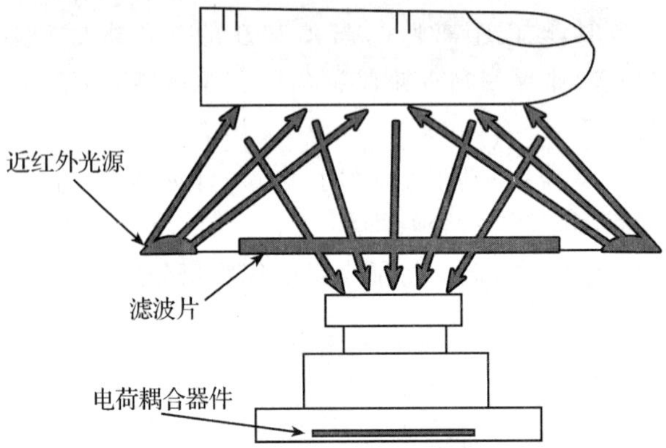

图 4-31　指静脉图像反射采集示意图

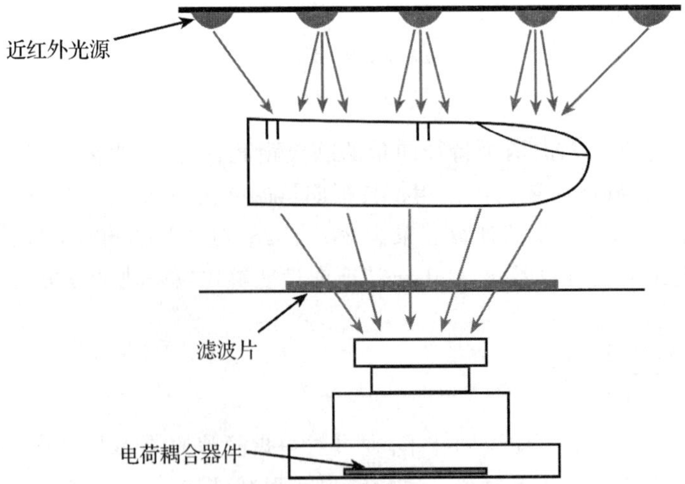

图 4-32　指静脉图像透射采集示意图

(1)反射式指静脉图像采集　在反射式采集方式中,光源和传感器位于手指的同一侧。

光源发射近红外光，并在手指皮肤上发生漫反射。传感器位于光源的附近，捕获反射回来的光。由于静脉中的血液对近红外光的吸收，指静脉区域在图像中呈现出较暗的模式。反射式采集方法适用于许多实际应用场景，因为它相对简单，且采集到的图像效果良好，如图 4-33 所示。

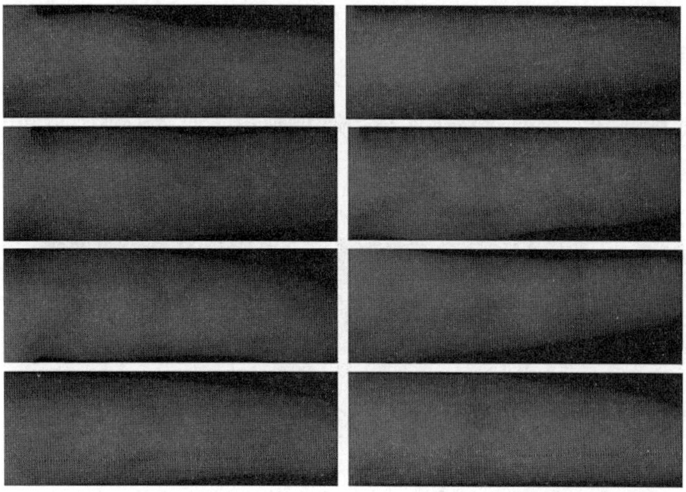

图 4-33　基于反射式设备采集的指静脉图像

（引自 SCAU-FV 数据库）

（2）透射式指静脉图像采集　在透射式采集方式中，光源和传感器分别位于手指的两侧。光源发射近红外光，透过手指皮肤并被指静脉吸收。传感器位于另一侧，能够捕获通过手指传输的透射光。透射式方法的一个优势是它可以提供更多的信息来确定血管的深度和结构，其采集到的指静脉图像如图 4-34 所示。

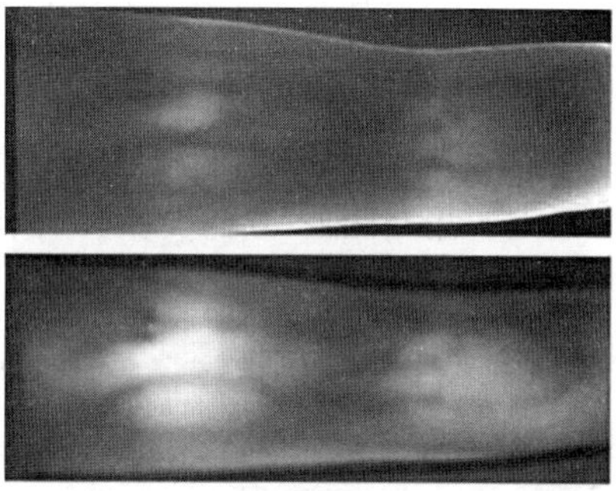

图 4-34　基于透射式设备采集的指静脉图像

（Kolivand 等，2021）

这些不同的指静脉图像采集方式在具体实施和结果方面会有一些差异。选择合适的采集方式取决于应用场景、设备设计和所需的识别精度。无论采用哪种方式，指静脉识别技术都借助近红外光的特性，实现了一种高度安全且难以伪造的生物识别方法，尤其当结合其他生物特征识别技术时，它可以提供更高层次的安全性和准确性。

4.3.2　Canny 算子和 ROI 提取

指静脉感兴趣区域提取是一个关键的预处理步骤，它帮助从原始指静脉图像中准确地提取出包含手指血管模式的区域。ROI 定位流程如图 4-35 所示，涵盖获取图像、双边滤波预处理、边缘检测和 ROI 提取等步骤。

（1）获取图像　首先通过指静脉采集设备获取原始的指静脉图像。如果是非接触式采集方式，这个图像通常包含手掌的部分，或者还有部分背景。

（2）双边滤波预处理　对获取的图像进行预处理，以减少噪声和增强特征。双边滤波是一种能够保留边缘信息的滤波方法。它可以减少噪声,同时保持图像中的细节。通过双边滤波,可以在尽量保留指静脉边缘信息的同时减少噪声的影响。

(3)边缘检测　在经过双边滤波的图像上进行边缘检测,以便找到图像中的血管边界。常见的边缘检测算法包括 Canny 边缘检测、Sobel 算子等,这有助于将血管区域从其他背景分离出来。

(4)ROI 提取　基于边缘检测的结果,可以使用形态学运算或其他技术来连接和填充血管的边界,以获取连续的血管区域。最后从这些区域中选择感兴趣的区域作为 ROI。

这些步骤的准确性和效率对于后续的指静脉识别步骤非常关键。不同的系统和应用可能会采用略微不同的方法和参数来执行这些步骤。下面详细介绍双边滤波和边缘检测技术。

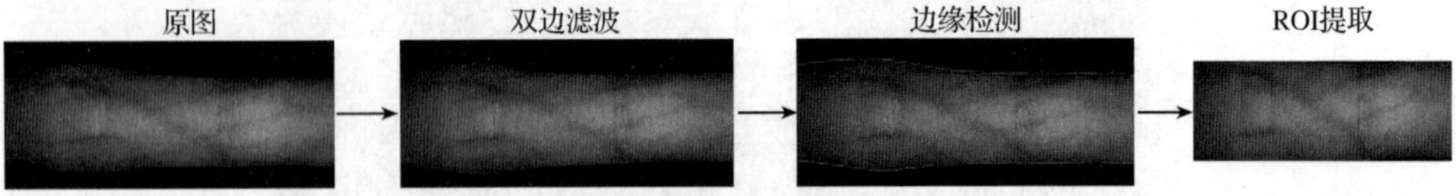

图 4-35　指静脉感兴趣区域提取

4.3.2.1　双边滤波

模糊可能是平滑图像的最简单方法之一。每个输出图像像素值都是输入图像中其邻域像素的加权和。核心组件是通过核进行的卷积,这是线性平移不变图像滤波中的基本操作。在每个输出像素位置,它估计了局部强度的平均值,并对应低通滤波。

双边滤波器也被定义为附近像素的加权平均,是一种非常类似于高斯卷积的方式。不同的是,双边滤波器考虑到与邻域值的差异,在平滑的同时保留边缘。双边滤波器的关键思想是:一个像素要影响另一个像素,它不仅要占据附近的位置,而且要具有相似的值。

通过使用双边滤波器(方程)来去除噪声。双边滤波器具有良好的边缘保留效果。双边滤波器用 $BF[\cdot]$ 表示,定义为:

$$BF[I]_p = \frac{1}{W_p}\sum_{q\in S} G_{\sigma_s}(\| p-q \|) G_{\sigma_r}(I_p - I_q) I_q \tag{4-10}$$

其中归一化因子 W_p 确保像素权重之和为 1.0:

$$W_p = \sum_{q\in S} G_{\sigma_s}(\| p-q \|) G_{\sigma_r}(I_p - I_q) \tag{4-11}$$

参数 σ_s 和 σ_r 表示滤波器强度,p 和 q 分别表示像素的位置,I_p 和 I_q 分别表示 p、q 处的像素值。式(4-10)是归一化加权平均值,其中 G_{σ_s} 是一个空间高斯权重,减小了远处像素的影响。G_{σ_r} 是一个范围高斯权重,当像素 q 的值 I_q 与 I_p 不同时,减小了它们的影响。通过使用双边滤波实现手指边缘的锐化。

4.3.2.2　Canny 算子和边缘检测

Canny 算法是一种常用的边缘检测算法。首先,其采用非最大值抑制能够提取出更为细致和清晰的边缘,有助于消除冗余信息。其次,Canny 算法引入双阈值处理,通过明确的高阈值和低阈值来区分强边缘和弱边缘,从而提高了准确性,尤其在区分真实边缘与噪声或弱边缘时表现出色。最重要的是,Canny 算法产生的边缘效果更加平滑,减少了不必要的细节,使得结果更易于解释和应用。相比之下，Sobel 算法生成的边缘相对较粗糙，而 Prewitt 算法对噪声较为敏感。

Canny 算子的边缘检测包括以下步骤：

(1)高斯滤波(Gaussian smoothing) 首先，输入图像会经过高斯滤波，以平滑图像并减少噪声。高斯滤波的目的是降低图像中高频噪声的影响。高斯滤波的公式为：

$$G(x,y)=\frac{1}{2\pi\sigma^2}e^{-(x^2+y^2)/(2\sigma^2)} \tag{4-12}$$

其中，$G(x,y)$是高斯核在坐标(x,y)处的取值，σ 是高斯分布的标准差。

(2)计算梯度幅值和方向 使用一阶偏导数计算图像的梯度，分别得到水平方向梯度 G_x 和垂直方向梯度 G_y。梯度的幅值(梯度大小)和方向由以下公式算出：

$$s=\sqrt{G_x^2+G_y^z} \tag{4-13}$$

$$\theta=\arctan(G_y,G_x) \tag{4-14}$$

(3)非极大值抑制 对梯度幅值图进行扫描，保留局部梯度最大的像素，将其他像素设置为零。这一步的目的是细化边缘，使其更接近实际边缘位置。

(4)双阈值边缘连接 利用两个阈值，分别为高阈值和低阈值。如果梯度幅值超过高阈值，被认为是强边缘；如果在高阈值和低阈值之间，被认为是弱边缘。低于低阈值的像素被抑制。这一步的目的是将边缘分为强边缘和弱边缘。

(5)边缘跟踪与边缘细化 通过连接强边缘像素和与之相邻的弱边缘像素，形成完整的边缘。这一步使用边缘跟踪算法，通常是基于连接组件的方法，以细化和完善边缘。

在基于 Canny 算法的手指边界检测中，先将 Canny 输出矩阵转换为轮廓列表。在这个列表中，选择第一大和第二大的轮廓线，因为它们主要代表手指的边界。接下来，执行端点搜索，具体流程如图 4-36 所示。为了消除假端点，需要对潜在端点像素的邻域进行扫描。邻域扫描通过在潜在端点周围选择一个 3×3 块来实现。然后，检查它的邻域点，分别是 $(x+1,y-1)$、$(x+1,y)$ 和 $(x+1,y+1)$。借助 Canny 矩阵，检查在 $(i+c,j+c)$ 处是否为 255，其中 $c\in\{-1,0,1\}$。如果该值为 255，则继续移动到该特定点，并将潜在端点的邻域数量增加 1。如果潜在端点至少有 50 个这样的邻域，那么可以肯定地认为它为边界端点。这一步骤确保端点不是位于远离手指边界的嘈杂的白色像素。

以提取到的上边界端点最上方的点作为 ROI 的上边界，下边界端点最下面的端点作为 ROI 的下边界，图片的左边界作为 ROI 的左边界，图片的右边界作为 ROI 的右边界，可以截取到手指的外接的边界矩形作为手指静脉的 ROI 图片，如图 4-37(a)所示。

以提取到的上边界端点最下方的点作为 ROI 的上边界，下边界端点最上面的端点作为 ROI 的下边界，图片的左边界作为 ROI 的左边界，图片的右边界作为 ROI 的右边界，也可以截取到手指的内接的边界矩形作为手指静脉的 ROI 图片，如图 4-37(b)所示。

4.3.3 MobileFaceNet 网络和指静脉特征提取

特征提取方法的有效性和可靠性直接关系到系统最终的识别性能。一般可以分为 3 类：基于模板的方法、基于表示的方法和基于学习特征的方法。

1. 基于模板的方法

在手指静脉特征提取中，选取代表手指静脉图像特异性的静脉模式网络和细节特征生成

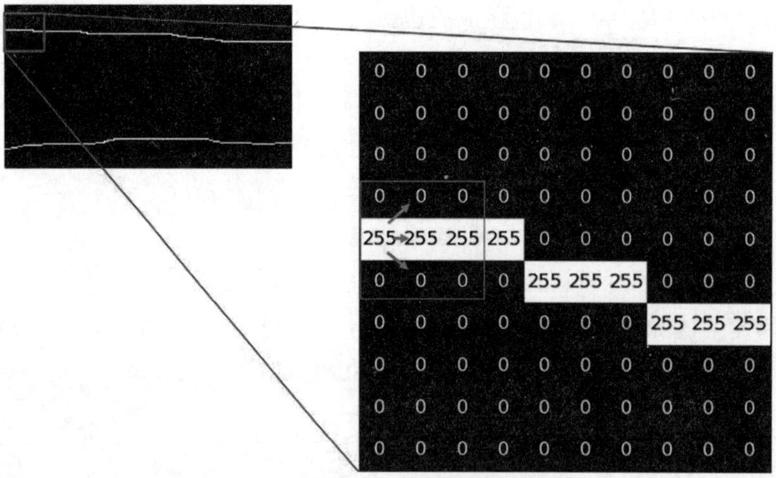

图 4-36 潜在端点的像素邻域扫描

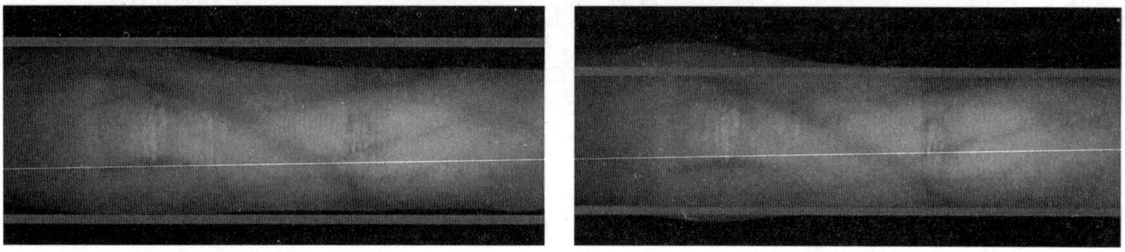

（a）外接矩形ROI （b）内接矩形ROI

图 4-37 手指静脉外接矩形的 ROI 和内接矩形的 ROI

模板图像。基于静脉模式的方法使用静脉网络作为特征来表示手指图像。一般来说，提取手指静脉网络的方法有 3 种，即基于山谷的方法、基于局部区域的方法和基于全局图像的方法。基于山谷的方法假设静脉模式点的像素值低于横断面剖面上的其他点，看起来像一个山谷。基于局部区域的方法，如宽线检测器（WLD）、基于抠图的分割方法、差分曲率、高斯加权空间曲线变换（GWSCF）等，通常通过预定义的局部区域来区分相关的静脉模式。基于全局的静脉模式提取方法中使用的平均曲率方法，通过检测具有负平均曲率的谷状结构来提取静脉模式。

2. 基于表示的方法

与基于模板的方法不同，基于表示的方法利用描述符、变形、纹理提取和降维来进行特征提取，然后使用特征进行识别。描述符是从指静脉图像中提取的一组数学特征，可以捕获图像中的结构和模式。这些描述符可以基于图像的边缘、角点、纹理等特性。常用的描述符包括尺度不变特征变换（SIFT）、加速稳健特征（SURF）、方向梯度直方图（HOG）等。

3. 基于学习的方法

基于学习的方法主要是指利用机器学习和深度学习技术来从数据中学习特征和模式，从而实现指静脉识别任务。这种方法的关键在于让计算机根据数据的特点和模式自主学习，而不是人工设计特征。

基于学习的方法进行的指静脉特征识别，可以包括以下步骤：

（1）数据收集和准备　首先需要收集大量的指静脉图像数据，这些数据可能包括不同个体的图像以及不同条件下的变化。数据应该被标注以标识个体身份。

（2）特征提取　通过使用机器学习或深度学习模型，可以自动从原始图像中提取有用的特征。这些特征可以是高度抽象的表示，可以捕获指静脉图案的关键信息。

（3）模型训练　选取适当的机器学习或深度学习算法，如支持向量机（SVM）、卷积神经网络（CNN）等，使用特征和标注的数据进行模型训练。模型会根据数据中的模式调整权重和参数。

（4）模型验证和调优　使用验证数据集对训练的模型进行测试，评估其在未见过数据上的性能。根据结果，可以调整模型的超参数或进行模型结构调优。

（5）测试和应用　完成模型的训练和验证后，可以将模型应用于实际指静脉识别任务中。输入用户的指静脉图像，模型会输出其对应的身份信息。

基于学习的方法的优势在于它们可以从数据中学习复杂的模式和特征，适应不同的数据变化和场景。深度学习模型特别擅长从大规模数据中提取高级抽象特征，因此在生物识别领域取得了良好的应用效果。然而，这些方法也需要大量的标注数据和计算资源，以及对模型的参数调优和验证。以 MobieFaceNet 为例，重点介绍其结构及其在指静脉特征提取上的应用。

4. 基于 MobieFaceNet 的指静脉特征提取

以 FV-USM、SDUMLA-HMT 以及 SCAU-FV 中的数据为例，详细介绍基于 MobieFaceNet 的指静脉特征提取。

（1）Finger Vein USM (FV-USM)数据集提供了 123 个人的指静脉图像，其中包含 83 位男性，40 位女性，全部是亚洲人，年龄 20～52 岁不等。整个采集过程分两个阶段进行，两个阶段的时间间隔在两周以上。在每个阶段的采集中，对每个个体选取 4 根手指进行采集，即左右手的食指和中指，对每根手指采集 6 张图像，因此在单个阶段中采集了 492（123×4）根手指，共 2 952（123×4×6）张图像，两个阶段总计采集了 5 904 张图像，全部是分辨率为 640×480 的灰度图。该数据集同时也提供了截取好的指静脉 ROI 图像，分辨率为 100×300。

（2）SDUMLA-HMT 数据集包含 5 个子数据集，分别为人脸、指静脉、步态、虹膜及指纹数据集，在这里我们选用的是其中的指静脉数据集部分。该数据集提供了 106 个人的指静脉图像，其中包含 61 位男性及 45 位女性，年龄 17～31 岁不等。每个个体被采集了 6 根手指的图像，6 根手指分别是左右手的食指、中指及无名指，每根手指被采集了 6 次，因此该数据集总计包含了 3 816（106×6×6）张图像。该数据集中所有指静脉图像都是像素分辨率为 320×240 的灰度图。

（3）SCAU-FV 数据集提供了 250 个不同类别的指静脉图像，来自左右手的食指、中指或者无名指。采用非接触式的反射采集方式，每根手指采集 20 张图像，共 5 000（250×20）张图像。分辨率为 480×160 的灰度图。该数据集提供了截取好的指静脉 ROI 图像。

在训练网络之前，首先要提取图片的 ROI 图片。FV-USM 数据集已经提供了 ROI 图像。SDUMLA-HMT 数据集，使用 4.3.2 的方法提取 ROI 图像。SCAU-FV 数据集，已经提供了 ROI 图像。对 FV-USM 数据集的每一张图像顺时针旋转 90°，使手指图像水平。为了更好地训练神经网络，对指静脉图像进行预处理，如数据增强，对指静脉数据进行平移、旋转、尺度、光照等变换，使训练得到的网络对光照、旋转和平移具有稳健性，一定程度上缓解了每一类数据集过少的问题。可以将图像尺寸缩放成 40×120×1 并进行标准化，将像素值从[0,1]范围缩放到[−1,1]，这是一种常见的图像预处理方式，有助于模型的训练稳定性。使用 arcface 作为损失函数，Adam 作为优化器。

训练完模型后，可以使用训练好的模型对指静脉 ROI 图像进行特征提取。如图 4-38 所示，ROI 图像输入 MobileFaceNet 中，输出一个 1×256 的特征向量。这里，从 SCAU-FV 数据集的测试集中选取 A、B、C、D、E、F 6 张图片作为例子。如图 4-39 所示，其中 A、B 属于同一类即为同一根手指，其他的手指属于不同子类。

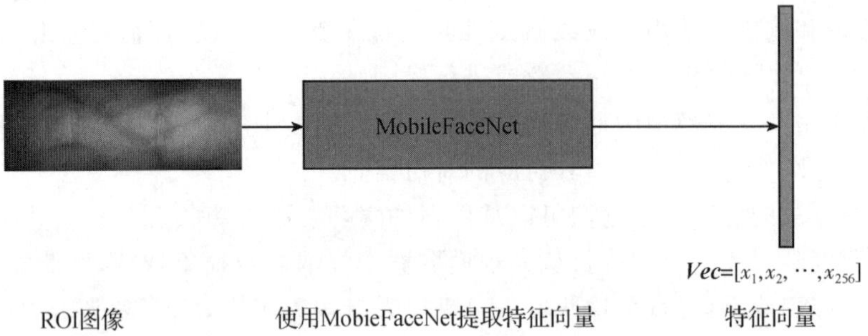

图 4-38　使用 MobileFaceNet 提取指静脉特征示意图

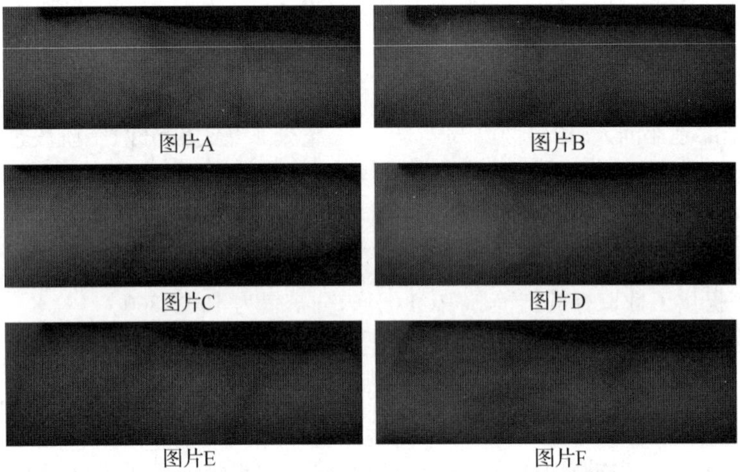

图 4-39　3 个不同数据集的指静脉图

图片 A 的输出向量：

$\boldsymbol{Vec}_A$=[−0.38,0.33,0.46,−0.56,0.64,−0.36,−0.27,−0.25,0.35,0.78,0.41,⋯,−0.21,0.25,−0.48,0.10,0.54,−0.55,−0.59,0.01,0.09]

图像 B 的输出向量：

$\boldsymbol{Vec}_B$=[−0.55,0.49,0.19,−0.85,0.43,−0.25,0.14,0.33,0.24,0.46,0.52,⋯,−0.09,0.74,−0.10,−0.10,0.19,−0.35,−0.25,0.16,−0.16]

图像 C 的输出向量：

$\boldsymbol{Vec}_C$=[0.33,0.30,0.50,−0.15,−0.88,0.65,−0.74,1.38,0.54,0.05,1.25,⋯,−0.79,0.50,−0.05,0.68,1.94,1.73,0.23,−0.31,−1.47]

图像 D 的输出向量：

Vec_D=[−0.96,−0.06,1.98,−1.10,2.62,1.00,−1.00,0.76,0.67,0.50,−0.08,…,−0.14,−0.27,−1.47,−1.06,3.02,1.09,−1.24,−0.27,−1.27]

图像 E 的输出向量：

Vec_E=[0.73,0.54,0.70,0.41,0.09,0.12,1.15,−1.37,−0.44,0.15,0.61,…,−0.85,0.06,−1.34,0.25,0.11,0.21,0.67,−1.49,0.61]

图像 F 的输出向量：

Vec_F=[1.95,0.75,0.86,−1.85,0.60,−0.49,−0.88,1.61,0.03,−0.01,1.46,…,−0.59,0.05,−0.98,0.43,0.57,3.04,0.21,0.19,−0.79]

4.3.4　指静脉特征匹配

匹配步骤是指静脉识别的最后一步。通过计算注册图像与输入图像之间的相似度，生成匹配分数来决策输入图像的身份。在指静脉识别中，可以使用基于模板匹配的方法和基于分类器的方法等多种匹配方法来产生匹配分数。

(1)基于模板匹配的方法　这种方法在验证/识别阶段直接将已注册的指静脉模板与输入图像进行比对。模板可以是原始图像的特定部分，或者是从中提取的关键特征。比对通常使用相关性系数、相似性度量或其他相似性指标来计算匹配分数。这种方法的优点在于它比较直观，能够在较短的时间内进行验证。然而，模板匹配可能受到图像变化和噪声的影响，所以在复杂条件下的准确性可能受到限制。

(2)基于分类器的方法　这种方法将指静脉识别问题看成是一个分类任务，其中分类器被训练来将输入图像分为两个类别：正样本(注册图像)和负样本(非注册图像)。训练数据通常包括正样本和负样本的标注。分类器的输出可以是类别标签，也可以是概率分数。在验证/识别阶段，输入图像通过分类器，如果概率分数高于阈值，则验证成功。这种方法能够学习复杂的模式和关系，但需要充足的标注数据和计算资源。

(3)基于特征距离的方法　这种方法强调通过特征向量或嵌入来表示指静脉图像，然后计算不同图像之间的距离或相似性度量，可以是欧氏距离、余弦相似度等。如果距离小于设定的阈值，认为验证成功。这种方法在计算上相对简单，但要求提取的特征能够准确地捕获个体间的差异。

在实际应用中，通常需要根据应用场景的需求和系统性能来选择适当的方法。例如，基于模板匹配的方法可能适用于小型数据库和快速验证，而基于分类器的方法适用于更大的数据集和需要学习复杂模式的情况。基于特征距离的方法通常在简单的验证任务中效果不错，但在复杂情况下可能需要更复杂的特征表示。在实际应用中，这些方法也可以进行组合，以实现更高的识别准确性和可靠性。

使用余弦距离作为相似度进行匹配来说明特征匹配问题。余弦距离衡量的是两个向量之间的夹角，范围在[−1,1]，越接近 1 表示越相似。在实际应用中，余弦距离的计算方式如下：设两个向量分别为 $\boldsymbol{A}$ 和 $\boldsymbol{B}$，则余弦距离 $\cos_{\mathrm{sim}(\boldsymbol{A},\boldsymbol{B})}$ 的计算公式为：

$$\cos_{\mathrm{sim}(\boldsymbol{A},\boldsymbol{B})}=\frac{\boldsymbol{A}\cdot\boldsymbol{B}}{\|\boldsymbol{A}\|\cdot\|\boldsymbol{B}\|} \tag{4-15}$$

式中，$\boldsymbol{A}\cdot\boldsymbol{B}$ 是向量 $\boldsymbol{A}$ 和 $\boldsymbol{B}$ 的点积，$\|\boldsymbol{A}\|$ 和 $\|\boldsymbol{B}\|$ 分别是向量 $\boldsymbol{A}$ 和 $\boldsymbol{B}$ 的范数（模）。根据具体应用的需求，选择一个阈值来判断两个特征向量是否属于同一类。

生物特征识别的研究常常使用 FAR、FRR、EER 衡量系统的性能。EER 综合衡量和平衡误拒率（FRR）和误接受率（FAR）的性能。

对于 FAR 和 FRR 的评估有一个从 0 到 1 不等的阈值。当阈值发生变化时，FRR 和 FAR 也会发生变化。然而，它们会朝相反的方向变化。EER 是 FAR 等于 FRR 时的结果。

以 MobileFaceNet 提取到的 6 张图片的特征为例子，来说明基于余弦距离的特征匹配。这里，如果设定阈值为 0.6，那么如果余弦相似度大于 0.6，则认为这两个特征向量相似，属于同一类；否则，认为不同类。对于 A、B 两张图片，计算它们的相似度：

$$\cos_{\mathrm{sim(A,B)}}=\frac{\boldsymbol{Vec}_{\mathrm{A}}\cdot\boldsymbol{Vec}_{\mathrm{B}}}{\|\boldsymbol{Vec}_{\mathrm{A}}\|\cdot\|\boldsymbol{Vec}_{\mathrm{B}}\|}=0.82 \tag{4-16}$$

因为 0.82 大于阈值 0.6，则预测 A、B 两张图片为相同的类别。通过标签可以知道，它们来自同一类，则判断正确。同理，计算图片 C、D 的相似度：

$$\cos_{\mathrm{sim(C,D)}}=\frac{\boldsymbol{Vec}_{\mathrm{C}}\cdot\boldsymbol{Vec}_{\mathrm{D}}}{\|\boldsymbol{Vec}_{\mathrm{C}}\|\cdot\|\boldsymbol{Vec}_{\mathrm{D}}\|}=0.70 \tag{4-17}$$

因为 0.70 大于阈值 0.6，则预测 C、D 为相同的类别。通过标签可以知道它们来自不同类，则说明预测错误。再计算图片 E、F 的相似度：

$$\cos_{\mathrm{sim(E,F)}}=\frac{\boldsymbol{Vec}_{\mathrm{E}}\cdot\boldsymbol{Vec}_{\mathrm{F}}}{\|\boldsymbol{Vec}_{\mathrm{E}}\|\cdot\|\boldsymbol{Vec}_{\mathrm{F}}\|}=0.38 \tag{4-18}$$

因为 0.38 小于阈值 0.6，则预测 E、F 为不同的类别。通过标签可以知道它们确实来自不同类，则说明预测成功。分别对 FV-USM、SDUMLA-HMT 和 SCAU-FV 三个数据集中的图片进行两两预测，可以计算 FRR 和 FAR。为了衡量预测模型的好坏，使用 DET 曲线图是个很好的方法。DET 曲线的横坐标是 FPR，与 FAR 意义相同，纵坐标是 FNR，与 FRR 的意义相同。曲线的几何意义在于，它展示了在不同概率阈值下，错误拒绝率（FRR）和错误接受率（FAR）之间的关系。对每个数据集，在[－1,1]设置 100 个阈值，相邻的两个阈值相差 0.02。每个阈值，计算相应的 FAR 和 FRR，共获得 100 个相对应的 FAR 和 FRR 值。以 FPR 作为横坐标，FNR 为纵坐标，绘制一个二维曲线图，即 DET 曲线图。分别使用 FV-USM、SDUMLA-HMT 和 SCAU-FV 数据集的测试集进行两两匹配，计算相应的 FAR 和 FRR，并绘制相应的 DET 曲线图，如图 4-40 所示。当使用前文中的方法时，可以计算出该方法对 FV-USM、SDUMLA-HMT 和 SCAU-FV 的识别精度，其 EER 分别为 0.84%、2.6%和 1.21%，如表 4-4 所示。这表明模型能够学习到具有较强泛化能力的鲁棒特征。

表 4-4　使用 MobileFaceNet 在各数据库识别中的 EER

特征提取	匹配方法	数据集	EER
MobileFaceNet	余弦距离	FV-USM	0.84%
MobileFaceNet	余弦距离	SDUMLA-HMT	2.60%
MobileFaceNet	余弦距离	SCAU-FV	1.21%

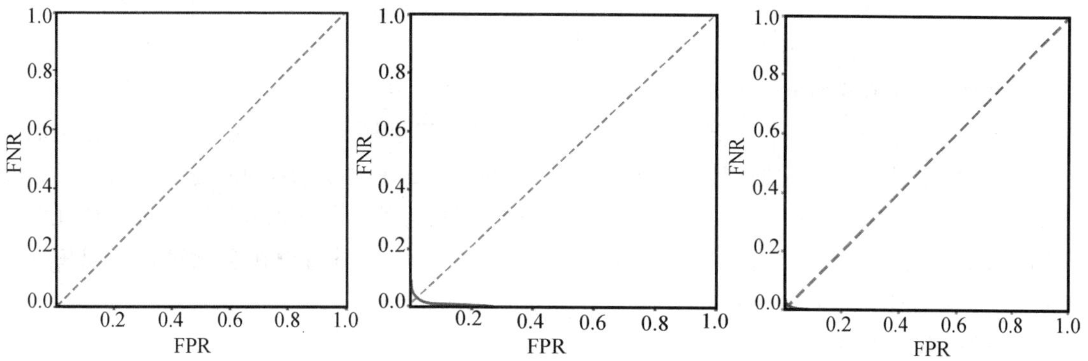

（a）FV-USM　（b）SDUMLA-HMT　（c）SCAU-FV

图 4-40　FV-USM、SDUMLA-HMT 和 SCAU-FV 的 DET 曲线图

4.4　手静脉识别应用案例

4.4.1　指静脉识别应用案例

目前，指静脉识别作为第二代活体生物特征识别技术，在全球开始产业化应用，发展前景广阔。国内指静脉产品大多为顶透式，这样可以获得更高质量的指静脉图像，从而得到更好的识别性能。图 4-41 为国内外代表性商用指静脉识别产品。

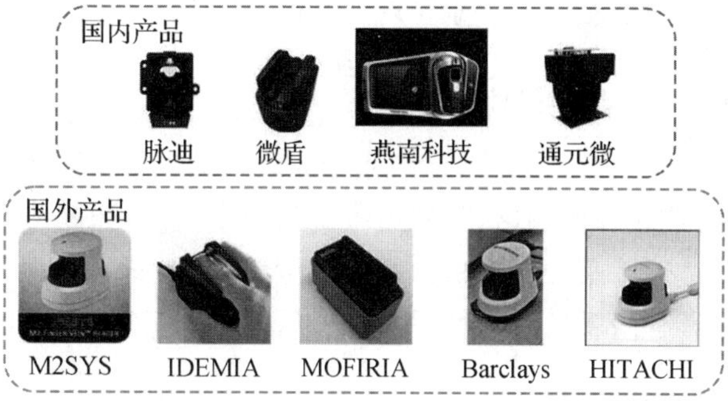

图 4-41　国内外代表性商用指静脉识别产品

（王一凡，2021）

1. 社保行业的应用

在智能社会事务管理方面，广东省社会保险基金管理局于 2016 年 11 月制定了指静脉在社保行业的应用标准。这一举措旨在推动指静脉识别技术在社会保障领域的广泛应用，特别是在养老金发放的生存认证工作上。这标志着指静脉识别技术在社会保障领域的深度应用，为未来智能社会的发展奠定了坚实的基础。

2. 图书馆借阅系统的应用

2017 年 3 月，贵阳市图书馆启用了“指静脉识别借阅系统”。这一系统的推出极大地简化了读者的借阅流程，读者只需将手指放入指静脉识读器内，便能在不到 2 s 的时间内完成个人身份识别，实现了“无证借书”的便捷操作流程。这项技术的应用不仅提高了借阅效率，也有效减少了因证件遗失或忘记携带而导致的不便。

3. 银行金融领域的推广

2017 年 1 月，中国银行(香港)指定分行试推指静脉识别服务。这一服务创新了传统的身份认证方式，客户首次登记时只需在分行柜位进行约 1 min 样本采集，随后每次只需以手指简单认证，即可进行取款、汇款等全线银行业务。这项技术为银行金融领域带来了更为便捷和安全的身份认证方式，大大提升了客户体验和资金安全性。这一举措也在金融科技领域树立了标杆，为未来智能化银行服务的发展指明了方向。

4. 智能家居领域的拓展

自 2017 年起，国内智能家居厂家开始推广指静脉门锁，宣称比指纹锁更安全、更智能、更稳定。指静脉识别技术成功嵌入民用门锁，丰富的样式供消费者选择，推动智能家居领域的技术创新。这一趋势为智能家居行业注入了新的活力，也为消费者提供了更多安全、便捷的选择。

4.4.2 掌静脉识别应用案例

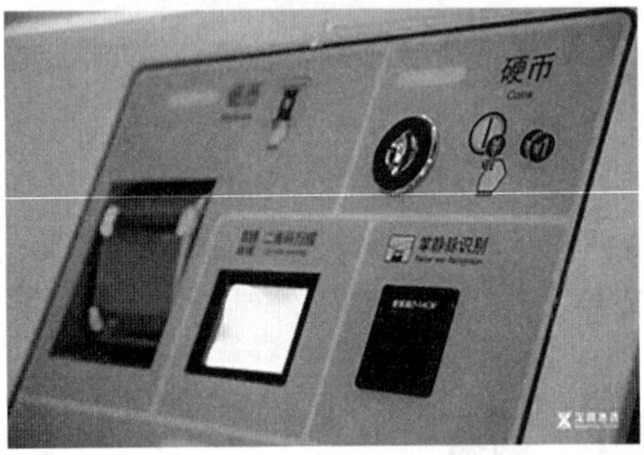

图 4-42 深圳地铁进站采用掌静脉识别

掌静脉识别技术，以其独特的优势，已经在我们的生活应用中崭露头角。其已经应用于智慧金融、智慧安防、智慧交通、智慧校园和智慧医疗等领域。例如 2022 年 11 月，深圳地铁 6 号线支线一期就已经率先搭载了“掌静脉识别”功能，如图 4-42 所示，为免费乘客提供了“刷掌”进站的便捷方式。只需通过自助票务处理设备的“掌静脉识别”功能绑定个人信息，即可实现 “刷手”多场景应用。

2023 年 5 月，微信宣布正式推出“刷掌”支付，采用的是“掌纹＋掌静脉”的识别技术，引发社会广泛关注。例如在广州的某品牌便利店，就采用了微信刷掌支付，如图 4-43 所示，只需要轻挥手掌，就能实现便利付款。还有某公司推出的掌静脉考勤机，如图 4-44 所示，提高了考勤记录的效率和准确性，同时也具有高度的安全性、用户友好、识别准确率高、适用性强等优点。

图 4-43 便利店中的微信刷掌支付

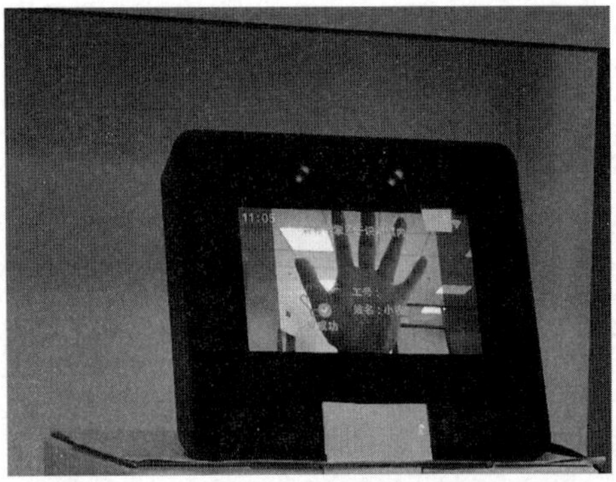

图 4-44 掌静脉考勤机

本章小结

本章主要讲解了手部静脉特征的识别，具体分为手背静脉、掌静脉和指静脉识别。主要介绍各种静脉图像的采集装置和识别系统，各种静脉图像的感兴趣区域的快速稳定提取算法，特征提取尤其是面向嵌入式系统应用的轻量化特征提取算法，然后进行了特征匹配和识别，并就多种 ROI 定位、特征提取、匹配分数进行了比较。本章所有实验程序都在自有数据集和常用基准数据集上进行了测试并附上结果。

思考题

1. 掌静脉识别技术的基本原理是什么？
2. 手背静脉识别的整体流程是什么？
3. 指静脉识别技术的基本原理是什么？
4. 在手静脉识别中，接触式和非接触式图像采集有什么区别？
5. 掌静脉识别中面临的挑战是什么？
6. 指静脉识别中的图像预处理步骤有哪些？
7. 在手静脉识别中，局部二值模式(LBP)是如何提取特征的？
8. 简述 SIFT 算法在掌静脉识别中的特征提取流程。

拓展学习

基于深度学习的指静脉识别模型训练与测试

第5章 人脸识别技术

5.1 人脸识别系统概述

人脸识别系统是一种利用计算机技术对人脸图像或视频进行识别的生物特征识别系统。它可以实现独立的运行，无须连接电脑即可完成人员登记、考勤及存储记录等多种功能。此外，人脸识别系统具有非接触性、便捷性等优点，广泛应用于安防、金融、社交、娱乐等领域。

目前常见的人脸识别系统主要包括4个部分：人脸图像采集及检测、人脸图像预处理、人脸图像特征提取以及人脸图像匹配与识别。图5-1所示为人脸识别大致的任务和流程。

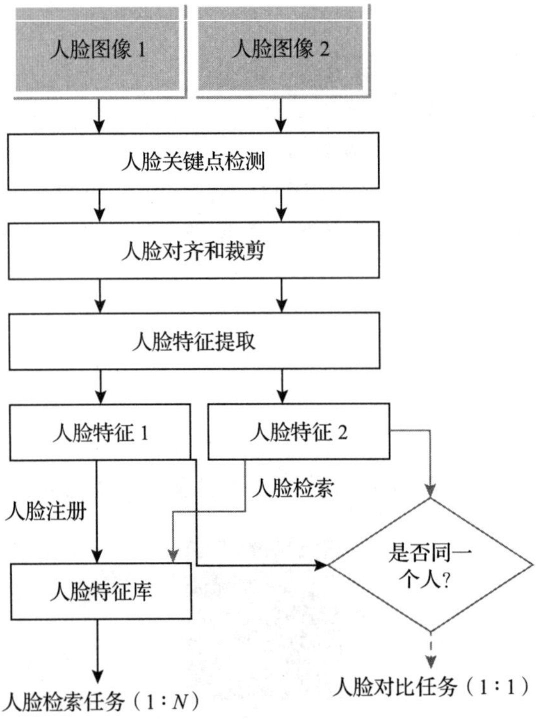

图5-1 人脸识别大致的任务和流程

1. 人脸图像采集及检测

这是人脸识别的第一步，通过摄像头或其他人脸采集设备获取人脸图像，得到的图像既可以是静态图像，也可以是视频流。然后根据系统所使用的检测方法从图像或视频中定位出人脸的位置和大小，包含人脸的边界框坐标等信息，为后续的人脸图像预处理提供输入。

一个普通人脸识别采集设备通常包括摄像头、处理器等组件，通过连接显示屏将检测的结果显示出来，图 5-2 和图 5-3 所示为市面上的一些人脸采集摄像头，连接到外部的显示设备中实现特定的人脸识别任务。目前市面上也有将采集与显示集成于一体的人脸识别一体机，通常用来实现门禁、考勤、支付等任务，图 5-4 和图 5-5 所示为目前市面上的人脸识别一体机。

图 5-2　人脸采集摄像头

图 5-3　Windows 人脸采集摄像头

图 5-4　人脸识别考勤一体机

图 5-5　人脸识别门禁一体机

人脸图像根据不同的特征可以分为不同的类型，人脸图像分类的目的是方便人脸识别、人脸检测、人脸美化等应用。人脸图像分类的方法有很多，根据分类的依据，可以分为以下几种：

(1)基于人脸形状的分类　这种方法是根据人脸的轮廓或轮廓比例，将人脸分为不同的形状，如圆形、方形、长形、菱形、椭圆形等。可以用于人脸美化或化妆推荐等场景，如根据人脸形状选择合适的发型或眼镜。

(2)基于人脸表情的分类　根据人脸的肌肉运动特征，将人脸分为不同的表情，如开心、悲伤、惊讶、生气等。基于人脸表情的分类方法可以用于人脸识别或情感分析等场景，如根据人脸表情判断用户的情绪或反馈。

(3)基于人脸属性的分类　根据人脸的一些特征或标签，将人脸分为不同的属性，如性别、年龄、种族、眼镜、胡须等。该方法可以用于人脸识别或人脸检索等场景，如根据人脸属性进行人脸搜索或筛选。

(4)基于人脸维度的分类　根据人脸的空间信息，将人脸分为不同的维度，如 2D 和 3D。2D 人脸图像是指平面的人脸图像，只包含人脸的像素信息，没有深度信息。3D 人脸图像是指立体的人脸图像，包含人脸的像素信息和深度信息，可以表示人脸的形状和姿态。可以用于人脸识别或人脸重建等场景，如根据 3D 人脸图像生成 3D 人脸模型或动画。

人脸图像中包含的模式特征十分丰富，如直方图特征、颜色特征、模板特征、结构特征和 Haar 特征等。人脸检测方法是为了挑选出人脸中有用的信息或较为明显的特征，并利用这些特征来实现人脸检测。常用的人脸检测方法有基于 Haar 特征的级联分类器、基于 HOG 特征的滑动窗口、基于深度学习的卷积神经网络等。

2. 人脸图像预处理

预处理是根据人脸检测得到的结果，对图像预先进行一些处理，方便后续对人脸特征的提取。由于系统获得的人脸图像可能受到各种条件的限制和随机干扰，这一步骤的目的是对人脸图像进行必要的处理，以消除光照、姿态、表情等因素的影响，提高特征的稳定性和可区分性。常用的人脸图像预处理方法有颜色空间转换、灰度变换、直方图均衡化、归一化、几何校正、滤波、锐化等。

（1）颜色空间转换　不同的颜色空间对人脸特征的表示可能有所不同。在预处理中，可以将图像从 RGB 颜色空间转换为 HSV、YUV 或灰度等颜色空间，以便更好地提取人脸的纹理和结构信息。

（2）灰度变换　图像的灰度变换是指对图像的亮度值进行调整，从而改变图像的整体明暗程度，目的是改善画质，使图像的显示效果更加清晰。灰度变换常用于图像增强、对比度调整和色彩转换等图像处理任务中。

（3）直方图均衡化　直方图均衡化是一种增强图像对比度的图像处理方法。它可以使图像的灰度分布更加均匀，提高图像的清晰度，同时也可以消除光照对人脸识别的影响。

（4）归一化　图像归一化用于消除光照变化对图像的影响，以提高识别的准确性。其原理是将图像的亮度和对比度调整到一个统一的标准，使得不同光照条件下的人脸图像具有一致的外观。

（5）几何校正　几何校正是用于将人脸图像进行旋转、平移、缩放等变换的方法，它可以消除人脸的姿态对人脸识别的影响，同时也可以使人脸图像对齐，便于特征提取。

（6）滤波　滤波是一种去除图像中的噪声和模糊的方法，它可以提高图像的质量，同时也可以增强人脸的边缘和纹理等特征。常用的滤波方法有均值滤波、中值滤波、高斯滤波、双边滤波等。

（7）锐化　锐化用于增强图像中的细节和对比度，它可以使人脸的特征更加明显，同时也可以提高人脸识别的准确率。常用的锐化方法有拉普拉斯锐化、Sobel 锐化、Canny 锐化等。

3. 人脸图像特征提取

得到预处理过后的人脸图像就可以进行对人脸图像的特征提取。人脸特征提取指的是从人脸图像中计算提取人脸紧凑且具鉴别性的特征向量，或者称为特征模板（feature template）。人脸识别系统可使用的特征通常分为视觉特征、像素统计特征、人脸图像变换系数特征、人脸图像代数特征等。人脸特征提取就是针对人脸的某些特征进行的，也称人脸表征，它是对人脸进行特征建模的过程，通常情况下要求同一个人的不同照片提取的特征在它的特征空间上很接近，而不同人的人脸照片提取的特征在特征空间相距较远，从而达到正确识别的效果。

总体来说，人脸图像特征提取的目标是将人脸图像转化为具有判别能力的特征向量。通过提取人脸的结构信息、纹理信息和深度特征等，能够有效地捕捉到人脸的独特属性，实现准确的人脸识别和识别。特征提取是人脸识别系统中的关键步骤之一，对于系统的性能和鲁棒性具有重要影响。

4. 人脸图像匹配与识别

将提取出的特征图像与数据库中存储的特征模板进行搜索匹配和分析，通过设定一个阈值，将相似度与这一阈值进行比较，来对人脸的身份信息进行判断，以确定人脸的身份信息或者判断两个人脸是否属于同一个人。它是一种将人脸图像转化为数字特征并与已知人脸进行比较的过程，通过比对特征之间的相似度或者差异度，来进行人脸的识别和匹配。

人脸匹配可以分为人脸验证、人脸识别和人脸检索。

人脸验证是指系统的任务是对某一张具体的人脸进行匹配验证，也就是检验这两张脸是否是同一个人。这是一个 1∶1 的问题，人脸签到、刷脸支付就是人脸验证的典型应用。

人脸识别是指系统输入为一张人脸图片，任务是判断这个人脸对应的是谁。判断的方法通常是将输入的人脸与数据库里已经存在的 N 张人脸分别进行相似度的计算，找出其中相似度最高的那张人脸，如果计算出来的最高的相似度达到可以确定两张脸为同一个人的最低阈值，那么就可以认为这个相似度最高的脸就是与输入的人脸匹配的那个人的脸；如果这个最高相似度没有达到给定的阈值，那么就可以判断为输入的这张脸不是数据库里的人。同时也可以看出，人脸识别是一个 1∶N 的问题。

人脸检索的本质与人脸识别相似，只不过人脸检索只需要返回数据库里与输入人脸图片前 N 个相似度最高的人脸，再对 N 个人脸按照相似度从高到低进行排序。排序之后的 N 张人脸图像组成一个新的排序人脸数据集，人脸识别返回的结果（这个结果可能是对的，也可能是错的）就是新的数据集里排名第一的那个人脸。

对于人脸验证问题，其结果只有“是”和“否”两种情况，本质上是一个二分类问题。评价一个人脸验证算法性能的好坏时，一般采用 ROC 曲线和 PR 曲线（precision-recall curve）进行验证。ROC 曲线在前文中已经介绍过，而 PR 曲线是通过绘制不同阈值下的精确率（precision）和召回率（recall）之间的关系来展示算法的性能。PR 曲线可以帮助我们理解在不同阈值下的识别性能，并进行算法的比较和评估。

而对于人脸识别问题，还可以采用 CMC 曲线（cumulative match characteristic curve）进行描述。CMC 曲线也就是累积匹配曲线，是一种用来评价人脸识别系统性能的图形化方法，它表示了不同的级别（rank，即结果的排名）下，系统能够正确识别目标人脸的概率。CMC 曲线的横坐标轴是级别（rank），表示从匹配结果中选择前 N 个候选人；纵轴是识别率，表示目标人脸在前 N 个候选人中出现的概率。CMC 曲线越靠近左上角，说明系统的识别能力越强。

5.2　人脸数据库

深度学习能够成功应用于人脸识别系统主要包括三大要素，即大规模人脸识别数据集、先进的网络结构以及有针对性的损失函数，如图 5-6 所示。

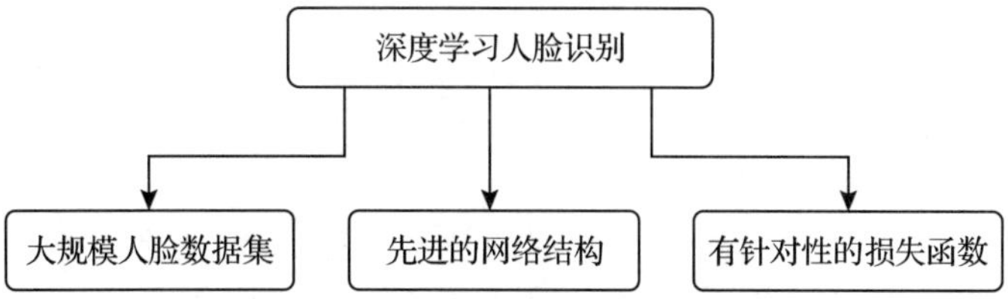

图 5-6　深度学习人脸识别三大要素

近几年,互联网上陆续建立和公开了可供深度学习训练和测试的多个大规模人脸识别数据集,为人脸识别技术的发展提供了充分的机会。人脸识别数据库按照用途具体可分为评测数据集和训练数据集。常用的训练数据集包括 CASIA WebFace、CelebA、VGGFACE2、WIDER FACE 等。

(1)CASIA WebFace 包含 10 575 人和 494 414 张面部图像。它由中国科学院自动化研究所李子青的人脸识别团队于 2014 年创建,可用于深度学习特征提取模型的训练。

(2)CelebA 数据集是由香港中文大学的多媒体实验室开放提供的,CelebA 数据集是一个大规模的人脸属性数据集,它包含了 202 599 张名人的人脸图片,每张图片都有 40 个属性标注,如性别、发色、眼镜等。

(3)VGGFACE2 是 2018 年发布的,该数据集包括 9 131 个 ID,331 万张人脸图像。其中,训练集包含 8 631 个 ID,314 万张人脸图像;测试集包含 500 个 ID,17 万张人脸图像。数据集在姿势、年龄、光照、种族等方面都有很大的差异。

(4)WIDER FACE 数据集是目前公认的目标检测领域中最大的人脸检测数据集之一,它包含了大量不同种类、尺寸、姿态和遮挡程度的人脸图像,因此被广泛应用于人脸检测算法的训练和性能评估。该数据集中包含了各种室内外场景中以及不同背景下的人脸图像,数量达到了 32 203 张,涵盖了大量真实场景下的人脸。

常用的测试数据集包括 LFW 以及 IJB-C 等。

(1)LFW 数据集由 5 749 个名人的 13 323 张网络照片组成,每张图像都有其唯一的姓名 ID 和序号。其中有 1 680 个人有两张或两张以上不同的照片。该数据库从中随机选择了 6 000 对人脸图像组成了图片对,其中,3 000 对属于同一个人的不同人脸照片,3 000 对属于不同人的人脸照片。

(2)IJB-C 由 IJB-A 以及 IJB-B 迭代而来。IJB-A 全称为 IARPA Janus Benchmark-A face challenge,由美国国家标准与技术研究院(National Institute of Standards and Technology,NIST)所提出,IJB-C 所提供的数据集包含 500 个对象的 5 712 张静态人脸图像和 2 085 个人脸视频帧。

5.3 人脸检测与人脸配准

人脸检测是指在某一张图片或某一段视频中检测出其中包含人脸的部分,并通过坐标的形式计算出人脸的位置和大小并存储起来,它的输入是一张图片,输出是一个或多个人脸框的坐标;而人脸配准是指从人脸图像中定位出人脸上的关键点,如眼睛、鼻子、嘴巴等的技术。人脸配准的输入是一张人脸图像和一个人脸框,输出是一组关键点的坐标。

人脸检测的方法很多,常见的有:①基于特征的方法,如 Haar 特征、LBP 特征、HOG 特征等;②基于机器学习的方法,如 AdaBoost、SVM、随机森林等;③基于深度学习的方法,如 MTCNN、SSD、YOLO 等。

5.3.1 Haar 特征方法

Haar 特征是人脸检测中一种经典而常用的技术。Haar 特征是由 Paul Viola 和 Michael Jones 于 2001 年提出的,以其高效性和准确性而闻名,他们在 AdaBoost 算法的基础上,使用

Haar-like 小波特征和积分图方法进行人脸检测。虽然他们不是最早使用小波特征的,但是他们设计了针对人脸检测更有效的特征,并对 AdaBoost 训练出的强分类器进行级联,成为现代人脸检测的基础。

Haar 特征方法是一种图像处理中的特征提取方法,用于描述图像中的纹理、边缘和线条等特征。Haar 特征方法基于 Haar 小波变换的思想,Haar 小波是一种基础的数学函数,它可以对图像进行分解和重建。Haar 特征通过计算不同位置和尺度的 Haar 小波响应,从而描述图像中的局部特征,通过对比分析相邻图像区域来判断给定图像或子图像与已知对象是否匹配,这些特征可以用于区分人脸和非人脸区域。

Haar 分类器由 4 部分组成,分别为 Haar 特征、积分图(integral image)方法、AdaBoost 算法和级联分类器。

1. Haar 特征

Haar 特征将图像划分成不同大小、不同形状的小矩形区域,对每个区域内的像素进行加权求和得到一个特定的 Haar 特征值。这些 Haar 特征值可以作为分类器的输入,如在人脸识别中就可以用 Haar 特征检测人脸的位置、大小和方向等信息。

Haar 特征是一种矩形特征,它由白色和黑色两种矩形组成,比较常用的 Haar 特征模板如图 5-7 所示。

Haar 特征模板在 OpenCV 中共分为 3 类,分别是 BASIC(边缘特征、线性特征、对角特征)、CORE(中心特征)、Titled(旋转 45°),它们共同组成了特征模板。

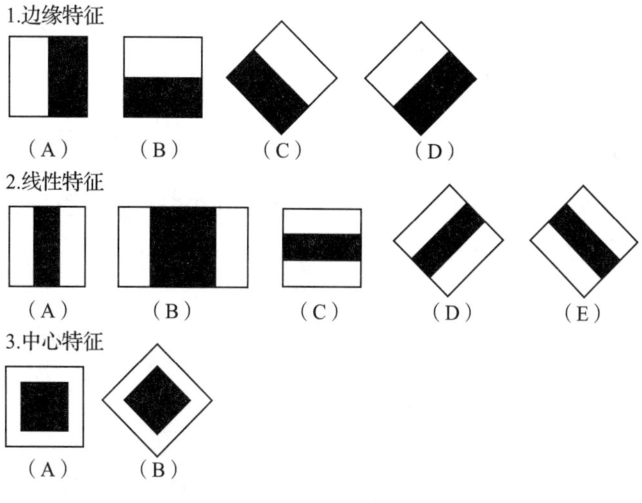

图 5-7　Haar 特征模板

特征模板内有白色和黑色两种矩形,定义该模板的特征值为白色矩形像素值的和减去黑色矩形像素值的和。也就是特征图中白色的特征值减去黑色的特征值即为该区域 Haar 的特征值。Haar 特征值反映了图像的灰度变化情况。例如:眼睛比脸颊颜色要深,鼻梁两侧比鼻梁颜色要深,嘴巴比周围颜色要深等。但矩形特征只对一些简单的图形结构,如边缘、线段较敏感,所以只能描述特定走向(水平、垂直、对角)的结构。

通过改变特征模板的大小和位置,可在图像子窗口中穷举出大量的特征。图 5-7 的特征模板称为"特征原型";特征原型在图像子窗口中扩展(平移伸缩)得到的特征称为"矩形特征";

矩形特征的值称为“特征值”。Haar 特征模板提取人脸图像的过程如图 5-8 所示。

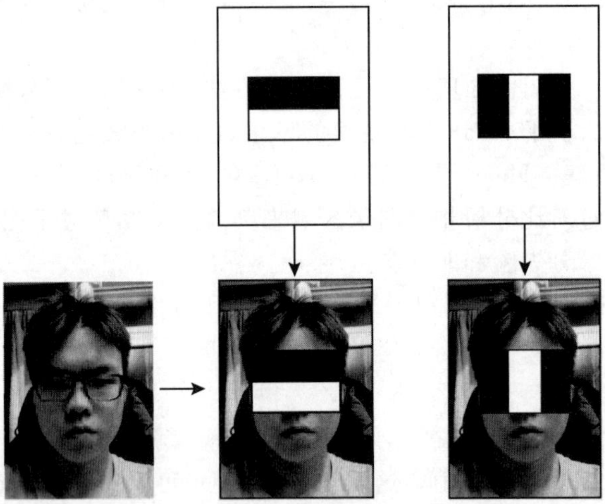

图 5-8　Haar 特征模板提取人脸图像

从图 5-8 可以看到，矩形特征可用于表示人脸的某些特征，如中间一幅表示眼睛区域的颜色比脸颊区域的颜色深，右边一幅表示鼻梁两侧的颜色比鼻梁的颜色要深。

2. 积分图方法

积分图是一种只遍历一次图像就可以求出图像中所有区域像素和的快速算法，提高了人脸图像特征值计算的效率。其主要思想是将图像从起点开始到各个点所形成的矩形区域像素之和作为一个数组的元素保存，当要计算某个区域的像素和时可以直接索引数组的元素，不用重新计算这个区域的像素和，从而加快了计算。积分图能够在多种尺度下，使用相同的时间来计算不同的特征，因此大大提高了检测速度。

积分图是一种能够描述全局信息的矩阵表示方法，其构造方式是位置 (i, j) 处的值 $ii(i, j)$ 是原图 (i, j) 左上角方向所有像素灰度值 $f(k, l)$ 的和，即

$$ii(i,j)=\sum_{k\leqslant i,l\leqslant j} f(k,l) \tag{5-1}$$

积分图的构建步骤为：

(1)用 $s(i, j)$ 表示行方向的累加和，初始化 $s(i,-1)=0$。

(2)使用 $ii(i, j)$ 表示一个积分图像，初始化 $ii(-1, i)=0$。

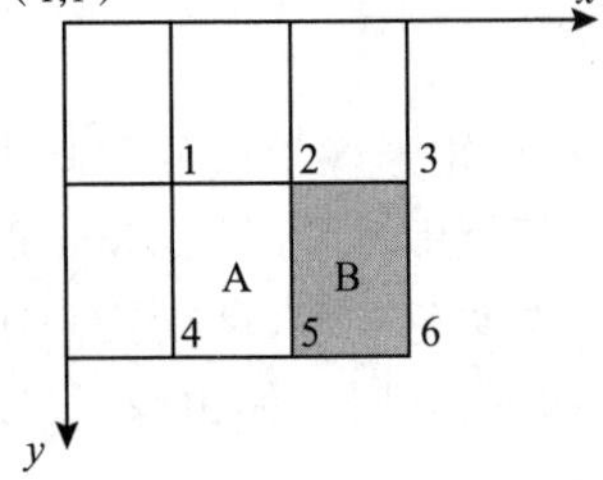

图 5-9　积分图计算示例

(3)逐行扫描图像，递归计算每个像素 (i, j) 行方向的累加和 $s(i, j)$ 和积分图像 $ii(i, j)$ 的值：$s(i,j)=s(i,j-1)+f(i,j)$，$ii(i,j)=ii(i-1,j)+s(i,j)$。

(4)扫描图像一遍，当到达图像右下角像素时，图像积分图 ii 就构建好了。

利用积分图计算边缘矩形特征，如图 5-9 所示。区域 A 的像素值之和为：

$$\mathrm{Sum}(\mathrm{A})=ii(5)+ii(1)-ii(2)-ii(4) \tag{5-2}$$

区域 B 的像素值之和为：

$$\mathrm{Sum}(B) = ii(6) + ii(2) - ii(5) - ii(3) \tag{5-3}$$

那么，该矩形特征值为：

$$\mathrm{Sum}(A) - \mathrm{Sum}(B) = ii(5) + ii(1) - ii(2) - ii(4) - [ii(6) + ii(2) - ii(5) - ii(3)] \tag{5-4}$$

积分图的出现就使 Haar 特征值的相关变量由 3 个（特征类型、大小、位置）变成了显性的积分图的值，而且只需要遍历一次图像，因此，特征值的计算速度得到了极大的提升。Haar 特征值在图像中的计算过程如图 5-10 所示。

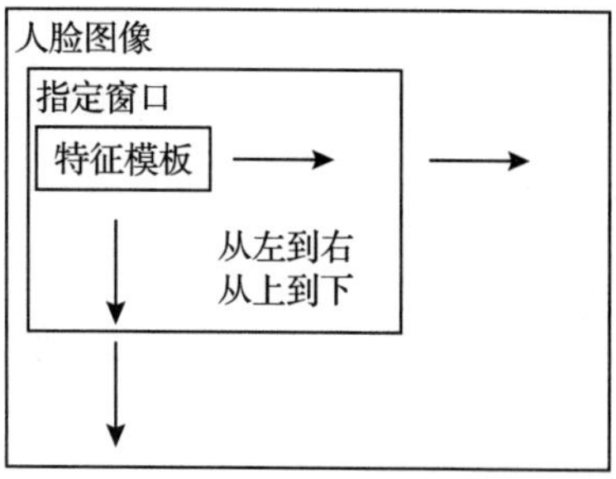

图 5-10　Haar 特征值在图像中的计算过程

从图像的左上角开始，设定固定大小的窗口从左至右、从上至下进行滑动覆盖相应像素点区域。同时对于每一个窗口覆盖的像素点区域，设定固定大小的特征模板从左到右、从上至下进行滑动覆盖像素点区域。

假设有一个特征大小为 2×1 的特征模板在一个 24×24 的图像窗口中。那么该特征模板可以水平滑动 23 步，垂直滑动 24 步，所以共有 23×24 个特征值。事实上，矩形特征值由矩形模板类别、矩形位置和矩形大小这 3 个因素共同决定。因此，当特征模板的大小和类别发生变化时，一个图像得到的特征值的数量就会增多。例如，在 24×24 像素大小的检测窗口内矩形特征数量可以达到 16 万个。如果还有新的模板加入，窗口的大小发生变动，这个特征数量还会增加。

至此，一般的 Haar 特征计算过程即是如此。但是对于一般的 Haar 分类器来讲，特征计算只是一个小步骤，最终要经过某种算法（如 AdaBoost 算法）来进行训练，以判别哪些矩形的特征是对分类器分类最有效的。

3. AdaBoost 算法

AdaBoost 算法是一种自适应的提升算法，它源自机器学习的 PAC（probably approximately correct）模型，可以将一些弱分类器组合成一个强分类器，提高分类的准确性和效率。AdaBoost 算法的基本思想是给每个训练样本赋予一个权重，根据上一轮的分类结果，增加被错误分类的样本的权重，减少被正确分类的样本的权重，然后用更新后的权重来训练下一个分类器，最后将所有的分类器按照一定的规则进行加权组合，得到最终的分类器。AdaBoost 算法的优点在于它可以自动地选择有效的特征，避免过拟合，提高泛化能力，并且实现起来比较简单。而 AdaBoost 算法的缺点是它对噪声数据和异常数据比较敏感，可能会导致分类的错误率增加。

通过 AdaBoost 算法可以训练出强分类器，然而在现实的人脸检测中，只靠一个强分类器还是难以保证检测的正确率，这个时候就需要训练出多个强分类器将它们强强联手，最终形成正确率很高的级联分类器，这就是最终的目标 Haar 分类器，级联分类器组成如图 5-11 所示。

可以看出，输入的图像经过级联分类器会不断地被每一个节点进行筛选，如果某一个子窗口在前面的分类器中被判断为非目标，就不用再进入后面的分类器，只有经过所有强分类器的筛选才会被认定为人脸图像，从而增加了准确率也节省了计算时间。级联分类器希望经过训练使每个强分类器都有较高检测率，同时误识率也能够降低，例如几乎 99%的人脸可以通过，

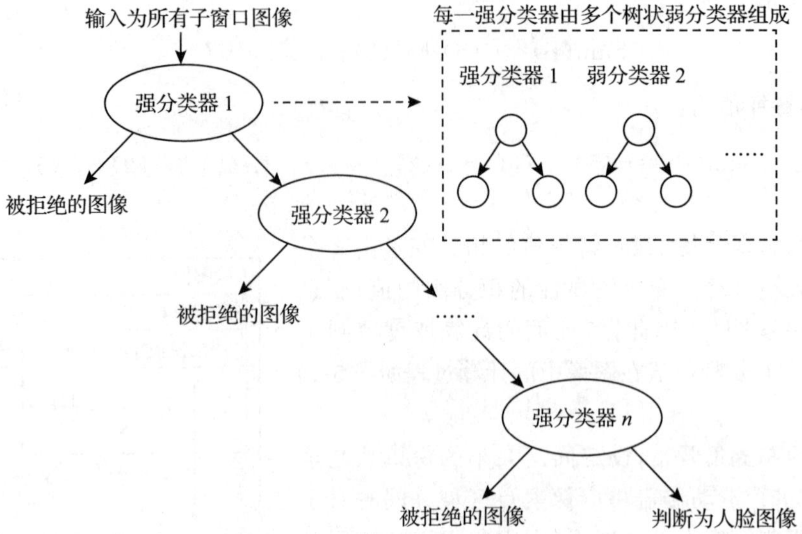

图 5-11 级联分类器组成

但 50%的非人脸也可以通过，这样如果有 20 个强分类器级联，那么它们的总识别率为 $0.99^{20}=98\%$，错误接受率也仅为 $0.5^{20}=0.0001\%$，这样的效果就在一定程度上可以满足现实的需要了。虽然 AdaBoost 算法训练出来的强分类器一般具有较小的误识率，但检测率并不很高，一般情况下，高检测率会导致高误识率，这是强分类阈值的划分导致的。可以通过增加分类器个数在提高强分类器检测率的同时降低误识率，所以级联分类器在训练时要考虑如下平衡：一是弱分类器的个数和计算时间的平衡，二是强分类器检测率和误识率之间的平衡。

4. 级联分类器

级联分类器是一种将多个强分类器按照一定的顺序级联起来的方法，它可以有效地提高检测的准确率和速度。级联分类器的基本思想是：先用一个简单的强分类器对图像进行初步的筛选，将明显不是人脸的区域排除掉，然后用一个复杂一点的强分类器对剩余的区域进行进一步的筛选，如此反复进行，直到最后一个强分类器给出最终的判断。级联分类器的优点是它可以将检测的难度逐渐增加，同时也可以减少不必要的计算，提高检测的效率。

综上所述，人脸检测中 Haar 特征方法的具体原理和识别方法就是利用 Haar 特征、积分图、AdaBoost 算法和级联分类器来实现的。它是通过提取人脸图像中的灰度变化特征，用训练好的分类器对其进行判断，从而实现人脸的检测。Haar 特征方法的优点是它具有较高的准确率和实时性，适用于多种尺度和姿态的人脸检测。Haar 特征方法的缺点是它对光照、遮挡、表情等因素比较敏感，可能导致检测的失效或误检。

在 Python 中可以通过 OpenCV 库来实现 Haar 特征方法的人脸检测，在 OpenCV 中可以使用 cv2. CascadeClassifier('haarcascade_frontalface_default. xml') 函数创建一个人脸检测器对象，这句代码中使用名为 'haarcascade_frontalface_default. xml' 的级联分类器文件，该文件是 OpenCV 库提供的基于 Haar 特征的人脸检测算法的级联分类器。然后将读取的图片转为灰度图，再用 face_detector. detectMultiScale() 函数在灰度图像中检测人脸。采用一张

4 032×3 024 的多人图像来验证不同的检测方法对人脸关键点检测的效果。Haar 检测方法对某一多人图像的检测结果如图 5-12 所示。

图 5-12 Haar 方法检测结果

从图 5-12 可以看出,Haar 特征方法对多人图像的检测效果不是很理想,图像中比较大的人脸可以准确地提取出来,但是小的人脸不能准确地识别。

5.3.2 HOG 检测方法

与 Haar 检测方法相似,HOG 检测方法也是计算机视觉、模式识别领域很常用的方法。它是一种基于图像梯度方向直方图的方法,能够描述图像的局部纹理特征,对光照、姿态、表情等变化具有较强的鲁棒性,因此在人脸识别中有广泛的应用。

HOG 的主要思想是在一幅图像中,局部目标的表象和形状能够被梯度或边缘的方向密度分布很好地描述。其本质为梯度的统计信息,而梯度主要存在于边缘的地方。

HOG 的实现方法在于将图像分成小的连通区域,这些连通区域也被称为细胞单元(cell),然后采集细胞单元中各像素点的梯度或边缘的方向直方图,最后把这些直方图组合起来,构成特征描述符。将这些局部直方图在图像的更大范围内进行对比度归一化,可以提高该算法的性能,具体所采用的方法是先计算各直方图在这个区间中的密度,然后根据这个密度对区间中的各个细胞单元进行归一化。通过这个归一化后,能对光照变化和阴影获得更好的效果。HOG 特征提取方法的主要步骤如下:

1. 伽马和色彩归一化

对图像进行归一化处理,包括灰度化、Gamma 校正、缩放等,以减少噪声和色彩的影响,统一图像的尺寸和对比度。在实际应用中,这一步也可以省略。

2. 图像梯度的计算

计算图像横坐标轴和纵坐标轴的梯度,得出每个像素位置的梯度方向值。其中求导操作不仅能够捕获轮廓、人影和一些纹理信息,还能进一步弱化光照的影响。通常使用一维的离散微分模板,如 Sobel 算子或对角线模板(diagonal masks),计算图像的水平和垂直方向的梯度幅值和方向,得到每个像素的梯度信息。

3. 构建方向的直方图

将图像分割成若干个小的连通区域，称为细胞单元，每个细胞单元可以是矩形或圆形，一般为 8×8 或 16×16 个像素。在每个细胞单元中，根据像素的梯度方向，统计细胞单元内的梯度方向直方图，即将 0～180°或 0～360°的范围分为若干个区间（bin），一般为 9 个或 18 个，然后根据像素的梯度幅值，对落入相应区间的梯度方向进行加权投票，得到每个区间的累积值，作为细胞单元的特征向量。

4. 组合细胞单元成大的区间

由于局部光照的变化以及前景和背景对比度的变化，使得梯度强度的变化范围非常大，这就需要对梯度强度进行归一化。通常采取的办法就是把各个细胞单元组合成大的、空间上连通的区间。这样，HOG 描述符就变成了由各区间所有细胞单元的直方图成分所组成的一个向量。

将若干个细胞单元组合成一个更大的区域，称为区间，每个区间可以是矩形或圆形，一般为 2×2 或 3×3 个细胞。在每个块中，对块内的所有细胞的特征向量进行拼接和归一化，以消除光照和阴影的影响，提高特征的稳定性和可区分性，得到区间的特征向量。区间有两个主要的几何形状——矩形区间（R-HOG）和环形区间（C-HOG），如图 5-13 所示。

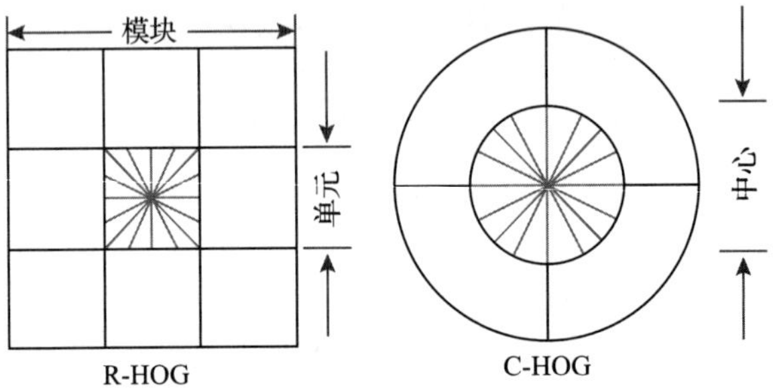

（a）矩形区间　　（b）环形区间

图 5-13　HOG 组合区间

5. 搜集特征

将图像中所有块的特征向量进行串联，得到图像的 HOG 特征向量，该向量可以用于后续的人脸识别任务，如人脸验证、人脸检测、人脸识别等。在 Python 中可以使用 dlib 库来辅助实现人脸检测和计算 HOG 特征，使用 dlib 库提供的 HOG 人脸检测器。用 dlib.get_frontal_face_detector()函数实现对人脸图像的 HOG 算法检测，返回人脸区域的坐标，将返回的左边用矩形框画出来就可以定位到人脸所在区域，定位效果如图 5-14 所示。

从图 5-14 可以看出，HOG 特征的方法对于多人图像的检测效果好于 Haar 检测，图像中的人脸都能识别到，但是检测的时间比较长，对于实时检测的场景达不到好的效果。

5.3.3　SSD 检测方法

目前主流的目标算法主要分为两个类型：一种是两阶段（two-stage）方法，如 R-CNN 系算法，其主要思路是先通过启发式方法（selective search）或者 CNN 网络（RPN）产生一系列稀疏的候选框，然后对这些候选框进行分类与回归，两阶段方法的优势是准确度高；另一种是一阶段（one-stage）方法，如 SSD 和 YOLO，其主要思路是均匀地在图片的不同位置进行密集抽样，抽样时可以采用不同尺度和长宽比，利用 CNN 提取特征后直接进行分类与回归，整个过程只

HOG检测:6.557 162 284 851 074 s

图 5-14 HOG 方法检测结果

需要一步,所以其优势是速度快,但是均匀地密集采样的一个重要缺点是训练比较困难,这主要是因为正样本与负样本(背景)极其不均衡,导致模型准确度稍低。

SSD(single shot multibox detector)是一种基于深度学习的目标检测方法,可以用于人脸检测,single shot 指明了 SSD 属于一阶段方法,即不需要候选框生成和筛选的过程,可以直接输出最终的检测结果,multibox 指明了 SSD 是多框预测。其原理是通过在图像上应用多个不同尺度的卷积层和预测层来同时检测多个目标。

SSD 的核心思想是将 CNN 应用于多个尺度的特征图上,以实现对不同尺度的目标检测。其整体结构如图 5-15 所示。

具体来说,SSD 包括两个主要部分,即基础网络和多个预测层。

(1)基础网络 SSD 使用一个预训练的 CNN 作为基础网络,常用的选择是 VGGNet 或 ResNet,图中采用的是 VGG16。该网络负责提取输入图像的特征,并生成一系列不同尺度的特征图。

(2)预测层 在每个特征图上,SSD 添加了一系列卷积层,用于预测不同尺度和不同长宽比的目标框。这些卷积层可以分别预测目标的类别和位置。

对于每个预测层,通常会设置几个锚框(anchor box),这些锚框是在不同位置和尺度上定义的默认框。每个锚框都与特征图上的一个位置相对应。

预测层通过卷积操作来预测每个锚框的类别概率和位置偏移量。通常分类预测使用 softmax 函数来输出每个锚框属于各个类别的概率分布,而位置预测使用回归算法来调整默认框的位置以更准确地匹配目标框。

最后,通过对所有预测层的输出进行解码和筛选,可以得到检测到的人脸框,并进行后续的人脸识别或其他任务。SSD300 网络详细的结构及对某一图像的识别过程如图 5-16 所示,其中,300 表示输入图像的大小是 300×300,采用 VGG16 网络作为主干,实际应用中也可以用 ResNet 或 MobileNet 网络来替代 VGG16。图中 VGG 网络的多个特征图用于检测,这样做的优势是可用比较大的特征图来检测相对较小的目标,而小的特征图负责检测大目标。此外,SSD 采用卷积对不同的特征图来进行提取检测结果。

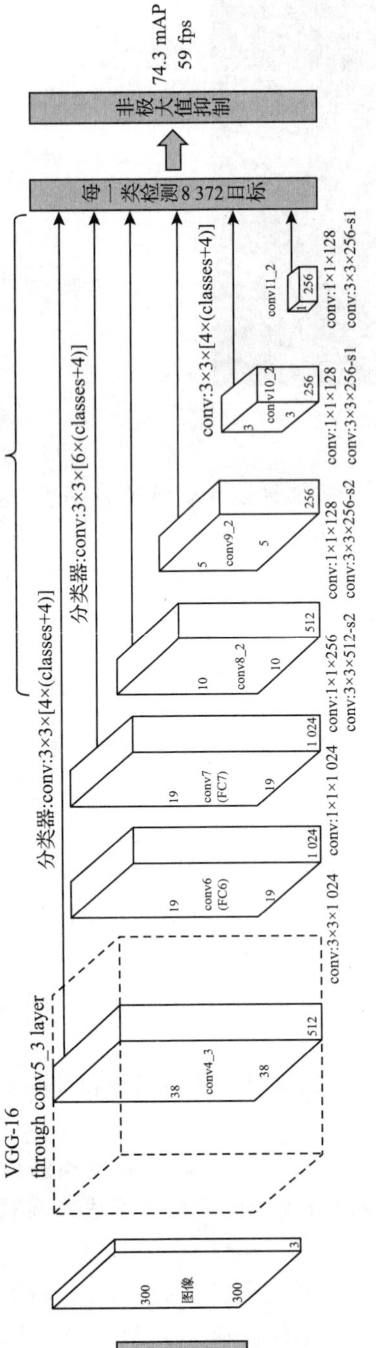

图 5-15　SSD 网络总体架构

（Liu 等，2016）

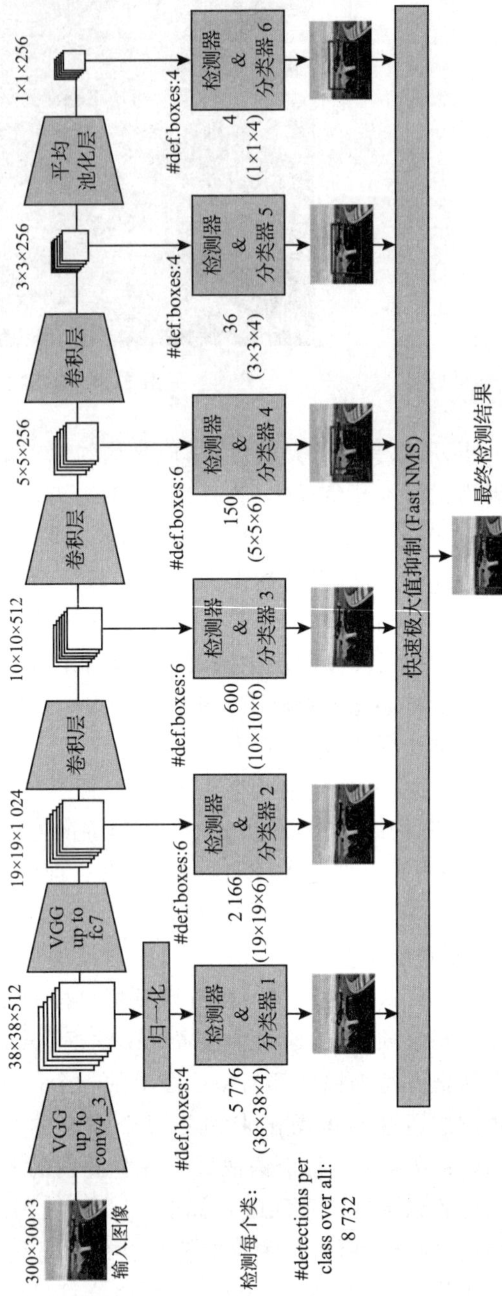

图 5-16　SSD300 网络详细结构

SSD 方法可以在单个前向传递中完成目标检测，而不需要额外的候选框生成步骤。这使得 SSD 在速度上比一些两阶段方法更高效，能够实现实时目标检测，适用于对实时性要求较高的场景。同时通过引入多尺度的特征图，SSD 算法可以检测不同大小的目标物体。但是，SSD 算法也存在着一定的不足，例如对小目标物体的检测效果相对较差，容易产生误检测，同时也需要在训练过程中进行大量的数据增强和数据集筛选，对硬件资源的要求也较高。

在 Python 中可以使用 OpenCV 库来实现人脸 SSD 方法检测，本书示例采用指定预训练的 ResNet 网络作为主干的模型权重文件和配置文件。使用 cv2. dnn. readNetFromCaffe() 函数加载模型和配置文件，创建一个用于人脸检测的模型。对输入图像进行预处理，缩放成 300×300 的大小，然后使用 cv2. dnn. blobFromImage() 函数生成一个用于模型输入的 blob 对象。再将预处理后的图像输入模型中，使用 net. setInput() 方法设置输入，使用 net. forward() 方法进行模型推理，获取检测结果。遍历检测结果，解析每个检测到的人脸目标，并绘制边界框和置信度。当对同一幅图像进行检测时，SSD 方法检测结果如图 5-17 所示。

SSD检测:0.094 277 858 734 130 86 s

图 5-17　SSD 方法检测结果

从图 5-17 可以看出，SSD 特征的方法对多人图像有较好的检测效果，同时检测速度也很快。

5.3.4　MTCNN 检测方法

MTCNN(multi-task cascaded convolutional neural network)的中文为多任务级联卷积神经网络。该网络在诞生之初是表现最优的，虽然当前表现已经不是最优的了，但该网络具有很大的意义，第一次将人脸检测和人脸特征点定位结合起来，而得到的人脸特征点又可以实现人脸校正。

MTCNN 网络采用三网级联结构，先将图像缩放为不同大小的范围(称为图像金字塔)，然后使用第一个网络模型 P-Net 提取候选面部区域；第二个模型 R-Net 过滤边界框；第三个模型 O-Net 输出边界框和面部特征点位置，模型处理过程如图 5-18 所示。

三个级联的卷积神经网络的作用分别是：

(1) P-Net　使用全卷积网络，对输入图像的不同尺度进行滑动窗口扫描，快速生成候选窗口，并进行人脸分类和边框回归。然后使用非极大值抑制(NMS)来减少重叠的窗口。

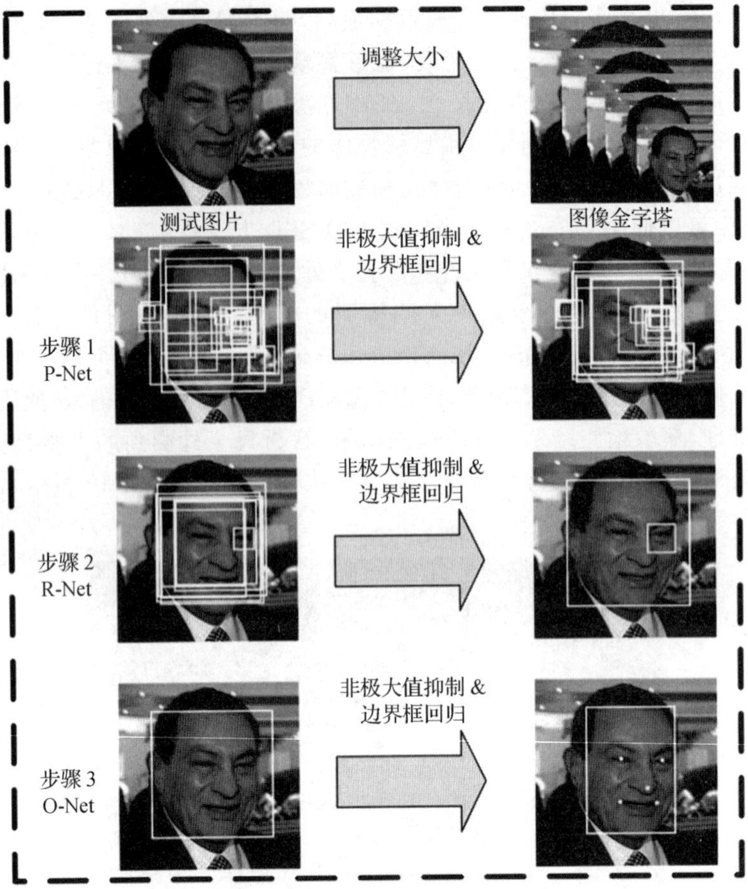

图 5-18　MTCNN 网络提取过程

(Zhang 等，2016)

(2)R-Net　对 P-Net 输出的候选窗口进行裁剪和缩放，输入到一个卷积网络中，进行更精确的人脸分类和边框回归。然后使用 NMS 进一步减少窗口数量。

(3)O-Net　对 R-Net 输出的候选窗口进行裁剪和缩放，输入到一个更深的卷积网络中，输出最终的人脸框和 5 个人脸关键点的坐标。然后使用 NMS 来移除重复的窗口。

在人脸识别的应用中，MTCNN 方法进行人脸检测定位的主要步骤是：首先，构建输入图像的金字塔，即按照一定的比例缩放图像，以适应不同大小的人脸。其次，将每一层的图像输入 P-Net 中，得到一系列的候选窗口，根据它们的置信度和回归系数，筛选出可能包含人脸的窗口，并调整它们的位置和大小。再次，将 P-Net 输出的候选窗口输入 R-Net 中，得到更精确的人脸分类和边框回归结果，再次筛选和调整窗口。最后，将 R-Net 输出的候选窗口输入 O-Net 中，得到最终的人脸框和人脸关键点的坐标，再次筛选和调整窗口，输出最终的人脸检测结果。

在 Python 中可以通过 MTCNN 库的方法对人脸目标进行检测，使用 MTCNN() 函数来创建 MTCNN 模型实例，即人脸检测器。然后使用 detector.detect_faces() 方法对图像进行人脸检测，返回一个人脸列表，每个人脸都是一个字典，包含人脸框的位置、关键点坐标以及人脸置信度评分。最后使用 plt.imshow() 函数显示带有人脸框和关键点的图像，对同一幅图像进行检测，MTCNN 得到的检测结果如图 5-19 所示。

图 5-19 MTCNN 方法检测结果

从图 5-19 可以看出，MTCNN 特征的方法对于多人图像也有较好的检测效果，同时检测速度也很快，给出的关键点信息也较为准确。

5.3.5 RFB 检测方法

RFB 是一种基于单阶段卷积神经网络的人脸检测方法，主要思想是通过引入一种称为反馈式平衡网络（receptive field block，RFB）的模块，来增强网络的感受野和特征表达能力，从而提高人脸检测的速度和精度。RFB 模块结构如图 5-20 所示。

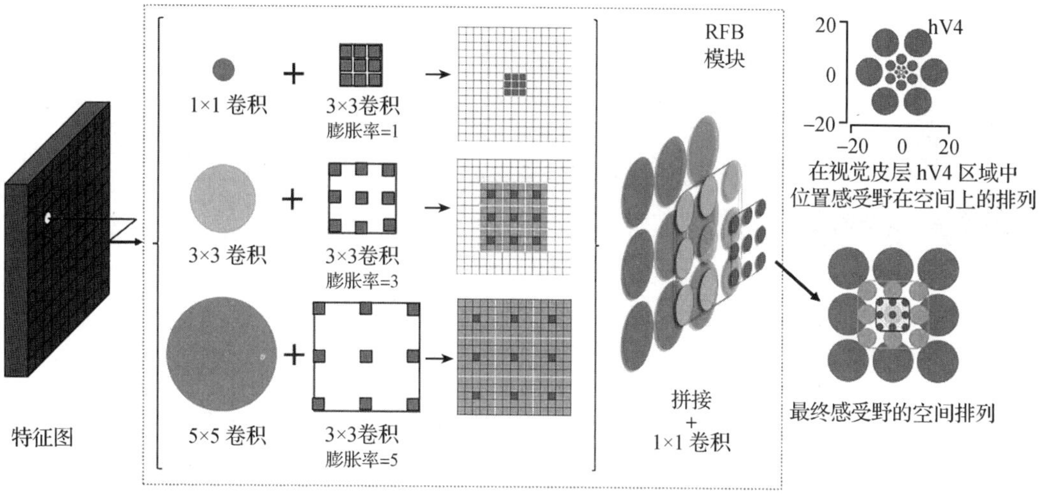

图 5-20 RFB 模块结构图

（Liu 等，2018）

图 5-20 中虚线部分即为 RFB 模块，RFB 模块主要有两个特点：

（1）RFB 模块有多个分支，每个分支的第一层都由特定大小的卷积核构成，如图 5-20 中的 1×1,3×3,5×5。

(2)RFB 模块引入了空洞卷积,主要是为了增加感受野,空洞卷积之前是应用在分割网络 DeepLab 中,这里将其应用在检测任务中,以获得更大的感受野,可以更好地编码空间长距离语义。

在 RFB 模块中,最后将不同尺寸和感受野的输出特征图进行 Concat 操作,以达到融合不同特征的目的。在图 5-20 中,RFB 模块中使用 3 种不同大小和颜色的输出叠加来展示。在图 5-20 的最后一列中将融合后的特征与人类视觉感受野做对比,从图中看出是非常接近的。

RFB 方法是基于 SSD 框架的改进,它将原始的 SSD 网络中的 VGG16 骨干网络替换为更轻量的 MobileNet,并在每个特征金字塔层后面添加了 RFB 模块,以增强特征的表达能力。RFB 方法还使用了自适应锚框(adaptive anchor box)的机制,根据数据集的人脸尺寸分布,动态地生成合适的候选区域,以提高检测的准确率。它的优点是速度较快,且对于小尺寸的人脸,检测效果较好。它的缺点是对于大尺寸的人脸,检测效果较差,且不提供人脸的关键点信息。

5.3.6 RetinaFace 检测方法

RetinaFace 是 InsightFace 在 2019 年提出的新人脸检测模型,它在人脸识别 WIDER FACE 数据集上刷新了人脸检测的最佳性能,同时也提高了人脸识别的准确率(Deng 等,2019)。原模型使用 MxNet 框架进行搭建,目前社区也有其他框架复现的版本,最为人熟知的莫过于 PyTorch 版的 RetinaFace。RetinaFace 是基于检测网络 RetinaNet 的改进版,添加了 SSH 网络的三层级联检测模块,提升检测精度。作者提供了两种网络的复现版本(MobileNet 版本和 ResNet 版本),基于 MobileNet 的构建版旨在提供更加快速的检测,基于 ResNet 的构建版则更重于精度的指标。RetinaFace 的 Mnet 本质是基于 RetinaNet 的结构,采用了特征金字塔的技术,实现了多尺度信息的融合,对检测小物体有重要的作用。图 5-21 所示为其特征金字塔的结构。

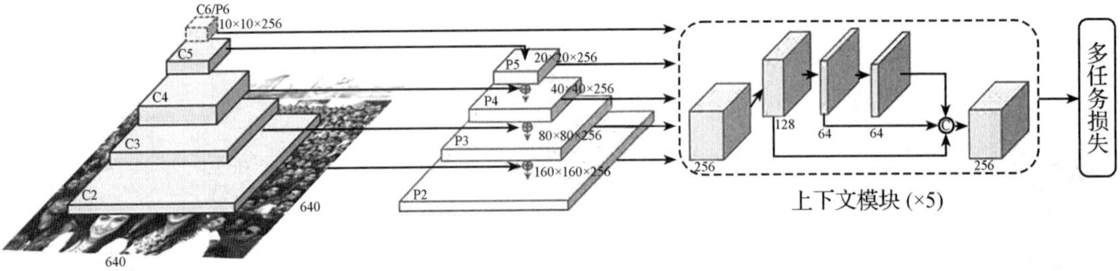

图 5-21　RetinaFace 特征金字塔

(Deng 等,2019)

RetinaFace 使用多个尺度的特征金字塔来检测不同大小的人脸。它通过在不同层次的特征图上进行检测,可以有效地处理图像中不同尺度的人脸。RetinaFace 是一种基于单阶段设计的人脸检测器,它通过联合外监督和自监督的多任务学习,对各种尺寸的人脸进行像素级别的定位。其主要步骤如下:

(1)使用一个特征提取网络(如 ResNet 或 MobileNet)来提取图像的多层特征。

(2)使用特征金字塔网络(FPN)来融合不同层次的特征,并生成多尺度的特征图。

(3)使用上下文模块(SSH)来增强特征图的感受野和上下文信息,以提高对小的人脸和遮挡人脸的检测能力。

(4)在每个特征图上使用 4 个并行的分支来预测人脸的分类、边界框、关键点和三维形状。其中,分类分支用于判断每个候选框内是否有人脸,边界框分支用于回归人脸的位置和大小,关键点分支用于回归人脸的 5 个关键点(眼睛、鼻尖和嘴角),三维形状分支用于预测人脸的逐像素的三维信息,并利用一个自监督的网格编码器来重建人脸的二维图像。RetinaFace 的优点是它可以在单个网络中同时完成人脸检测和对齐,而且可以在不同的场景和条件下实现高精度和高效率的人脸检测。

在 Python 中可以通过 InsightFace 库的方法来实现 RetinaFace 检测,通过 model_zoo. get_model('retinaface_r50_v1')函数来加载 RetinaFace 模型并准备好使用。然后,调用模型的 detect 方法进行人脸检测,返回检测到的人脸框和关键点信息。打印检测耗时,并在图像上绘制检测结果。最后显示带有人脸检测结果的图像窗口,得到的人脸检测结果如图 5-22 所示。

RetinaFace检测:0.085 703 134 536 743 16 s

图 5-22 RetinaFace 方法检测结果

从图 5-22 可以看出,RetinaFace 特征的方法对于多人图像也有较好的检测效果,对于人脸框和关键点的坐标更加精确,同时检测速度也很快。

5.3.7 SCRFD 检测方法

SCRFD(selective contextual regression network for efficient face detection)是 2021 年 InsightFace 提出的一个人脸检测模型,时至今日仍是 Insightface 中 Face Detection 方法中的优先推荐算法。

SCRFD 是一种高效的人脸检测方法,它的原理是利用样本再分配(sample redistribution,SR)和计算再分配(computation redistribution,CR)来提高模型的性能和效率。SR 是一种数据增强策略,它通过放大一些小的人脸样本来增加训练数据中小脸的比例,从而提升模型对微小人脸的检测效果。CR 是一种基于神经结构搜索(NAS)的方法,它通过在模型的主干、颈部和头部之间重新分配计算,来找到最佳的网络架构。SCRFD 在人脸检测中的实现是基于 PyTorch 和 MMdetection 框架的,它使用了 ResNet 作为骨干,特征金字塔网络(FPN)作为颈部,以及一个轻量级的头部设计。SCRFD 可以在不同的计算复杂度下,通过调整 SR 和 CR 的参数,来达到最优的精度和效率的权衡。SCRFD 在 WIDER FACE 数据集上取得了最先进的结果，同时在 VGA 分辨率的图像上比 TinaFace 快 3 倍以上。

在 Python 中可以通过 InsightFace 库中提供的 scrfd. py 方法来实现对人脸图像的 SCRFD 方法检测，提前下载好预训练的模型 scrfd_10g. onnx，再进行加载和人脸检测，得到的结果如图 5-23 所示。

图 5-23　SCRFD 方法检测结果

从图 5-23 可以看出，SCRFD 特征的方法对于多人图像也有很好的检测效果，人脸框和关键点的坐标比以上的方法更为精确，同时检测速度也最快。

在检测到了人脸之后，通常要进行人脸配准操作，也就是将检测到的人脸部分通过仿射变换和裁剪操作，得到人脸图像。具体实现为将提取到的关键点(landmark)坐标转化为数组，计算出仿射变换的矩阵，再对人脸图像进行仿射变换，对人脸进行校准，获得相对比较正的人脸，人脸校准可以有效提升人脸识别的效果。在 Python 中的实现思路是利用 OpenCV 库提供的 estimateAffine2D()函数计算估计出人脸关键点(5 个点，包括两只眼睛、鼻子中间点以及嘴巴两端)和参考人脸关键点(reference landmark)的仿射变换矩阵，再根据仿射变换矩阵矫正人脸图像。对单人图像进行人脸对齐演示，将单人人脸图像的检测图像进行配准，就能得到对齐后的图像如图 5-24 所示。

图 5-24　单人图像人脸对齐

5.4　人脸特征提取

在得到了人脸配准的图像之后，就可以进行人脸特征提取。人脸特征提取指的是从人脸图像中计算提取人脸紧凑且具鉴别性的特征向量，或者称为特征模板(feature template)。通过对得到的特征向量进行比对，要求同一个人的不同照片提取的特征在特征空间相距很近，不同人的人脸照片提取的特征在特征空间相距较远，从而达到正确识别的效果。人脸特征提取的目的在于从人脸图像中提取出具有辨别性的特征表示，用于后续的人脸识别或分析任务，图 5-25 所示为人脸特征提取方法的分类。

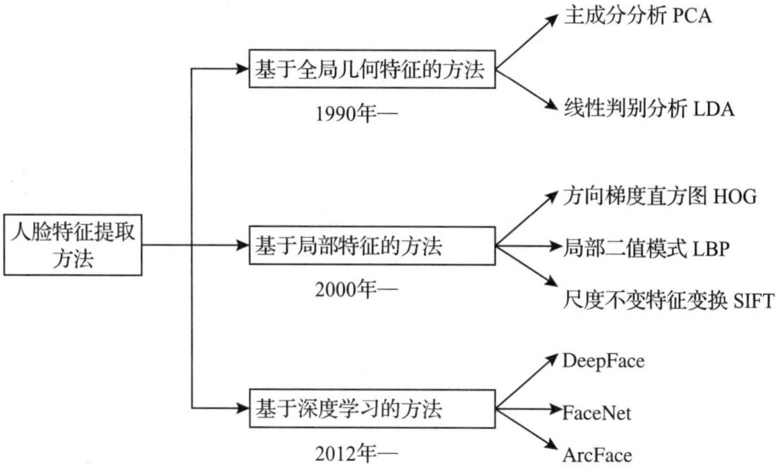

图 5-25　人脸特征提取方法的分类

如图 5-25 所示，人脸特征提取的方法按照出现时间和技术特点可以大致分为 3 类，分别是基于全局几何特征的方法、基于局部特征的方法和基于深度学习的方法。

1. 基于全局几何特征的方法

该法是最早被应用于人脸识别的方法之一。几何特征通常使用人脸的关键点位置、轮廓、形状等表示，它基于人脸的几何结构，通过测量和计算人脸的关键特征点之间的距离、角度等几何属性来表示人脸特征。例如，眼睛之间的距离、眉毛的弯曲程度等。然而，几何特征法对于光照、表情等因素的干扰较大，容易导致误识别。几何特征一些经典的提取方法如下：

(1)主成分分析(PCA)　通过线性变换将原始特征映射到低维子空间，使得投影方差最大化，从而提取出最具代表性的主成分特征(Turk 和 Pentland，1991)。

(2)线性判别分析(linear discriminant analysis，LDA)　通过最大化类间散度和最小化类内散度的方式，将原始特征映射到低维空间，以提高不同类别之间的可分性(Belhumeur 等，1997)。

通过寻找一组投影向量将人脸图像进行降维，再将低维特征送入类似 SVM 等机器学习分类器进行人脸识别比对。

2. 基于局部特征的方法

该法是通过提取人脸图像中的局部特征区域(如眼睛、鼻子、嘴巴等)来表示人脸特征。将得到的各个局部特征向量串联，作为人脸表示。这类方法往往比基于全局的 Holistic 方法更具鲁棒性，它不仅可以减少光照和表情的影响，还能够提高人脸识别的准确性。一些基于局部特征的方法有 HOG、LBP(local binary patterns)、SIFT(scale-invariant feature transform)、SURF(speeded up robust features)，这些方法通过对局部区域的纹理和结构进行分析，从而得到具有代表性的特征。

LBP 特征是这一类方法中最重要的局部特征之一。LBP 方法通过对图像中的像素点与邻域像素进行比较，提取出每个像素点的二值编码，然后统计不同二值模式的出现频率，作为人脸的纹理特征。具有灰度不变性和旋转不变性等优点。

原始的 LBP 算子定义为在 3×3 的窗口内，以窗口中心像素为阈值，将相邻的 8 个像素的灰度值与其进行比较，若周围像素值大于中心像素值，则该像素点的位置被标记为 1，否则为 0。这样，3×3 邻域内的 8 个点经比较可产生 8 位二进制数(通常转换为十进制数即 LBP 码，共 256 种)，即得到该窗口中心像素点的 LBP 值，并用这个值来反映该区域的纹理信息。LBP 值的计算过程，如图 5-26 所示。

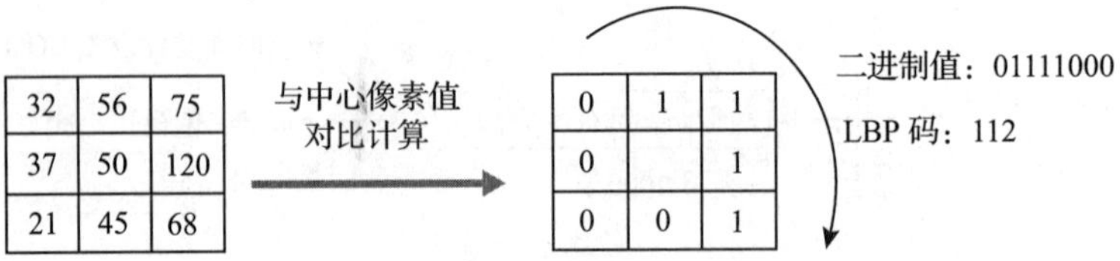

图 5-26　LBP 值计算过程

以公式形式可以表示为：

$$\mathrm{LBP}(x_c, y_c) = \sum_{p=0}^{p-1} 2^p s(i_p - i_c) \tag{5-5}$$

其中(x_c, y_c)是中心像素，i 是灰度值，s 是一个符号函数，表示为：

$$s(x) = \begin{cases} 1 & \text{if } x \geqslant 0 \\ 0 & 其他 \end{cases} \tag{5-6}$$

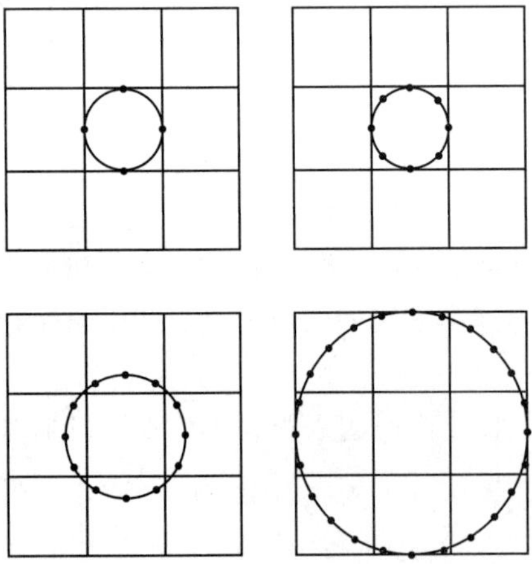

图 5-27　几种常见圆形 LBP 算子

原始的 LBP 提出后，研究人员不断对其进行各种改进和优化，其中一种比较典型的是圆形 LBP 算子。基本的 LBP 算子的最大缺陷在于它只覆盖了一个固定半径范围内的小区域，这显然不能满足不同尺寸和频率纹理的需要。为了适应不同尺度的纹理特征，并达到灰度和旋转不变性的要求，Ojala 等(2002)对 LBP 算子进行了改进，将 3×3 邻域扩展到任意邻域，并用圆形邻域代替了正方形邻域，改进后的 LBP 算子允许在半径为 R 的圆形邻域内有任意多个像素点，从而得到了诸如半径为 R 的圆形区域内含有 P 个采样点的 LBP 算子。图 5-27 为几种常见的不同半径和不同像素点的 LBP 算法的示意图。

对于一幅图像，可以通过得到一个 LBP 码矩阵，表示图像的局部纹理信息。为了提取图像的全局特征，可以将图像分为若干个子区域，计算每个子区域的 LBP 码的直方图，即统计每种 LBP 码出现的次数，然后将所有子区域的直方图连接起来，形成一个特征向量，表示图像的

LBP 特征。

最后，可以利用 LBP 特征向量进行人脸识别或其他任务，通过比较不同图像的 LBP 特征向量的相似度，来判断图像的相似程度或类别。

Ahonen 等(2004)将人脸划分为 7×7 个区域，对每个区域进行 LBP 直方图进行统计，得到 7×7×59 维特征向量用于后续的人脸识别比对，划分过程如图 5-28 所示。

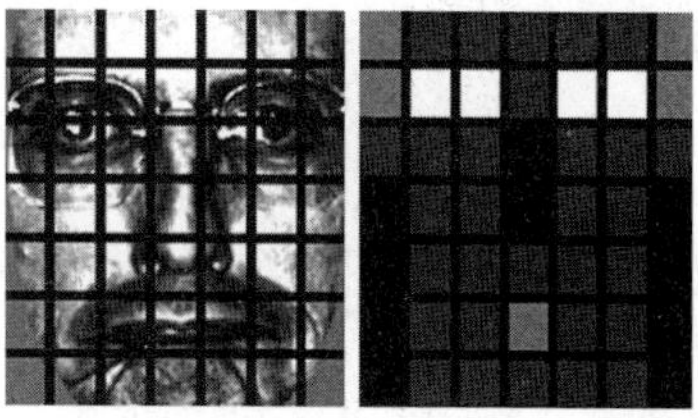

(a)　(b)

图 5-28　LBP 方法人脸特征提取

(Ahonen 等，2004)

3. 基于深度学习的方法

该法通过使用深度神经网络，如卷积神经网络(CNN)、残差网络(ResNet)等，从人脸图像中学习到高层次的特征表示。通过在大规模数据集上进行训练，深度学习模型可以自动学习到对人脸具有判别性的特征。深度学习尤其是深度卷积神经网络的出现极大地推动了人脸识别系统的研究和落地。卷积神经网络通过多层卷积和池化操作，自动学习图像中的局部特征和全局特征，并通过全连接层将其映射到特征向量空间。基于深度学习的人脸特征提取方法最大的优势是可以从数据集中自动学习特征，如果数据集能够覆盖人脸识别中常遇到的各种情况(如光照、姿态、表情等)，则算法能够自动学习适应各种挑战的鲁棒的人脸特征。

一般来说，基于深度学习的人脸特征提取方法可以分为两类，基于人脸对齐的方法和基于人脸对齐自由的方法。基于人脸对齐的方法是指在提取特征之前，先对人脸图像进行人脸检测和人脸对齐的预处理，将人脸图像变换到一个统一的角度或姿态，然后再送入深度神经网络进行特征提取。基于人脸对齐自由的方法是指不需要对人脸图像进行人脸对齐的预处理，而是直接将人脸图像送入深度神经网络进行特征提取，这样的方法可以更好地适应人脸图像的多样性和复杂性。

基于人脸对齐的方法中，比较常用的方法有 DeepFace、FaceNet、VGGFace 等。这些方法的共同点是都使用了卷积神经网络(CNN)作为特征提取器，但是在网络结构、损失函数、训练数据集等方面有所差异。

(1)DeepFace　是 Facebook AI Research 于 2014 年开发的一个深度学习的人脸识别系统，其主要贡献是提出了一个包含 9 层 CNN 的网络结构，以及一个用于人脸对齐的 3D 模型(Taigman 等，2014)。DeepFace 先使用 3D 模型将人脸图像变换到一个标准的正面视角，然后使用 CNN 提取特征，最后使用 SVM 或者 softmax 进行分类或者验证。DeepFace 在 LFW 数据集上达到了 97.35%的准确率，与人类的表现相当。目前 DeepFace 也是一个经典的 Python 轻量级人脸识别和人脸属性分析(年龄、性别、情感和种族)框架，提供非常简单的接口就可以实现各种人脸识别算法的应用。

(2)FaceNet　是 Google 在 2015 年提出的网络结构，其主要贡献是提出了一个基于三元组损失函数(triplet loss)的训练方式，以及一个用于人脸检测和对齐的方法(Schroff 等，2015)。它可以直接学习从人脸图像到欧几里得空间的映射(直接将人脸映射到欧几里得空间)。在欧几里得空间中，距离直接对应于人脸相似性的度量。一旦这个空间产生，使用标准技术，将 FaceNet 嵌入作为特征向量，就可以很容易地实现人脸识别、验证和聚类等任务。FaceNet 模型的特点是使用了一个深度残差网络(ResNet)来提取人脸特征，然后使用一个三元组损失函数(triplet loss)来优化人脸特征，使得同一个人的人脸特征之间的距离尽可能小，不同人的人脸特征之间的距离尽可能大。triplet loss 的表达式为：

$$L=\max[0,d(a,p)-d(a,n)+\alpha] \tag{5-7}$$

式中，a 是锚点样本，p 是正样本，n 是负样本，d 是欧氏距离，α 是一个超参数，表示两个类别之间的最小间隔。triplet loss 的含义是，当 a 和 p 属于同一个人，a 和 n 属于不同人时，要求 $d(a,p)$ 小于 $d(a,n)-\alpha$，否则就会产生损失。

同时，FaceNet 使用一个单一的 CNN 网络来同时完成人脸检测、对齐和特征提取，输出一个 128 维的特征向量。FaceNet 的网络结构如图 5-29 所示，网络由一个批处理输入层和一个深度 CNN 组成，然后进行 L_2 归一化，最后进行人脸嵌入。训练时采用三元组损失。

FaceNet 在 LFW 数据集上达到了 99.63%的准确率，大幅度超越了之前的方法。FaceNet 在 LFW 数据集上达到了 99.63%的准确率，刷新了当时的纪录，是人脸识别应用中一个经典的网络结构。

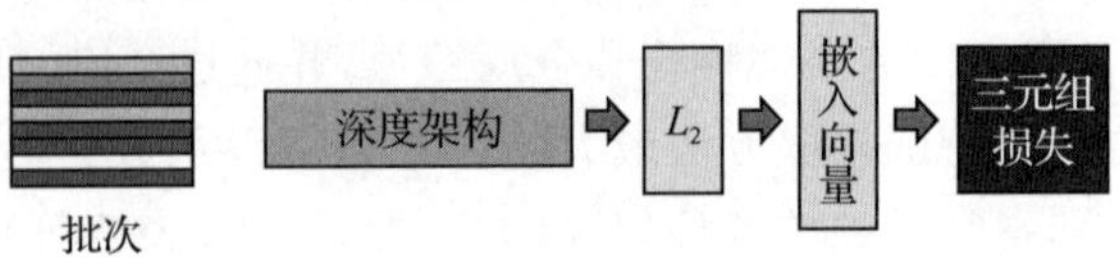

图 5-29　FaceNet 网络结构

(Schroff 等，2015)

(3)VGGFace　是牛津大学于 2015 年提出的一种基于深度学习的人脸识别方法，其主要贡献是提出了一个包含 16 层 CNN 的网络结构，结构与 VGGNet 类似。将全连接层比喻为其 filter 能看到整张图片的卷积层。同时提供了一个包含 260 万张人脸图像的大规模数据集(Parkhi 等，2015)。VGGFace 使用 VGGFace 数据集来训练网络，对于最后的 FC 层，使用 triplet loss 进行单独的训练，训练的时候冻结之前所有的层。VGGFace 在 LFW 数据集上达到了 98.95%的准确率，超过了 DeepFace 的表现。

基于人脸对齐自由的方法中，比较常用的方法有 SphereFace、CosFace、ArcFace 等。这些方法的共同点是都使用了角度度量(angular margin)来优化人脸特征，使得人脸特征在超球面上具有更好的区分性和鲁棒性。其中 margin 指的是分类问题中，样本点到决策边界的距离，它反映了分类的确信度和鲁棒性。一般来说，magin 越大，分类的效果越好，分类的错误率越低。这些方法的不同点是在角度度量的具体形式和实现细节上有所差异。

(1)SphereFace　这是南京大学于 2017 年提出的一种基于深度学习的人脸识别方法，其主要贡献是提出了一个基于角度边界(angular margin)的损失函数，以及一个用于人脸检测和对齐的方法。SphereFace 使用角度边界损失函数(A-softmax loss)来优化网络，使得同一个人的人脸特征之间的角度尽可能小，不同人的人脸特征之间的角度尽可能大。A-softmax loss 的主要思想在于使用 softmax loss 进行分割，softmax 有个天然的劣势，就是不同对象之间，在空间内挨在一起，也就意味着不同对象之间的距离不够大。而要想增强 softmax 的分类能力，其实就是要在分布上做到让同类之间距离更近，不同类之间距离更远。那么是否可以优化 softmax loss 呢？在 SVM 中，核方法是一种有效的升维方法，升维后的函数能够更好地分类数据。借鉴这种思想，可以通过增加参数来优化 softmax loss，从而将原始空间映射到更高维的空间，这个空间在 SphereFace 中提出的超球体空间，如图 5-30 所示。

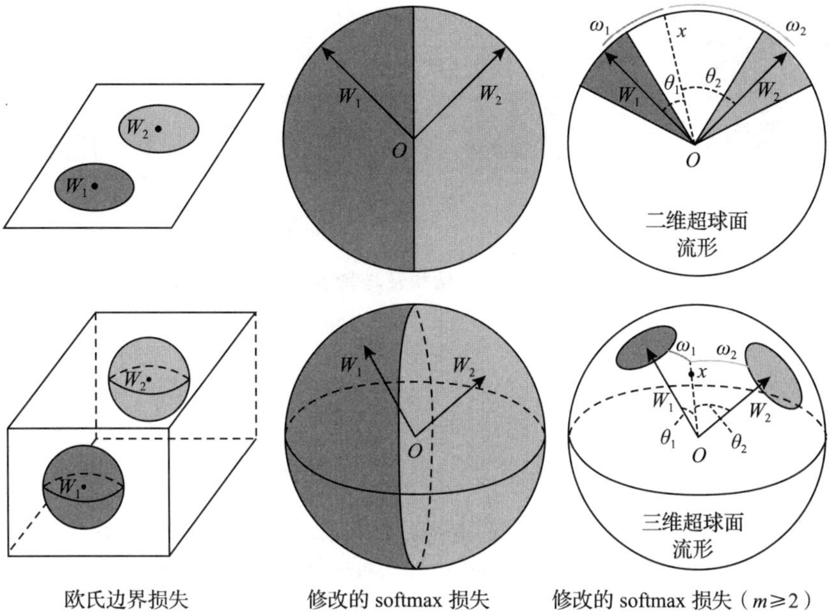

图 5-30　A-softmax loss 结构

（Liu 等，2017）

在 SphereFace 文章中提出的 A-softmax loss 损失函数的表达式为：

$$L_{\text{ang}}=\frac{1}{N}\sum_{i}\left[-\log\left(\frac{e^{\|x\|\psi(\theta_{y_i,i})}}{e^{\|x\|\psi(\theta_{y_i,i})}+\sum_{j\neq y_i}e^{\|x\|\cos(\theta_{j,i})}}\right)\right] \tag{5-8}$$

式中，i 表示第 i 个样本，y_i 表示第 i 个样本的 ground truth 标签，$\theta_{j,i}$ 表示第 W_j 和样本 x_i 之间的夹角，$\psi(\theta_{i,j})$函数的表达式为：

$$\psi(\theta_{i,j})=(-1)^n\cos(m\theta_{i,j})-2n,\quad \theta_{i,j}\in\left[\frac{n\pi}{m},\frac{(n+1)\pi}{m}\right],\quad n\in[0,m-1] \tag{5-9}$$

A-softmax loss 的作用就是将人脸特征映射到高维球面空间，以提高特征的区分性和鲁棒性。SphereFace 在 LFW 数据集上达到了 99.42%的准确率，超过了 FaceNet 的表现（Liu 等，2017）。

（2）CosFace　是腾讯 AI 实验室于 2018 年在 CVPR 上提出的人脸特征提取方法（Wang 等，2018）。在 SphereFace 基础上改进了对特征向量归一化和 additive cosine margin。由此，通过归一化和余弦决策边界的最大化，可实现类间差异的最大化和类内差异的最小化。

与 SphereFace 类似，CosFace 也是从 softmax 的余弦表达形式入手来进一步提高人脸识别的准确率，提出了 LMCL（large margin cosine loss）方法，对于 cosine 空间上的损失函数，将 A-softmax 中的 θ 乘以 m，改为了对 $\cos(\theta)$减去余弦间隔（additive cosine margin），还对特征向量和权重归一化。图 5-31 所示为 LMCL 的可视化结构及与其他 softmax 方法的对比。

LMCL 方法的表达式为：

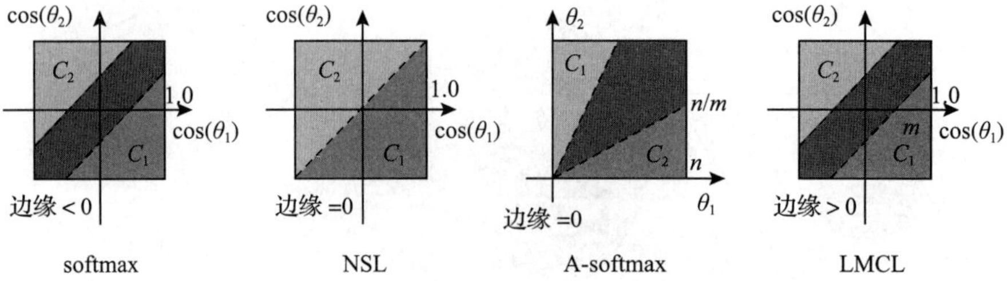

图 5-31 LMCL 的可视化结构及与其他 softmax 方法的对比

(Wang 等，2018)

$$L_{\mathrm{lmc}}=\frac{1}{N}\sum_{i}\left[-\log\left(\frac{\mathrm{e}^{s[\cos(\theta_{y_i,i})-m]}}{\mathrm{e}^{s[\cos(\theta_{y_i,i})-m]}+\sum_{j\neq y_i}\mathrm{e}^{s\cos(\theta_{j,i})}}\right)\right] \tag{5-10}$$

其中，i 表示当前训练样本的索引，y_i 表示当前训练样本 i 的标签(类标签)，$\theta_{y_i,i}$ 则表示当前样本 i 与标签 y_i 所对应的特征向量的夹角；s 为缩放因子，用于放大归一化后的余弦相似度值，解决归一化后值域[−1,1]导致的梯度较小问题；m 为边际参数，用于控制类别间的间隔大小。$\cos(\theta_{y_i,i})$就表示样本 i 与标签 y_i 的余弦相似度。

LMCL 损失函数的设计思路是通过在余弦空间上减去一个正值，使得在 0～π 这个单调区间上，$\cos(\theta_{y_i,i})-m$ 更小，则等效于 $\theta_{y_i,i}$ 更大，说明样本与自己的类中心夹角过大。m 的作用就是提高了样本的训练环境，待 loss 收敛时，θ 就会更加小，则类内更加聚拢。

(3)InsightFace 原来叫作 ArcFace，但是由于与虹软重名，后改名为 InsightFace。ArcFace loss 作为人脸识别任务中一种新的损失函数，ArcFace 损失函数继承了 SphereFace 和 CosFace 的思想，在 CosFace 损失函数的基础上改进了对特征向量归一化和加性角度间隔(additive angular margin)，提高了类间可分性，同时加强类内紧度和类间差异(Deng 等，2019)。ArcFace 的结构如图 5-32 所示，其在 LFW 数据集上达到了 99.83%的准确率，创造了新的纪录。

ArcFace 是基于 softmax 损失函数的改进，它首先对特征向量和权重向量进行 L_2 归一化，使它们分布在一个半径为 s 的超球面上，然后利用反余弦函数来计算特征和权重之间的角度，再在目标角度上加上一个预设的角度间隔 m，最后用余弦函数重新计算逻辑回归的反向传播过程，ArcFace 的表达式为：

$$L=\frac{1}{N}\sum_{i}-\log\left[\frac{\mathrm{e}^{s[\cos(\theta_{y_i,i}+m)]}}{\mathrm{e}^{s[\cos(\theta_{y_i,i}+m)]}+\sum_{j\neq y_i}\mathrm{e}^{s\cos(\theta_{j,i})}}\right] \tag{5-11}$$

其中，i 表示当前训练样本的索引，y_i 表示当前训练样本 i 的标签(类标签)，$\theta_{y_i,i}$ 则表示当前样本 i 与标签 y_i 所对应的特征向量的夹角；s 和 m 均为正数。

可以看出表达式和 CosFace 非常类似，只是将 m 作为角度加上去了，这样就强行拉大了同类之间的角度，使得神经网络更努力地将同类收得更紧。这样修改的原因是角度距离比余弦距离对角度的影响更加直接。ArcFace loss 的出发点是从反余弦空间优化类间距离，通过在夹角上加个 m，使得 cos 值在 0～π 单调区间上值更小。图 5-33 所示为 ArcFace 损失函数的可视化结构及与其他 softmax 方法的对比。

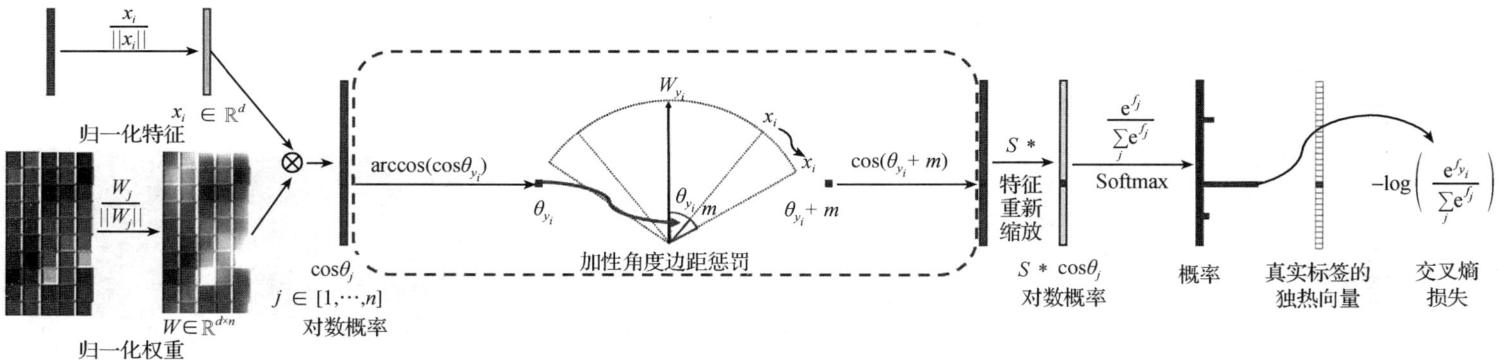

图 5-32 ArcFace 网络结构

（Deng 等，2019）

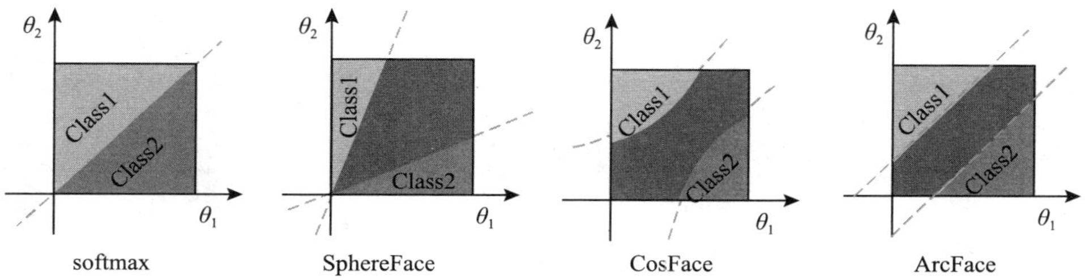

图 5-33 ArcFace loss 的可视化结构及与其他 softmax 方法的对比

（Deng 等，2019）

从图 5-33 中可以看出，不同的 softmax 方法存在着不同的几何差异。ArcFace 在整个区间内具有恒定的线性角度 margin，margin 保持不变。注意图 5-33 二分类情况下的决策边界的坐标轴是 θ，而不是 $\cos(\theta)$。尽管 ArcFace 与以往的工作相似，但由于角度与测地距离具有精确的对应关系，提出的加性角度间隔具有较好的几何属性；CosFace 的 margin 在角度空间上有非线性的角度间隔，但在 cos 空间上是直线；SphereFace 在 θ 比较小时 margin 也比较小；而 softmax 没有 margin。

ArcFace 的加性角度间隔可以直接优化测地线距离（geodesic distance），因为在归一化的超球面上，角度和弧度有精确的对应关系。这样，ArcFace 可以在角度空间中最大化分类界限，而不是在余弦空间中，从而更加符合几何直觉。

5.5 人脸特征识别

人脸识别的方法可以分为人脸对比（1：1）和人脸检索（1：N），它们可以应用在不同的场景中。

5.5.1 人脸对比

1：1 人脸对比（也称人脸验证或身份验证），即将两张人脸进行 1：1 比对，得到人脸相似度，来判断是否是同一个人，一般用于人证比对等场景，如银行卡、QQ、微信、支付宝等账号登录时人脸身份验证。

两张人脸图像对比的流程为首先将两张人脸图像分别进行关键点检测，得到人脸的定位信息和 5 个关键点信息，然后通过仿射变换进行人脸的对齐操作，使用 InsightFace 库所提供的 IR-SE50 模型提取出人脸特征向量，再将两张图片的特征向量进行相似度对比，计算出相似人脸分数，如果分数大于阈值（如 0.75），则认定为同一个人。

以图 5-24 的单人人脸图像和另一张角度拍摄的同一个人图像进行对比，判断是否为同一个人，同时打印出图片对应的特征向量和相似度分数以及对比结果，true 表示是同一个人，false 表示不是同一个人。人脸对比图像 1 如图 5-34 所示，人脸对比图像 2 和结果如图 5-35 所示。

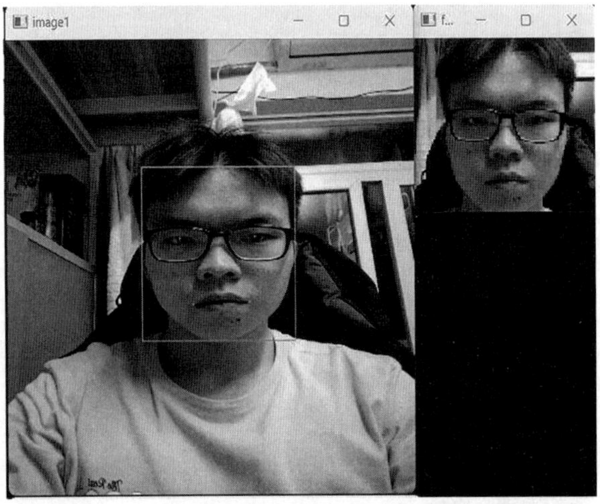

图 5-34　人脸对比图像 1

从对比结果最后一行中可以看出，模型给出的相似度分数约为 0.976，超过了设置的识别阈值，因此能够判断出两张图片为同一个人。

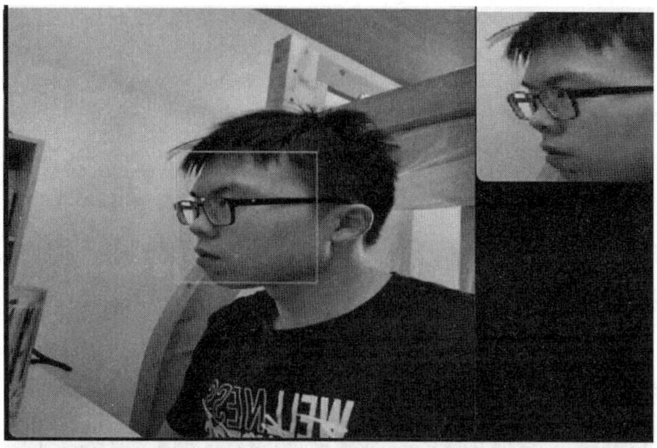

```
network   :resnet50
use device:cuda:0
feature1.shape:(1, 512)
feature1:[ 0.00171376 -0.01079983 -0.00020786  0.02021131  0.01463762 -0.07111475
  0.02084344  0.01964291 -0.00480245 -0.01806508  0.08320527  0.05043526
  0.00542937  0.02310757  0.01143623 -0.02914072 -0.01441346 -0.09129178
 -0.03443907  0.03726598]
feature2.shape:(1, 512)
feature2:[ 0.04831262 -0.00637133  0.02129136  0.01067639  0.04755728 -0.11408964
  0.00870047  0.00489983  0.05854717  0.01637538  0.02407662  0.01678608
  0.0074194   0.00695117  0.03539635 -0.00152131  0.07939016 -0.01279175
 -0.10149471  0.05841105]
similarity: [0.9757706], same person: [ True]
```

图 5-35　人脸对比图像 2 和结果

将图 5-24 与另一个人的图像进行对比，检测是否能判断出两张人脸图像不是同一个人。人脸对比图像 3 和结果如图 5-36 所示。从对比结果可以看出，模型给出的相似度分数约为 0.028，没有达到识别阈值，因此判断出两张图片不是同一个人。

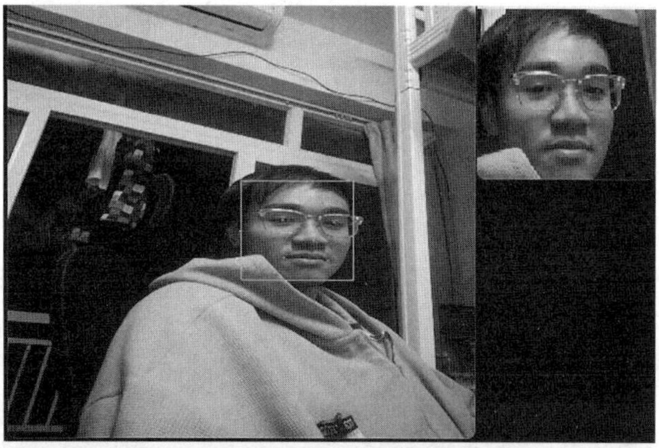

```
network   :resnet50
use device:cuda:0
feature1.shape:(1, 512)
feature1:[ 0.00171376 -0.01079983 -0.00020786  0.02021131  0.01463762 -0.07111475
  0.02084344  0.01964291 -0.00480245 -0.01806508  0.08320527  0.05043526
  0.00542937  0.02310757  0.01143623 -0.02914072 -0.01441346 -0.09129178
 -0.03443907  0.03726598]
feature2.shape:(1, 512)
feature2:[-0.03941187 -0.00215358 -0.09604861  0.00422288 -0.00736272  0.03110682
  0.03478152 -0.06121255 -0.00121059 -0.1190152   0.02064376  0.03086749
  0.03018006 -0.01034649  0.03709636 -0.02144227  0.01309748 -0.05718812
 -0.04277308  0.11537946]
similarity: [0.02792683], same person: [False]
```

图 5-36　人脸对比图像 3 和结果

5.5.2 人脸检索

人脸检索为 1∶N 任务，也就是将一张人脸和 N 张人脸进行比对，找出最相似的一张或多张人脸。可用于人脸签到、人脸门禁、人员信息查询、安防监控等应用场景。

在进行人脸检索之前需要先对人脸信息进行注册，即保存一个用于存储人脸特征向量的数据库。将图 5-34 和图 5-36 的人脸信息进行注册，将图 5-34 的人脸命名为 yjc，图 5-36 的人脸命名为 lyf，注册人脸图像如图 5-37 所示，注册结果如图 5-38 所示。

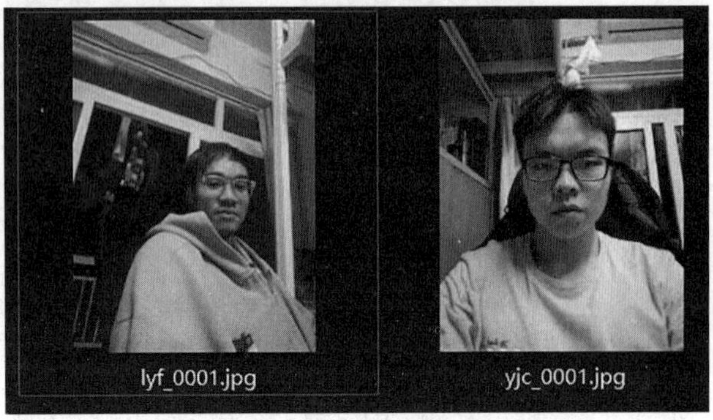

图 5-37 注册人脸图像

```
network   :resnet50
use device:cuda:0
load database:./data/database/portrait\database-resnet50.json
>>>>>>>>>>>>>>开始注册人脸<<<<<<<<<<<<<<
file=./data/database/portrait/jiaocai\lyf_0001.jpg, 注册人脸:ID=lyf
file=./data/database/portrait/jiaocai\yjc_0001.jpg, 注册人脸:ID=yjc
save database:./data/database/portrait\database-resnet50.json
>>>>>>>>>>>>>>完成注册人脸<<<<<<<<<<<<<<
```

图 5-38 人脸注册结果

注册好了人脸数据之后，就让模型对图 5-12 的多人图像进行检索，识别人脸信息，得到的结果如图 5-39 所示。

图 5-39 对多人图像的人脸检索

可以看出，模型准确地从多人图像中识别出了已注册的人脸信息，而未注册的人脸则显示为 unknown，IR-SE-50 模型对人脸检索的识别效果比较好。

再对场景中 yjc 的斜向人脸图像进行识别，识别结果如图 5-40 所示。可以看出，模型准确地识别出了人脸和对应的信息。

实际人脸识别过程中，待识别人脸图片如果存在低头侧脸，或者人脸存在遮挡等情况，对人脸识别的准确率还是存在着影响（可能被识别为 unknown）。

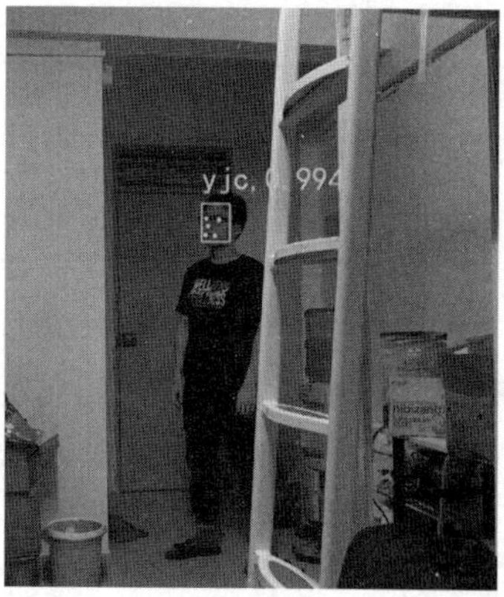

图 5-40　对斜向图像的人脸检索

5.6　人脸识别集成库——InsightFace

InsightFace 是一个用于 2D 和 3D 人脸分析的集成 Python 库。InsightFace 有效地实现了各种最先进的人脸检测、人脸对齐、人脸特征提取和人脸识别算法，并针对训练和部署进行了优化。它支持一系列主干架构，包括 IResNet、RetinaNet、MobileFaceNet、InceptionResNet-V2 和 DenseNet。除了模型之外，它还可以使用 MS1M、VGG2 和 CASIA-WebFace 等面部数据集。

InsightFace 库提供了 4 种人脸检测的方法，分别是 MTCNN、RetinaFace、SCRFD 和 BlazeFace（目前在最新的 1.1.1 版本中去除了 MTCNN）。这 4 种方法都是比较先进的深度学习算法，可以从图像或视频中检测出人脸的位置、大小、角度、关键点等信息，并具有高精度和高效率的特点。其中 BlazeFace 是一种高效的轻量级人脸检测方法，它专为移动端 GPU 定制，可以在旗舰设备上达到 200～1 000 fps 以上的速度，适用于需要快速准确地识别出人脸区域的任务，如增强现实、人脸关键点识别、人脸表情分类等（Bazarevsky 等，2019）。

在 InsightFace 库中提供的 blazeface_paddle 方法，它是基于百度飞桨的 PaddlePaddle 框架实现的，可以从图像或视频中快速准确地检测出人脸的位置和大小。blazeface_paddle 是基于 BlazeFace2 算法改进的，它使用了一个轻量级的网络结构，以及一个多尺度的特征金字塔，来提高人脸检测的性能。blazeface_paddle 还提供了一些示例代码和预训练模型，方便用户使用和部署。

而对于人脸对齐部分，InsightFace 库提供了 SDUNets、SimpleRegression 和 Alignment By Face Synthetics 方法，可以从人脸图像中提取人脸的关键点，并进行人脸对齐的任务。

人脸特征提取部分目前提供了两种网络结构来实现，它们分别是 IR-SE50 和 MobileFaceNet。

IR-SE50 是 ResNet50 的改进版本，其中 IR（identity residual）模块的思想为在每个残差块中将卷积层和批量归一化层的顺序调换，使得网络更容易训练；而 SE（squeeze-and-excitation）模块思想为在每个残差块中增加一个通道注意力机制，使得网络能够自适应地调整每个通道的重要性。IR-SE（identity residual with squeeze-and-excitation）模块则是将 IR 模块和 SE 模块结合起来，形成了一个更强大的残差块。在 InsightFace 库中同时也提供该模块的其他版本，如 IR-SE50、IR-SE101 等。

InsightFace 库中给出的 IR-SE50 和 MobileFaceNet 模型在各数据集进行测试的准确率如表 5-1 所示。

表 5-1　模型在各数据集进行测试的准确率

模型	LFW	CFP-FF	CFP-FP	AgeDB	CALFW	CPLFW	VGG2_fp
IR-SE50	99.52%	99.62%	95.04%	96.22%	95.57%	91.07%	93.86%
MobileFaceNet	99.18%	98.91%	89.86%	93.47%	94.02%	86.60%	91.00%

由表 5-1 可以看出，给出的两个模型在各人脸数据集上都有很好的表现。其中 IR-SE50 参数量比较大，计算量较大，适合在 PC 服务器部署；而 MobileFaceNet 模型计算量较小，适合嵌入式、开发板、Android 等终端部署。

采用 InsightFace 库提供的 IR-SE50 主干模型来对对齐后的人脸图像实现特征提取，通过 insightface. app. FaceAnalysis(model="ir_se_50") 函数来加载官方库提供的 IR-SE50 模型，再通过模型对象的 prepare() 函数设置人脸检测的置信度阈值以及输入图像的尺寸大小，将输入的人脸图像通过 OpenCV 库的 resize() 方法调整尺寸后再使用模型对象的 get() 方法得到人脸的特征信息，最后再获取模型对象返回的 embedding 成员变量得到人脸特征向量，采用这套方法对图 5-24 的图像进行人脸特征提取得到特征向量的结果如图 5-41 所示。

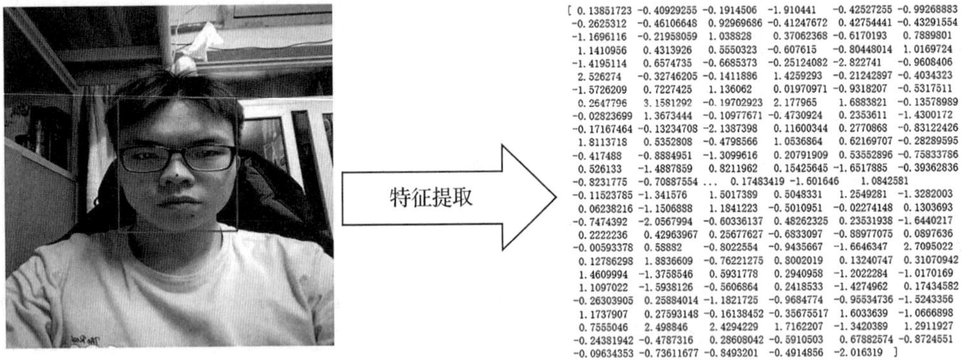

图 5-41　人脸特征提取得到特征向量的结果

InsightFace 网络实验过程的主要步骤为：

(1)预处理(人脸对齐)　使用 MTCNN 模型进行关键点检测，再通过相似变换得到被裁剪的对齐人脸。

(2)训练(人脸分类器)　对比使用了几种网络结构作实验，包括 ResNet50、ResNet100、MobileNet、Inception-ResNet-V2、Densely Connected Convolutional Networks (DenseNet)和 Dual Path Network (DPN)等网络结构。

(3)测试　从人脸分类器 FC1 层的输出中提取 512 维的嵌入特征，对输入的两个特征计算余弦距离，再来进行人脸验证和人脸识别。

InsightFace 的优点是性能高，易于编程实现，复杂性低，训练效率高，不需要与其他损失函数实现联合监督，可以很容易地收敛于任何训练数据集。InsightFace 在多个人脸识别的基准数据集上都取得了优异的结果，如 LFW、YTF、CFP-FP、CPLFW 等。以 ResNet100 为主干加上 ArcFace loss 损失训练的模型在这些数据集上的准确率如表 5-2 所示。

表 5-2　InsightFace 模型在各数据集上的准确率

主干模型	LFW	YTF	CFP-FP	CPLFW	AgeDB	CALFW
ResNet100	99.83%	98.01%	98.87%	93.43%	98.38%	96.10%

可以看出，使用 ResNet100＋ArcFace loss 的结构在各数据集上都有很好的准确率和人脸识别效果。ArcFace 的提出以及作者开源的代码对人脸识别研究做出了极大的贡献，目前 InsightFace 库还是 Python 中实现人脸识别功能的一个重要的库。

5.7　人脸识别应用案例

目前在人脸识别领域的市场上有许多厂商，国内知名的厂商有商汤科技、旷视科技、云从科技、暖果科技、依图科技、海康威视等，他们有的提供人脸识别技术软件开发工具包(software development kit，SDK)，供开发者或者其他厂商使用，也有的提供人脸识别的终端，供用户直接使用。

如今人脸识别的应用非常普遍，除了人们日常生活中通常所说的智慧安防、人脸考勤、智慧门禁、刷脸支付以及手机的人脸登录和人脸美化等，现在最火的短视频、直播都是要用到人脸识别的，比如动态贴纸，贴纸随着人脸的移动而相应地移动，就需要用到人脸识别技术。人脸识别技术应用于智慧交通，如北京大兴国际机场的安检、登机、行李识别等环节采用人脸识别，实现了无感通关，提高了旅客的出行体验。人脸识别技术应用于上海地铁的刷脸进站，实现了无卡、无纸、无触摸的乘车方式，提高了乘客的出行效率。人脸识别技术应用于重庆轨道交通的刷脸乘车，实现了无感支付，提高了乘客的出行便利。图 5-42 为一公园景点的人脸识别闸机，有了人脸识别技术，实现了公园景点的门禁智能化管理，方便了景点入园的管理，也大大提高了进入景点认证效率和提升了游客体验。

图 5-43 为海康威视的 DS-K1T6 系列人脸门禁一体机人脸识别设备，应用于华南农业大学校园和宿舍楼的门禁，提高了学生宿舍楼安全性和管理便利性。

图 5-42　公园景点的人脸识别闸机

图 5-43　华南农业大学宿舍楼人脸识别装置

本章小结

本章主要讲解了目前流行的人脸识别系统的构成、原理以及检测的一般流程。介绍了人脸识别中常用的数据集。详细讲解了人脸检测的算法、特征提取以及特征匹配技术。

思考题

1. 简述人脸识别技术的基本原理。为什么人脸识别在某些场景下比指纹识别更有优势?

2. 比较传统人脸检测算法(如 Haar 特征)和基于深度学习的方法(如 MTCNN)在检测准确性和计算复杂度上的优缺点。

3. 什么是人脸识别时的特征提取?

4. 在大规模人脸识别系统中,如何应对海量数据带来的计算和存储挑战?有哪些优化策略和技术可以应用?

5. 分析人脸识别技术在实际应用中可能遇到的挑战,如光照变化、表情变化、遮挡问题,提出应对这些挑战的可能方法。

拓展学习

1. 利用 Python 中的 OpenCV 库实现 Haar 人脸检测方法(只给出主要代码部分)

2. 利用 Python 中的 dlib 库实现 HOG 人脸检测方法

3. 利用 Python 中的 OpenCV 库实现 SSD 人脸检测方法

4. 利用 Python 中的 mtcnn 库实现 MTCNN 人脸检测方法,同时实现人脸的对齐(画框部分注释掉了)

5. 利用 Python 中的 RetinaFace 库实现 RetinaFace 人脸检测方法

6. 利用 Python 中的 OpenCV 库实现 SCRFD 人脸检测方法

7. 利用 Python 中的 InsightFace 库实现人脸特征向量的提取

8. 利用 Python 中的 InsightFace 库实现两张人脸图片的对比

第6章 步态识别技术

直立行走是人区别于猿的重要标志,也是人类区别于其他动物的关键特征之一。步态是个体行走的行为特征,属于人体生物特征,具有唯一性、稳定性、可采集性(Wan 等,2018)。步态信息经采集处理后可以应用于身份识别、医疗检测、安全控制等多个方面。按照步态信息来源,步态识别技术分为基于多类型运动参数传感器和基于计算机视觉两种类型。本章主要介绍基于计算机视觉的远距离步态识别技术。

6.1 步态与步态识别

通过介绍步态及步态分析的概念与特点确立基于计算机视觉的远距离步态分析和步态身份识别的重点,即如何在输入远距离行走视频或图像信息的前提下输出行走者身份 ID,并介绍步态识别方法的 3 个发展阶段。

6.1.1 步态的概念和特点

1. 步态和步态分析

步行是双脚交互移动的周期性运动。步行需要全身肌肉参与,包括人体重心移位,骨盆倾斜旋转,髋、膝、踝关节伸屈及内外旋展等,是人体位移的一种复杂的随意运动(钱竞光等,2006)。步态是步行的行为特征,是一个人行走时的表现形式,又称行走模式,需要视觉、听觉、前庭、脑、脊髓、周围神经、骨骼、关节和肌肉共同协调运动,兼具整体运动性和个体独特性。

步态分析包括足部微观动作分析和步相分析(Zulkifli 和 Loh,2020)。足部微观动作分析包括着地仰角和离地仰角、着地内翻角、外翻幅度、拍地速度、着地外翻速度和步偏角分析,常应用在基于多类型运动参数传感器的步态分析中。步相分析包括步行周期、支撑相、摆动相及两相各个分期在各自相中所占百分比分析。其中,步行周期(gait cycle)是指完成一个完整步行过程所需要的时间,即指自一侧腿向前迈步时该侧足跟着地起至该足跟再次着地时止所用的时间。人体步行周期侧视图见图 6-1。在每一个步行周期中,每一侧下肢都要经历一个与地面由接触到负重,再离地腾空向前挪动的过程,因此,根据下肢在步行时的位置又可分为支撑相和摆动相。支撑相(stance phase)指下肢接触地面和承受重力的时间,即从足跟着地到足趾离地的过程,约占整个步行周期的 62%。摆动相(swing phase)指足趾离开地面腾空向前迈步到该足再次落地之间的时间,约占整个步行周期的 38%。图 6-1 表明步态属于全身运动姿态,因此,进行基于机器视觉或运动参数传感器的步态分析时需要综合考虑行走个体身体多

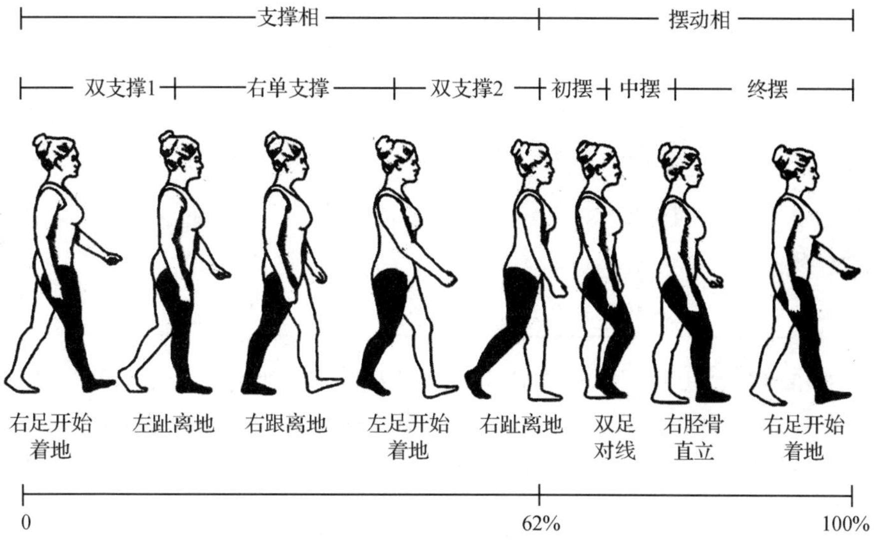

图 6-1　人体步行周期侧视图

(Zulkifli 和 Loh，2020)

处位置随步行周期的时空变化。

2. 步态的特点

(1)步态属于人体生物特征，和人脸、指纹、掌纹、虹膜、静脉等其他生物特征一样，具有唯一性、稳定性、可采集性。从生理角度分析，步态唯一性的物理基础是个体生理结构的差异性，即腿骨长度、肌肉强度、重心高度和运动神经灵敏度共同决定了步态的唯一性和不容易伪装的特点。因此，步态分析的理论假设是个体拥有与众不同的步态。虽然个体步态会因为疾病、衰老、受伤、体重增减、着装舒适程度等各种因素而改变，但在较长时间和较多步行场景下个体步态仍然具有可靠的稳定性。目前，高精度的人体动态参数传感器以及各种类型的固体摄像器件和雷达设备可以保证准确地实现近或远距离采集较长时间范围内的完整步态特征信息，即使在人群拥挤等复杂步行场景中仍然具有较好的可采集性。

(2)不同于人脸、指纹、掌纹、虹膜、静脉等其他生物特征，步态可被远程观测到，不需要人的主动配合。因此，基于远距离视觉的步态分析和识别属于非接触性检测。

(3)与其他人体运动姿态如跑步姿态等一样，个体行走姿态的时间参数、空间参数和时空参数具有特定规律。因此，如何通过采集和分析个体步态信息找到步态内在的规律和特征就成为步态分析和步态身份识别的重点。

6.1.2　步态识别简介

1. 研究意义和应用场景

步态识别作为生物特征识别技术的一种，其核心思想是通过分析一个人的身高、腿骨、肌肉、关节等身体体型静态特征和行走动态特征来对比确认出人物的身份，是目前生物特征识别领域的研究热点。步态身份识别基于行人的全身信息进行分析，是一种远距离、非受控、全视角、抗干扰的分析技术。4 种生物特征识别特点对比见表 6-1。

表 6-1 4种生物特征识别特点对比

项目	指纹识别	虹膜识别	人脸识别	步态识别
光照	不需要	红外光照	光照良好	光照不敏感
配合度	需要	需要	适度配合	不需要
可伪装性	可伪装	可伪装	可伪装	难伪装
识别角度	正面	正面	基本正面	全视角
识别距离	接触式	30 cm	1～3 m	50 m

步态识别和行人重识别不同,它在缺失近距离人脸信息和换装条件下仍然可以有效识别行人身份。在日常生活中,如果远处出现一个你熟悉的身影,即使看不清面部和所穿衣物,你仍然可以确认出他是谁,这种情况属于基于人类视觉的远距离步态识别。除了人类视觉,步态信息还可以使用附着在人体上的可穿戴动态参数传感器(如加速度计、陀螺仪、力和压力传感器等)来捕获。非穿戴式步态识别系统主要使用机器视觉传感器获取远距离步态信息,因此通常称为基于机器视觉的步态识别。

与其他生物特征识别系统相比,步态识别具有非接触式、非侵犯性、抗伪装、跨着装、跨视角、对光线不敏感等显著优势,是非常适合在视频监控中应用的生物特征识别方法之一。因此,步态识别技术在安防监控、门禁系统、医疗诊断等相关领域具备广泛的应用前景和经济价值。具体来说,步态识别技术有以下5种应用场景。

(1)安全保密　步态识别技术可以用于门禁系统、计算机登录、身份认证等,提高安全防范能力。

(2)智能家居　步态识别技术可以实现家庭自动化控制、老年人监护等功能,提高生活便利性。

(3)医疗保健　步态识别技术可以进行运动损伤的监测和预警、肌无力的检测等,提高健康管理水平。

(4)刑侦监测　步态识别技术可以从视频监控中辨认出罪犯或嫌疑人,帮助刑侦人员搜捕破案。

(5)公共领域　步态识别技术可以用于公交车、旅游景区等公共场所,实现安防布控、无卡出行、人群密度监测、超流量预警等。

2. 技术发展

传统临床步态分析主要通过医生对病人表征的主观观察,秒表和皮尺等简易工具测量,以及一些步态平衡量表的粗略评分实现,无法进行精确的定量分析和定性诊断。随着科技发展,步态识别分析技术已经从人工注释图像逐渐发展为基于标记的光学追踪系统、基于人体动态参数传感器的复杂人体模型系统、基于机器视觉和机器学习的无标记系统。其中,基于机器视觉和机器学习的步态识别研究最早开始于20世纪90年代,至今30多年步态识别的演变可以按照识别方法分为启蒙期、发展期和深度学习期3个阶段。

初期阶段是启蒙期,重点探索远距离人体识别的可行性。虽然早期的方法呈现出可用性,但它们是在小规模的基准上进行评估的,受试者数量有限,通常最多10个。在起步阶段,很多算法都依照人的直觉去设计,也就是对人体四肢和躯干的运动进行建模,然后根据这些部位的角度变化识别人的身份。这类方法的视频中人体较小且模糊，再加上无法对人体进行精确建模，难以用于区分不同的人。

第二阶段即发展期，出现于美国国防部高级研究局（The Defense Advanced Research Projects Agency，DARPA）的远距离人类识别项目，引入了机器学习方法和有价值的数据集，有效促进了步态识别技术的发展。此时的步态身份识别方法逐渐形成了两大类别：基于外观和基于模型。基于外观的方法直接从步态原始信息中提取形状信息（如形体轮廓），提出了步态能量图像（gait energy image，GEI）等手工特征表示；基于模型的方法通过明确建模可变形的人体来代表个体。随着这一阶段性能的提高，步态识别展示了进一步发展的可行性和潜力。

随着深度学习的蓬勃发展，步态识别也自 2015 年起进入了第三阶段，即基于深度学习的步态识别，是利用应用深度学习方法对远距离步态进行识别。图 6-2 所示为步态识别技术在第二阶段和第三阶段的发展变化。目前，深度特征学习已经成为步态识别的主导方法，专注于数据集、网络架构和损失函数，通过深度学习神经网络中一系列堆叠的层自动提取步态特征，基于外观的方法可以直接从视频中学习目标的形状特征，实现了端到端识别（Li 等，2020），即深度学习神经网络实现了输入端（行人机器视觉信息，RGB 或红外帧图像）转化为输出端（行人身份）的中间过程环节的替代功能。这些系统在低分辨率条件下也能正常工作，准确率更高且实现起来更加方便，但对外观（如姿态、角度、装备）变化较为敏感。在这一阶段，深度学习技术彻底改变了步态识别，它允许直接从输入数据中学习抽象和有辨别能力的步态特征，从而消除了对手动特征的依赖。深度步态识别技术不断刷新行人数量纪录，SOTA（state of the art）方法可以在包含数百个受试者的数据集上取得令人满意的结果。随着步态识别研究在解决跨视角和服装相关的挑战方面的进步，深度学习为解决更复杂的问题开辟了新的可能性，如野外步态识别、多模态识别、端到端识别和无监督识别。

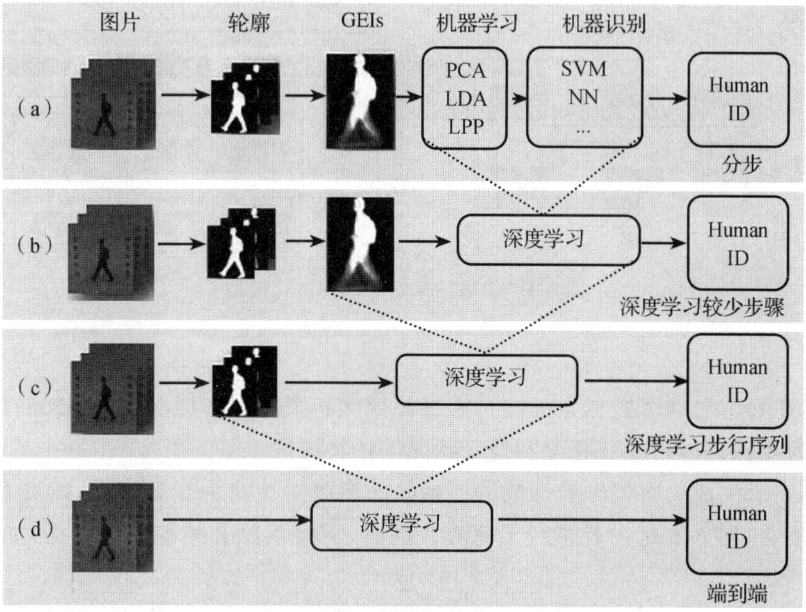

图 6-2　步态识别技术的发展变化

（Shen 等，2023，有修改）

6.2 步态识别系统的构成与步态数据集

6.2.1 步态识别系统构成

步态识别系统一般由前端训练数据集的步态表示生成、中端特征提取和聚合以及后端映射(行人分类或检索)3 部分组成基本框架。前端的步态表示生成由视频预处理来实现,预处理部分从原始序列中检测人类,并提供人体行走轮廓或人体行走骨架。中端特征提取和聚合是深度学习网络模型的训练和更新。后端映射就是身份识别,进行图像分类或给定一个探针从图库中进行 1∶1 或 1∶N 搜索。深度学习步态识别具体过程包括如下:

(1)步态数据采集　从各种视觉传感器(包括 RGB 相机、红外相机等)捕获行人步态帧图像序列构建步态数据集(gait dataset,具体见 6.2.2 节),包括训练数据集(training set)和测试数据集(testing set)。目前,大多数步态数据集是在受控条件下的室内环境(如 CASIA 和 OU-MVLP),也有在具有复杂和嘈杂背景的户外环境中收集(如 Gait3D 和 GREW),还可以采用数据增强的技术和使用无监督的生成对抗网络(GAN)扩充实际的数据集数据。数据集协议一般可以分为受试者依赖和受试者独立两类,如图 6-3 所示,例如步态数据集 CASIA-B 和 OU-MVLP 使用受试者独立协议。图 6-3 表明,在受试者依赖协议中,训练集和测试集的受试者相同;在受试者独立协议中,训练集和测试集中的受试者不相交,测试集被进一步划分为图库(gallery)和探测样本(probe)。

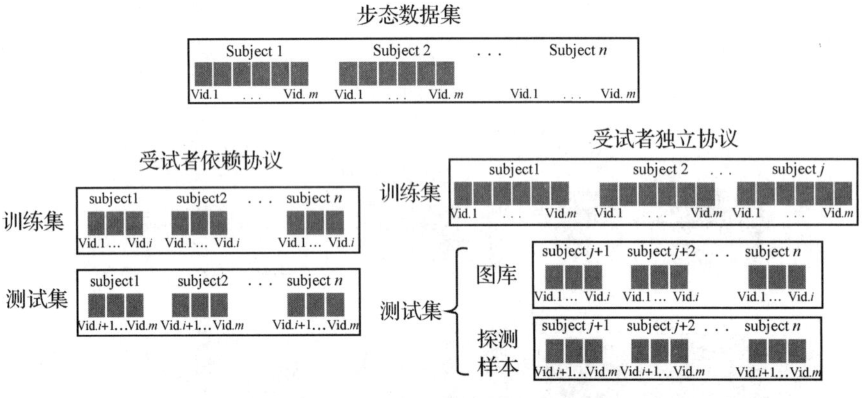

图 6-3　步态数据集的两种协议类型

(Sepas-Moghaddam 和 Etemad, 2022,有修改)

(2)数据注释　对训练数据集使用行人目标检测和跟踪算法提取感兴趣的序列,然后将这些序列标记为身份、视角、服装状况和携带状况等详细属性。

(3)步态表示生成　将训练数据集的原始帧图像数据转换为步态表示,如类 GEI 图、步态轮廓和骨骼姿势,图 6-4 对三者进行了比较。同时,需要消除其他非相关特征,如衣服的背景和纹理等。

(4)特征提取和聚合　训练一个深度学习网络模型来提取和聚合出步态序列对应的紧凑而抽象的时空特征向量,这是步态深度识别系统的关键环节。深度学习网络模型一般由 3 个

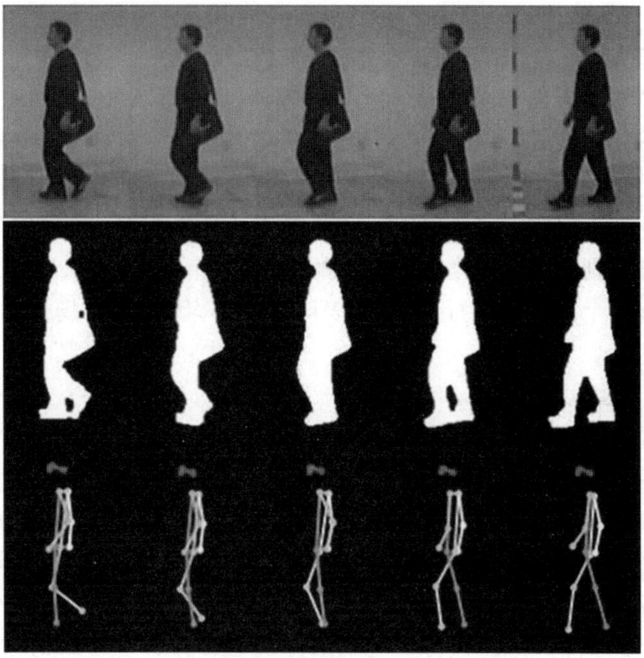

图 6-4　RGB 图像、轮廓图像和 2D 骨架姿势比较

(Teepe 等，2021)

主要部分组成:用于特征提取的主干网络(backbone)、用于时空特征聚合的颈部(neck)和用于表示映射的头部(head),如图 6-5 所示。步态识别可以使用不同的深度神经网络架构作为主干网络充当特征提取器,如卷积神经网络(CNN)、循环神经网络(RNN)、图卷积神经网络(GCN)、深度置信网络(DBN)和混合式神经网络等,实现将多种类型的输入数据转换为深度特征表示。步态识别网络模型中的颈部是为了通过时间建模来聚合动态步态信息,并通过空间操纵来增强鉴别特征,具体方法包括时间集合池化(set pooling,SP)和空间水平池化(horizontal pooling,HP)等。

(5)行人分类或检索　如图 6-5 所示,头部是模型的最后一层,将输入经过主干网络和颈部处理过的特征产生最终的输出,通常是一个分类器或回归器。头部的结构根据任务目标设定,例如当输入信息为步态能量图 GEI 时,步态识别被视作图像分类任务,因此可以使用 softmax 分类器,也可以使用非线性分类器,如 sigmoid 函数、双曲正切函数 tanh 等实现。另外,身份 ID 的识别也可以通过检索给定查询序列的方法实现,使用训练好的模型分别从查询序列和测试数据集图库序列提取特征表示,计算两者的相似性。最后,利用相似度分数对图库序列进行排序,进而产生一个排序列表来评估训练后模型的性能。

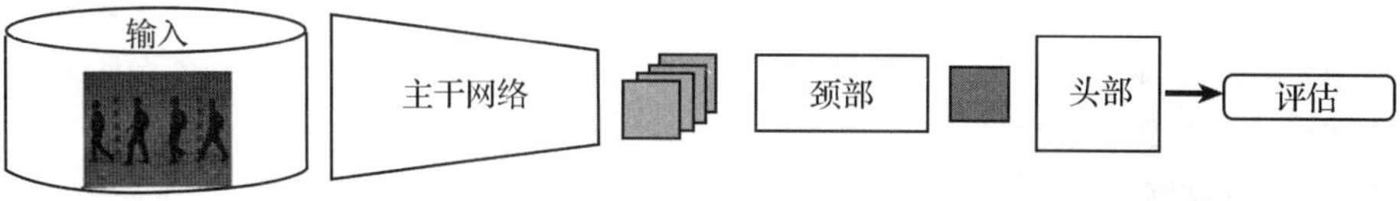

图 6-5　深度学习网络模型进行步态特征提取和映射

(Shen 等，2023,有修改)

6.2.2 步态数据集

一般来说，为了有效地训练深度学习神经网络，通常需要大型数据集，包括样本的数量和分布以及参数。为了训练和评估步态识别系统，研究者制作了各种步态数据集，涵盖了与获取视角、环境条件和受试者外观相关的各种参数。现有的大多数步态数据集都是在相对固定和受限环境中采集的，如实验室或静态室外环境，最常用的数据集有 CASIA-B 和 OU-MVLP。在真实场景中，步态识别会遇到完全不受约束的挑战，如不同的视角、遮挡、各种携带和穿戴条件、复杂和动态的背景干扰、照明、行走方式、表面影响等，因此真实场景数据集更能体现数据采集环境的多样性。

1. 受限环境步态数据集

CASIA 是中国科学院自动化研究所开源的步态数据集，目前主要收录 3 个数据集：Dataset A(小规模库)、Dataset B(多视角库)和 Dataset C(红外库)。Dataset A 包含 20 人的数据，每个人有 12 个图像序列、3 个行走方向(与图像平面分别成 0°，45°，90°)，每个方向有 4 个图像序列。每个序列的长度随人行走的速度变化而有所不同，每个序列的帧数介于 37～127。Dataset B 是一个多视角的步态库，共有 124 人，每个人有 11 个视角(0°，18°，36°，…，180°)，在 3 种行走条件下(普通条件、穿大衣、携带包裹条件)采集，并通过背景消除算法进行预处理生成对应的步态剪影。Dataset C 是一个用红外(热感)摄像机在夜间拍摄的数据库，包含 153 人，每个人在 4 种条件下行走，包括正常行走、快走、慢走、带包走。CASIA-B 数据集是使用最广泛的步态数据集，包含来自 124 人的多视角步态数据，包括 RGB 和轮廓。它包含 124 名受试者(标注在 001～124)，3 个行走条件和 11 个视图。行走条件包括正常行走(NM，每个受试者 6 个序列)、穿外套或夹克(CL，每个受试者 2 个序列)和带袋行走(BG，每个受试者 2 个序列)。因此，每个主题都有 11 × (6 ＋ 2 ＋ 2) ＝110 序列。由于该数据集没有官方的训练集和测试集划分，使用者需要自行设置。CASIA-B 最常用的测试协议是使用来自前 74 名(标注在 001～074)受试者的数据进行训练，其余 50 名受试者进行测试。然后，在测试集中将 NM 条件的前 4 个序列(NM＃1～4)保存在图库中，其余 6 个序列划分为 3 个探针子集，即 NM 子集包含 NM＃5～6，BG 子集包含 BG＃1～2，CL 子集包含 CL＃1～2。

OU-ISIR(Haruyuki 等，2012)是目前最大的室内公共步态数据集之一，涵盖了大规模人口、变速度、交叉视图、年龄、姿态序列、人体网格和穿戴式惯性传感器等数据集。其中，使用最多的是交叉视图数据集 OU-MVLP。OU-MVLP 是在实验室环境下捕获的最大的多视角步态数据集。该数据集提供了剪影视频，并在每名受试者的两次采集过程中获得。受试者 10 307 人，性别分布几乎相等，年龄范围为 2 ～ 87 岁。该数据集从 14 个不同的视图(考虑到在同一步行路线上的往返，总计为 14 个视图)中获得，包含由 7 个网络摄像机以 15° 的间隔捕获的 10 307 个受试者的往返行走序列，图像大小为 1 280 像素×980 像素，帧率为 25 fps。该数据集已指定 5 153 名和 5 154 名受试者的预先确定列表，并分别提供数据集作为训练集和测试集。对于测试，来自第一和第二采集会话的序列分别形成图库和探测集。在最近的大多数步态识别论文中，都考虑了至少 4 个视角，特别是 0°、30°、60°和 90°。

2. 真实场景数据集

为了鼓励从通常具有最少步态信息的正面 RGB 视频中识别步态，一个高清晰度正视步态数据库 FVG(Zhang 等，2019)被提出 ，包括视角、行走速度、携带、服装变化、背景和时间间隔的各种变化。FVG 有 3 个正面视角的原始 RGB 图像，拍摄对象从左 45°，0°和右 45°远离相机的光轴行走，由 226 名受试者的 2 856 个前视行走序列组成。

GREW 作为第一个在野外进行步态识别的大规模数据集(Zhu 等，2021)，由来自大型公共区域的 882 个摄像机的视频流构建而成，它包含 26 345 名受试者，还有一个 233 857 名序列的干扰物集，使其更适合于现实世界的应用。图 6-6 所示为 CASIA-B、OU-MVLP 和 GREW 3 个数据集拍摄环境比较。GREW 也是迄今为止标识最多的野外数据集，包括 ID、性别、年龄组、携带条件和穿衣风格。GREW 数据集分为 3 个部分：一个有 20 000 名受试者和 102 887 个序列的训练集，一个有 345 名受试者和 1 784 个序列的验证集，一个有 6 000 名受试者和 24 000 个序列的测试集。3 组中的受试者是在不同的相机中拍摄的。GREW 训练集、验证集和测试集中的每名受试者都出现在 1 个以上的相机上，这保证了视角的多样性。测试集中的每名受试者都有 4 个序列，2 个用于 probe，2 个用于 gallery。GREW 通过自动处理提供轮廓、步态能量图像 (GEI)、光流图、2D 和 3D 姿势图。与 CASIA-B 和 OU-MVLP 等受控步态数据集相比，GREW 完全不受约束，并且有更多不同的实用视角变化和挑战因素，如干扰物集、复杂背景、遮挡、携带、穿戴等。

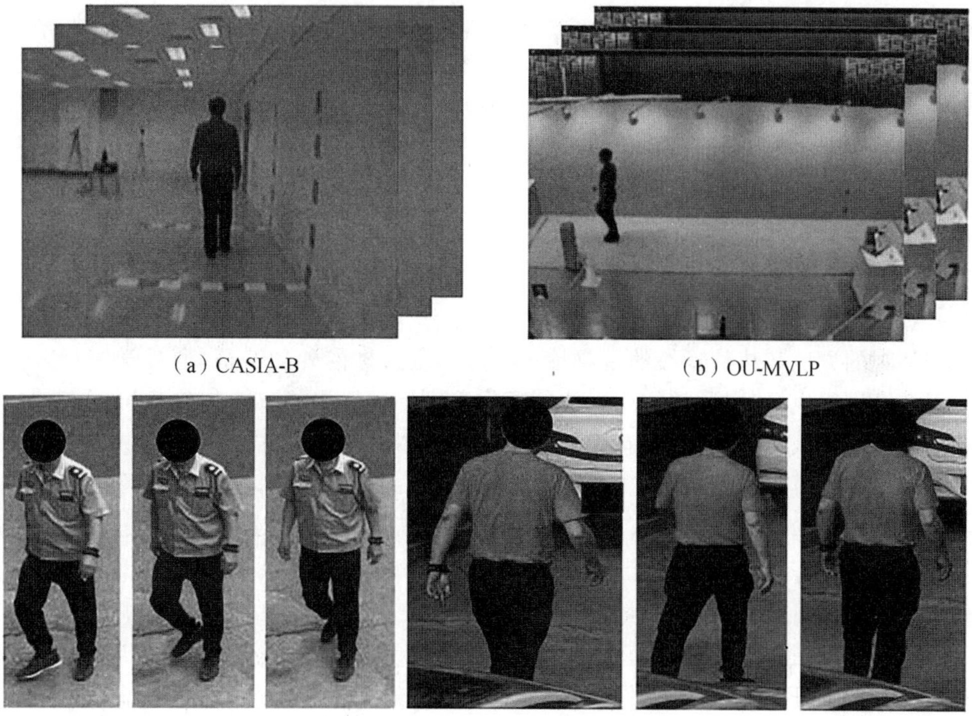

(a) CASIA-B　　(b) OU-MVLP

(c) 身着不同衣服GREW数据集（裁剪）

图 6-6　CASIA-B、OU-MVLP 和 GREW 3 个数据集拍摄环境比较

(Zhu 等，2021)

Gait3D(Zheng 等，2022)是基于 3D 表示的步态数据集，采集自一个无约束的真实室内场景中的 39 个摄像头，包含 4 000 名受试者和 25 309 个序列。此外，该数据集提供了从视频帧中构建的 3D SMPL(skinned multiperson linear) 数据，可支持密集人体体型、三维视角和步态动态信息的三维建模。此外，它还提供了二维人体轮廓和人体关键点数据，可帮助研究者探索多模态步态识别。

第一个基于激光雷达的大规模步态识别数据集 SUSTech1K(Shen 等，2023)促进了使用点云进行 3D 步态识别。目前，室内步态识别数据集主要集中应用在背景干净的以受试者为中心的步态识别中，而其他现有数据集主要关注监控视角下的行人。该数据集是使用安装在机器人上的激光雷达传感器和 RGB 相机在户外捕获，提供与 GPS 时钟同步的多模态数据。它包括 1 050 名受试者、25 239 个序列、763 416 个点云帧，以及 3 075 575 张具有相应轮廓的 RGB 图像，包括可见度、视角、遮挡、服装、携带和场景变化。SUSTech1K 提供了高精度和高密度的 3D 点云作为步态表示，为识别提供了精确和鲁棒的 3D 结构信息。该数据集捕获了来自激光雷达点云流和相机传感器的 RGB 图像流，为探索用于鲁棒步态识别的传感器融合方法提供了机会。激光雷达传感器提供的三维几何信息可以让步态表征学习到更多的信息和判别性，进而增强步态识别的实际应用。

6.3 步态特征提取与识别性能评价

识别系统性能是否优异，主要取决于训练和测试数据集的质量以及深度学习网络模型是否能够精确对步态特征进行提取、聚合和映射。本节主要介绍深度学习步态识别方法的两种步态特征提取方法以及步态识别模型性能评价指标。

6.3.1 步态特征提取方法

根据特征提取和特征表示的前端输入信息，可以将深度学习步态识别方法分为基于外观的方法和基于建立人体模型的方法。

6.3.1.1 基于外观的方法

基于外观的方法直接从连续的视频帧中学习行走目标的外形特征，通过学习行人的外形特征来匹配识别行人身份，通常使用人体轮廓作为原始输入数据。人体轮廓可以有效方便地在单帧图像中描述人体状态，是步态识别最常用的身体表示，这种身体表示将识别解决方案专注于“步态”，而不是服装和其他非步态因素，从分类器的角度来看，这些因素可以用于身份识别。一系列的步态轮廓可以表示人员行走时的速度、步长、腿部角度、节奏、步态周期时间以及身体摇摆状态等步态特征，通过光流计算还可以提取出人员行走时的运动数据。这种方法对于分辨率的要求更低，准确率更高，计算更加简单，但它对个体外观的变化较为敏感，如不同的服装、携带条件和拍摄角度等影响真实人体轮廓的情况。这也是基于外观的步态识别方法研究人员主要的研究任务和挑战。目前大多数基于外观的方法都集中在空间特征提取和步态时间建模上，即基于特征模板和基于序列的步态识别方法。

1. 基于特征模板的步态识别方法

由于步行视频帧数较多，一个步态序列至少几十个图像，传统特征提取方法很难有效提取特征。基于特征模板方法的识别思路是将多帧有序的步态轮廓图压缩成一幅图像，不仅实现了步态数据有效降维，也将步态识别视为一个简单的图像分类任务。

基于上述思路，GEInet 模型通过在至少一个步态周期中平均轮廓，一旦创建模板映射，该操作使识别解决方案独立于视频帧数。这种将步态轮廓在网络的初始层中聚合的方法也称为时间模板，如图 6-7(a)所示，在此聚合的特征图可以由后续层进行处理。Shiraga 等(2016)将 GEI 图像作为输入信息提出了利用简单卷积神经网络 CNN 进行特征提取和 softmax 函数进行分类的步态识别 GEInet 模型(Shiraga 等，2016)，包括 2 个卷积层 conv1 和 conv2，2 个归一化层 norm1 和 norm2，2 个池化层 pool1 和 pool2，2 个完全连接层 fc3 和 fc4，以及分类函数 softmax，具体分析见 6.4.1 节。其后，改进的 CNN 网络结构采用 2in(两元组训练)和 3in(三元组训练)方法对远距离跨视角步态实现了较高精度的识别，包括 3 个卷积层 conv1、conv2 和 conv3，2 个归一化层 norm1 和 norm2，2 个池化层 pool1 和 pool2，以及 1 个完全连接层 fc4；损失函数分别采用 contrastive loss 和 triplet ranking loss，如图 6-8 所示(Wu 等，2017；Takemura 等，2019)。

基于人体轮廓叠加的思想，后续提出了步态轮廓可以在经过几个卷积层和池化层之后交替地聚合在网络的中间层中的方法，也被称为卷积模板，如图 6-7(b)所示。其中，步态卷积能量图(GCEM)是在整个序列上平均几个卷积层和池化层获得的卷积图。Han 和 Bhanu(2006)提出叠加步相周期内所有轮廓图求平均得到步态能量图(GEI)，如图 6-7(c)所示，并采用一个 L_1 或 L_2 距离评价相似度来进行步态识别。GEI 通过多帧平均的方法解决了人体轮廓质量劣和时序对齐难的两个问题，不仅稀释了人体图像缺陷而且完美避开了模式识别中典型的类内

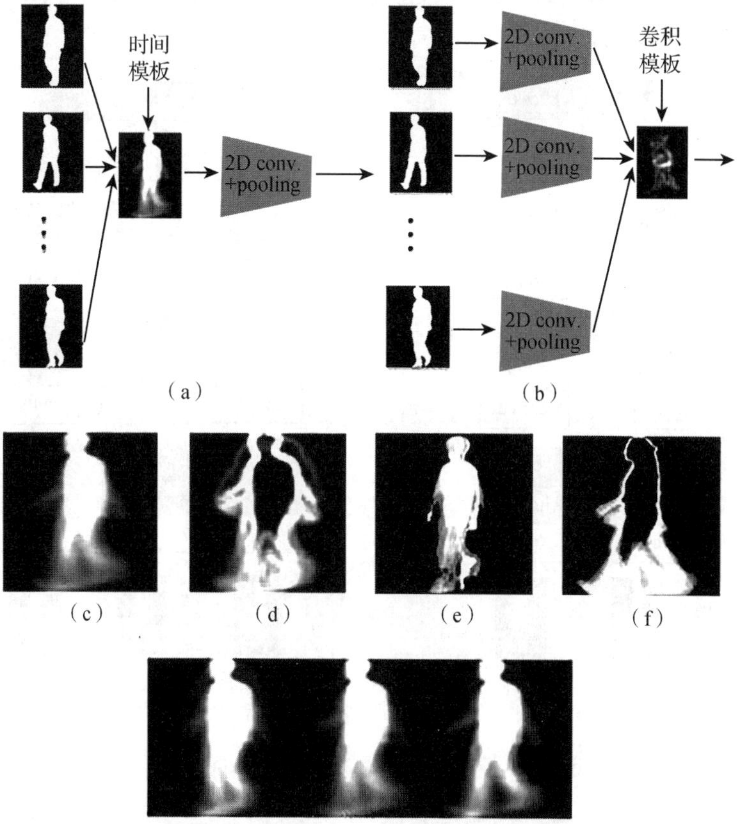

图 6-7　基于特征模板的方法

(a)深度网络的初始层生成时间模板　(b)经过多个卷积和池化层后的网络中间层形成卷积模板　(c) GEI　(d) CGI　(e) FDEI　(f) GEnI　(g) PEI 特征模板(Sepas-Moghaddam 和 Etemad，2022，有修改)

差异大过类间差异的问题。再者，GEI 中像素的数值是 0～1，可以用于表示这个像素点被人体遮挡的概率，这样也能够部分地刻画人体运动模式。该方法测试时仅需提取测试样本图像的特征，然后直接与图库的特征批量化比较相似度，测试时仅需前向传播一次，具有较高的识别速度。

鉴于这些优势，这种简单的 GEI 方法被广泛应用并且产生了多种特征模板，包括：①计时步态图像(CGI)，提取每个步态图像中的轮廓，然后使用多通道映射函数以单个映射的形式进行编码，如图 6-7(d)所示；②帧差能量图像(FDEI)，使用聚类和去噪算法保留动态信息，特别是在轮廓不完整时，如图 6-7(e)所示；③步态熵图像(GEnI)，计算步态帧中每个像素的熵，然后在单个步态模板中平均，如图 6-7(f)所示；④周期能量图像(PEI)，通过利用基于帧幅度的多通道映射函数，保留更多空间和时间信息的 GEI 的泛化，如图 6-7(g)所示。这些特征模板聚合了单图中轮廓序列的时间行走信息。

由于 GEInet 模型采用步态能量图 GEI 直接训练一个深度学习 CNN 分类器，并在最后一层提取步态特征，因此这种方法结构简单，较易实现，易于迁移至其他数据集，该方法超过了非深度学习方法的步态识别性能，是比较受研究者欢迎的基准框架(baseline model)。需要注意的是，步态轮廓不仅可以获取全局特征，也可以获取局部特征。这些方法基于步态模板可以在一定程度上处理视野、衣服和搬运条件，但是步态模板在融合过程会导致一些时间信息丢失，仍然存在许多不足之处。

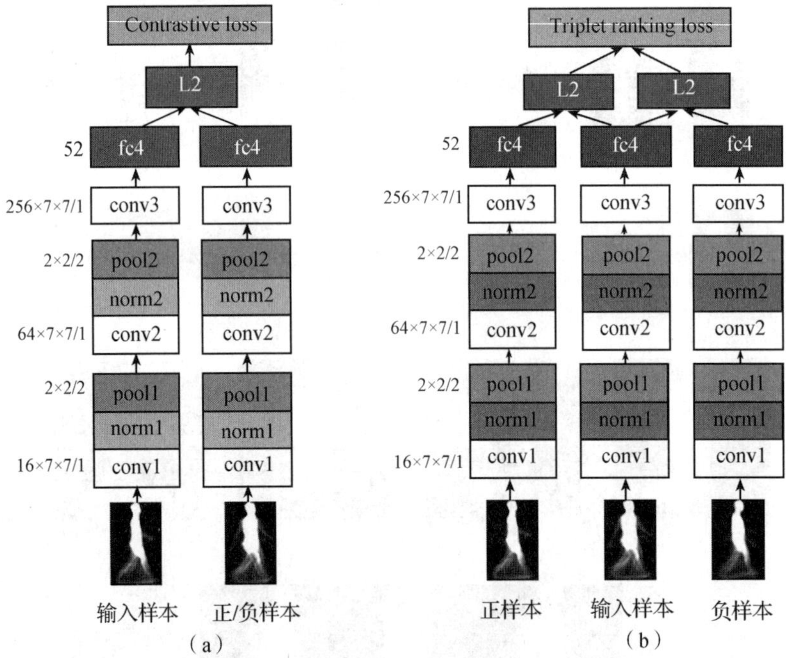

图 6-8　神经网络结构 2in(a)和 3in(b)方法

(Takemura 等，2019)

2. 基于序列的步态识别方法

为了保存和学习步态序列中帧的顺序和关系，而不是聚合它们，研究者提出了基于序列的步态识别方法。基于序列的步态识别方法直接采用一系列行人轮廓作为输入，深度学习网络从步态序列帧的轮廓提取特征，包括空间（每个轮廓图像的特征）和时间（多个轮廓图像之间的信息）两个部分提取特征，即学习步态的时序信息。这种方法可以很好地提取步态中的时、空域特征，弥补了基于特征模板的步态识别方法丢失行人时间信息的缺陷，可以更加完整地保留行人特征信息，在跨视角识别任务中表现出了优异的性能。但是，这种识别方法比特征模板的方法整体计算量大、不易训练。

（1）学习空间信息　基于空间全局信息提取相邻部分之间的关系，基于局部区域提取细节特征。一方面，整体学习轮廓或骨架的过程被称为全局表示学习。基于全局表示的方法往往对遮挡和外观变化以及缺少关键身体部位更敏感。另一方面，当学习部分表示时，步态数据被划分为局部区域，如身体部位和垂直/水平区间。部分区域通常对最终的识别性能保持不同的贡献，因此学习它们可以提高步态识别方法的整体性能。此外，可以通过学习这些局部特征之间的关系确立空间属性，如尺度、旋转和位置，进而提高步态识别方法对方向和视角变化的鲁棒性。如何实现空间上对齐良好的剪影（即尺度归一化和区域中心对齐）是主要的难点问题，目前采用水平池化匹配（HPM）进行空间特征池化来解决这个问题。

典型的算法包括 GaitSet（Chao 等，2019）、GaitPart（Fan 等，2020）、Gait Lateral Network（Hou 等，2020）、MT3D（Lin 等，2020）。GaitSet 不再使用 GEI 步态能量图，而是将步态剪影序列看作图像集并从中进行学习，在多个公开跨视角数据集中测试出较好性能。GaitPart 提出了一种基于人体部位的网络设计，通过对视频序列进行处理，分别利用帧级部分特征提取器 FPFE 获取人体不同部位的细粒度表示以及微小运动捕获器 MCM 来获取短程时间特征，具有结构简单、性能优异、速度快、易实现的特点。Gait Lateral Network 设计了一个压缩模块，显著减少步态表示尺寸，并保证检测结果准确性。MT3D 将 3D-CNN 应用于小时间尺寸和大空间尺度来提取时空信息，对帧进行池化，具有高效率的特点。

（2）学习时间信息　采用两种不同的方法来学习时间信息。在第一种方法中，使用递归学习策略来学习序列上的时间动态，如递归神经网络，其中每帧根据其与前一帧的关系进行处理。第二种方法首先从序列中可用的时空信息创建 3D 张量，其中张量的深度表示时间信息，然后学习这些张量，如使用 3D-CNN 或图卷积网络 GCN。目前采用典型的 TP 池化模块进行时间特征池化。

典型的算法包括基于 RNN、基于长短期记忆（long short-term memory，LSTM）的方法、基于 3D-CNN 和基于 GCN 的方法等进行时间特征提取。其中，基于 3D-CNN 模型是通过在相邻特征图上滑动时空块对基于 3D 卷积的方法进行时间建模。例如，GaitGL 采用 3D 卷积来提取时空特征，并设计全局和局部分支以收集更多有用的步态知识，从而显著提高步态识别的性能（Lin 等，2021）。

6.3.1.2　基于建立人体模型的方法

基于建立人体模型的方法相当于建模人体的底层结构，基于外观的方法直接从视频中提取步态表示，而没有明确地考虑底层结构。基于建立人体模型的方法在许多情况下，很难从在不受控制的条件下拍摄的视频中精确地恢复身体结构。相比之下，目前基于外观的方法是更适合大规模实际应用的技术，同时随着深度学习和人体建模方法的不断进步，基于建立人体模型的步态识别方法也将会大放光彩。

该方法通过研究骨架的基本结构，从视频中提取骨架结构进行位姿估计，进而提取步态特征，比基于外观的方法具有更好的性能（Li 等，2020）。但是基于轮廓的方法在保留身体形状时无法处理身体重叠区域的遮蔽问题,并且容易受到服装变换的影响。基于模型的方法虽然能够保留内部结构信息屏蔽遮挡问题,但因为完全忽略轮廓会导致性能不佳,因此,目前有学者(Peng 等, 2023)在进行两种数据模态的融合训练,以进一步提升步态识别效果。在进行多模数据融合时,如果只是简单地进行信息链接,无法有效捕获更细粒度的空间信息,也无法对两种模态的时间信息进行充分利用,为了更好地消除步态识别中自遮挡、携带物和服饰对识别的干扰,利用关键点序列中的运动信息对行人步态进行识别的方法也取得了不错的效果。人体估计关键点技术是指利用姿态估计算法提取视频帧中的人体关键点,实时抽象出人体的姿态信息和比例结构。深圳大学彭小波等(2021)提出了基于人体姿态估计模型 OpenPose 提取人体部位关联场(PAF),通过筛选步态周期 Tc 内的有效关节数据装配形成行走特征矢量图 WFVD,最后设计以 WFVD 为输入的步态时空网络作为特征学习与识别网络。其中,基于残差学习模块(ResNet)学习步态空间特征和长短期记忆(LSTM)网络学习步态时间特征,在网络末端采用 softmax 分类器进行分类,具体步态识别框架如图 6-9 所示。

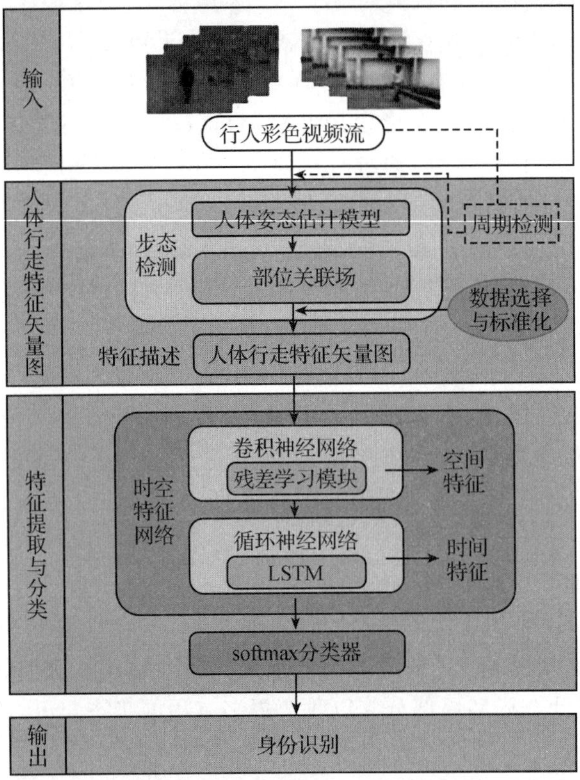

图 6-9　基于 WFVD 的步态识别框架

(彭小波等,2021)

这种识别方法也用于其他人体姿态分析中,例如 Zhao 和 Dai(2023)设计的跑姿姿态分析系统将用户上传的跑步者正侧面视频经图像滤波后提取出按照时间序列的帧集合,再采用 OpenPose 算法获取跑步者 18 个关节点坐标以及计算其对应的 12 个骨向量和 4 个关节角。由于身体关节角度的变化可用于描述跑步姿势的变化情况,所以系统将计算出的 4 个关节角的离散序列通过卷积神经网络拟合成为 4 条相应的周期光滑曲线,进而构建出单跑步周期的动态骨架。其中，卷积神经网络由 3 个完全连接层组成，每个层分别有 50 个、20 个和 10 个神经元。该网络采用 Sigmod 作为激活函数，梯度下降作为优化算法，学习率为 0.01。同时，标准动态骨架根据由 Nikolas Romanov 博士提出的标准跑姿方法的演示视频处理后获得。针对不同的跑步速度，系统采用动态时间规整(dynamic time warping, DTW)算法来计算被测动态骨架和标准动态骨架之间的相似度，最终判别出异常跑姿出现的时间和相应的身体部位。动态时间规整算法是一种基于动态规划实现的计算两个动作序列相似度的算法，在计算不同长度的动作序列上比其他传统的基于时间上点对点的序列相似度计算算法有较大优势。被测动态骨架的时间序列和标准动态骨架的时间序列分别被设置为模板序列和比较序列，相应的持续时间分别为 n 和 m。序列中的每个时间点对应一个特征值。DTW 算法通过构造一个 $n \times m$ 大小的矩阵并使用扭转方法拉伸或收缩时间轴来比较和计算这两个时间序列之间的最短距离，所有用户信息以 JSON 数据写入 MySQL 数据库，前端交互采用 Android Studio 将跑姿分析数据以可视化的形式呈现。结果表明，该系统可以识别多种异常跑姿，能够更好地适应复杂背景，具有较高的识别精度和计算率，为用户提供科学的实时运动指导。

6.3.2　步态识别模型性能评价

基于深度学习的步态识别模型的评测指标的选择取决于所考虑的具体识别模式。在一对一的验证模式中，通常使用等错误率 EER 和操作特征曲线 ROC 来评价性能。另一方面，一对多识别模式采用了包括 Rank-n accuracy、累积匹配特征曲线 CMC 和平均精度均值 mAP 等方法来评价性能。

(1) Rank-n accuracy　这是一种在图像分类、检索领域广泛使用的评价指标。给定一张目标图像，训练好的步态识别深度学习模型会给出一个按照置信度排序的识别结果序列。在 1∶N 步态识别中，模型会对 probe 对象(1 个)计算步态特征，然后和全部 gallery 对象(N 个)分别计算余弦相似度，然后从大到小排序。如果正确的步行 ID 在 top-K 中，那么就认为检索成功，否则检索失败。最常用的 Rank-1 accuracy 与 Rank-5 accuracy 2 种评价指标，分别代表在测试中，第 1 位即为正确匹配的比例，以及前 5 位存在正确匹配的比例。

(2) CMC(cumulative match characteristic)曲线　通过对不同的 Rank 分别计算 Rank-K Identification Rate，然后根据计算结果绘制 Rank-n accuracy 随着参数 n 变化的曲线，通过 CMC 曲线直观地了解 top-n 中概率的变化。CMC 曲线的横坐标是 Rank，纵坐标是 Rank-K Identification Rate。

(3) mAP(mean average precision)　平均精度均值是多目标检测与多标签分类的常用评价指标，绘制精确率与召回率的关系曲线(P-R 曲线)，该曲线与坐标轴之间的面积即为平均精确率(average precision)，对所有类别测试得到各自的平均精确率取均值，得到平均精度均值 mAP。平均精度指标不仅体现了模型的精确率，还能对模型给出的排名顺序做出评价。

步态识别深度学习模型最为常用的评价指标为 Rank-1 accuracy，表 6-2 展示了典型步态识别模型在目前主要数据集上的 Rank-1 准确率数据，表明现有步态识别模型在受限环境 CASIA-B 和 OU-MVLP 步态数据集中识别效果远远好于在真实场景数据集 GREW 和 Gait3D 中的识别效果。

表 6-2　典型步态模型在 4 个主要数据集的 Rank-1 准确率　%

步态模型	数据集					
	CASIA-B			OU-MVLP	GREW	Gait3D
	NM	BG	CL			
GEInet	91.6	85.7	58.9	*	*	*
GaitGraph	87.7	74.8	66.3	*	*	*
GaitPart	96.2	91.5	78.7	88.7	48.4	36.7
GaitSet	95.0	87.2	70.4	87.1	48.4	36.7
GaitBase	96.7	91.9	74.9	89.6	54.7	56.9

6.4　步态识别典型模型与开源平台

根据经典分类法，步态识别方法大致可以分为两类，包括基于模型的方法和基于外观的方法。这两种方法都可以直接从输入的步行视频中学习步态特征，适合低分辨率条件，因此越来越受到重视。随着深度学习的兴起，日本大阪大学基于 OU-ISIR 数据集提出的 GEInet 模型巧妙地将周期步态轮廓特征作为输入，慕尼黑工业大学提出的基于 CASIA-B 数据集的 GaitGraph 步态识别模型倾向于将提取出的人体底层结构作为输入，GaitPart、GaitSet 及 GaitBase 等模型都集中在外观的步态空间特征提取和步态时间建模方面。本节分别介绍基于机器视觉步行视频的深度识别的 5 个典型模型和南方科技大学感知计算实验室提出的开源步态识别平台 OpenGait。

6.4.1　步态识别典型模型

1. GEInet

日本大阪大学基于 OU-ISIR 数据集提出的 GEInet 模型有效地提高了识别精度，其步态识别思路是先用卷积神经网络 CNN 提取空间上对齐良好的侧面轮廓 GEI 图中的特征，再用 softmax 函数进行分类识别，侧重于微妙的主体间同一动作类别内的差异，即步态在周期内不同时间的变化。GEInet 网络结构如图 6-10 所示，图中结构是一个 8 层的 CNN 网络，其中前 6 层是两个连续的卷积层、池化层和归一化层的三元组合；fc3 是一个全连接层，有 1 024 个采用 ReLU 激活函数的 dropout 单元；另一个全连接层 fc4 有 N 个单位，其中 N 对应于训练对象 ID 的数目。

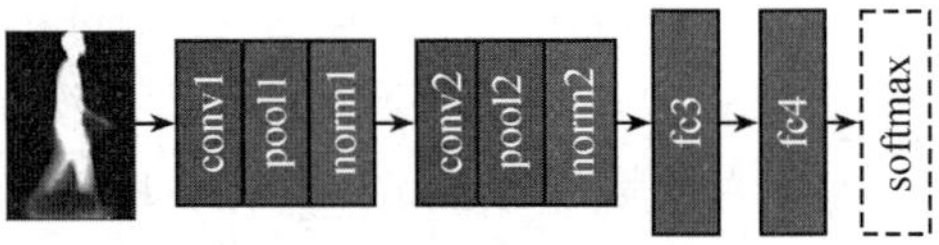

图 6-10　GEInet 网络结构
(Shiraga 等，2016)

2. GaitGraph

慕尼黑工业大学提出了基于 CASIA-B 数据集的 GaitGraph 步态识别模型，这类模型倾向于将提取出的人体底层结构作为输入，如 2D/3D pose 和 SMPL 模型。SMPL 模型是一种基于 skinned vertex 的模型，可准确表示自然人体姿势中的各种体型。GaitGraph 网络结构如图 6-11 所示，将 RGB 视频序列首先经过 2D 人体姿态网络 HRNet 提取为具有 17 个关节和

60 个序列长度的骨架估计姿态序列，然后输入 ResGCN 块中。该块由一个图卷积、一个经典的时域 2D 卷积和一个具有可选瓶颈结构的残差连接组成。在通过平均池化和一个产生特征向量的全连接层后，模型使用监督对比损失作为损失函数。在测试时，定义图库和探针之间的距离为对应特征向量的欧氏距离。与手工提取姿势特征相比，采用 GCN 方法提取特征在所有跨视角视图和行走条件方面都有显著改进。

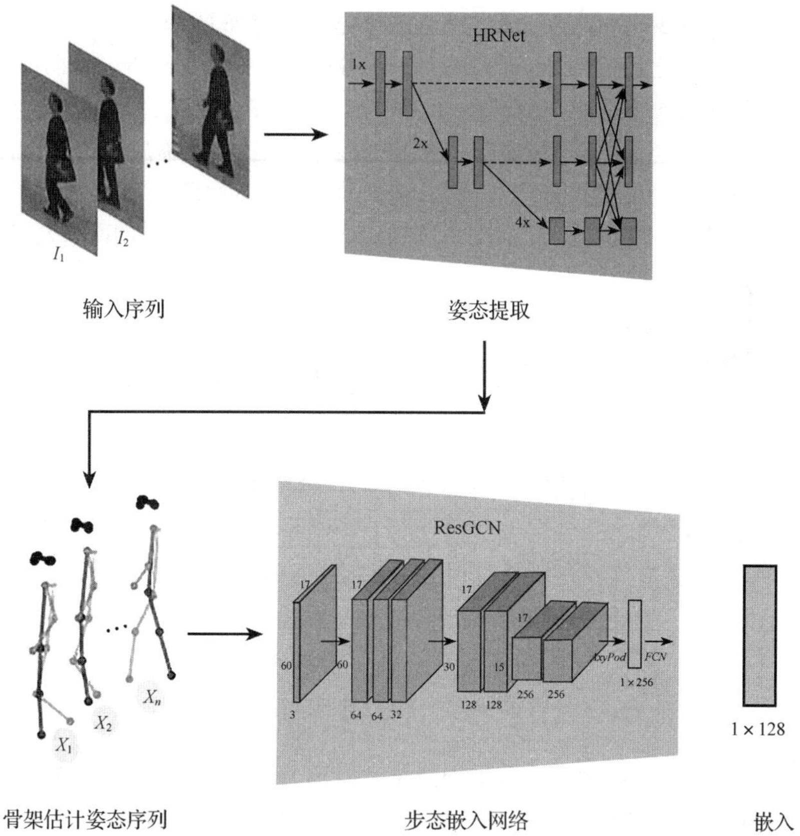

图 6-11　GaitGraph 网络结构

（Teepe 等，2021，有修改）

3. GaitPart

基于人体不同部位在行走过程中具有明显不同的形状和运动模式，因此人体描述的部分特征可以提供细粒度的信息，有利于个体识别任务。与通过深度堆叠 3D 卷积或循环操作对远程依赖关系进行时间建模的步态识别方法相比，研究者认为人体的每个部分都需要自己的表达方式，其中局部短程时空特征（微动作模式）是人类步态最具判别力的特征，而且任何特定时刻的微动作模式应该完全由其本身及其相邻帧决定。因此，一种新的基于时间部分的框架模型 GaitPart 被提出，其网络结构如图 6-12 所示，GaitPart 由两个设计良好的组件组成，即帧级部分特征提取器（FPFE）和微动作捕捉模块（MCM）。FPFE 是一种专门设计的卷积网络，用于提取每个帧对应的包含通道、高度和宽度的空间特征，表示为三维张量 F_i。然后，通过空间水平池化模块提取部分人体的判别性部分形成的特征，将特征图 F_i 水平分割成 n 个部分，然后通过全局平均池化和全局最大池化将其下采样成列向量。时间特征聚合器（TFA）由 n 个并行微动作捕捉模块（MCM）组成，每个 MCM 负责对相应部分的短程时空表示进行建模。MCM 包含两个部分：微动作模板生成器（MTB）和时间池化（TP）。MTB 模块将帧级部分信息特征向量序列映射到微动作特征向量序列中。在实际应用中，有两个平行的 MTB，在 MCM 中使用不同的窗口大小，目的是融合序列维上的多尺度信息，从而收集到更丰富的微运动特征。TP 模块使用 mean 或 max 方法提取出最具判别力的运动特征向量，用于最后识别。这个模块也是步态时序聚合的底层逻辑，核心思想是一个完整的步态周期之后不会产生信息增益。GaitPart 使用单独的 Batch All（BA＋）triplet loss 来训练网络，并使用不同样本之间对应的列特征向量来计算损失。训练批大小为（pr，k），其中 pr 表示人数，k 表示训练一批中每个人的样本数。在训练阶段，由于步态视频的长度不确定，采样器应收集一个固定长度的片段作为输入。具体做法是先截取一个 30～40 帧长的片段，然后随机抽取 30 个排序的帧进行训练。在测试时，gallery 和 probe 之间的距离被定义为相应特征向量的欧氏距离的平均值。

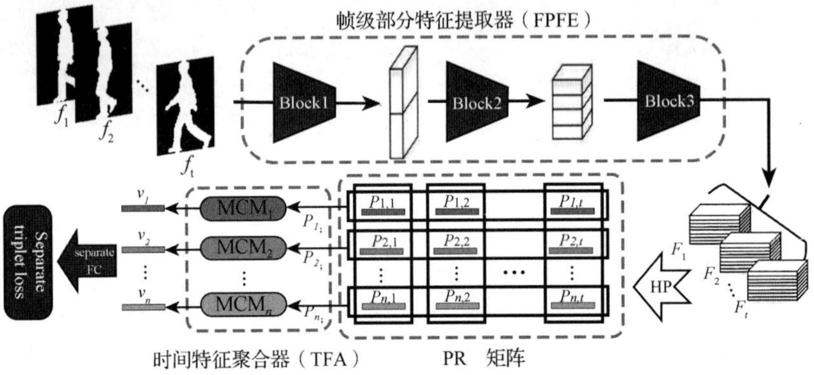

图 6-12　GaitPart 网络结构

（Fan 等，2021，有修改）

需要注意的是，南方科技大学实验室通过消融实验将 FConv 更改为常规卷积层后在数据集 Gait3D 上获得了更高的性能（Fan 等，2023）。这一现象表明，由于野生数据分割质量较低，直接分割特征图可能会严重影响步态特征的提取。最近流行的移位窗口机制可以解决这个问题。此外，由于 GaitPart 需要连续帧作为输入，时间维度中一些常见的现实世界因素也可能对最终性能产生负面影响。

4. GaitSet

步态轮廓图从视觉上看，前后关系很容易辨认，因此步态人体轮廓可以作为没有时序关系的独立轮廓组成的图像集合，让深度神经网络自身优化去提取并利用这种关系。基于 CASIA-B、OU-MVLP 和 OU-ISIR 步态数据集，复旦大学研究人员提出的 GaitSet 模型从独立轮廓集合中提取不变特征，不仅取得了优异的识别性能，也证明了通过小片段序列学习步态特征的可行性。GaitSet 网络结构如图 6-13 所示，主管道中采用 CNN 对每个随机提取出的步态轮廓图提取特征，图中梯形表示卷积和池化块，同一列中的块具有相同的设置，设置由大写字母的矩形表示，每层使用注意力的集合池化 SP 结构用于将一组帧级特征映射到集合特征。同时，GaitSet 提出了多层全局管道（multilayer global pipeline，MGP）收集不同水平集的信息。它与主管道中的卷积网络具有相似的结构，并将在不同层中提取的集合级特征添加到 MGP 中。

最后，通过水平金字塔映射 HPM（包括水平金字塔池化 HPP 和全连接层 FC）将最终特征图映射到判别空间。Separate FCs 对 HPP 的结果，按部分分别进行 FC 映射，最后计算 loss，按照不同部分分别去计算 triplet loss，然后求取平均。

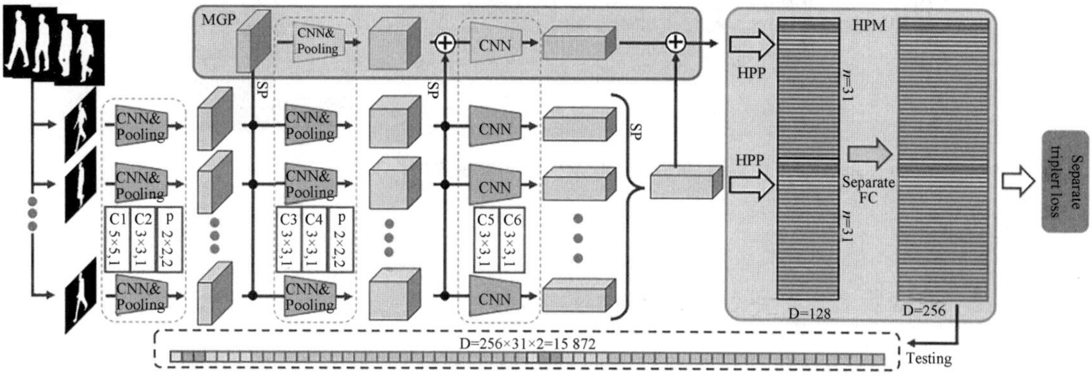

图 6-13　GaitSet 网络结构

（Chao 等，2019）

GaitSet 模型直接学习步态表示，而不是测量一对步态模板或序列之间的相似性。因此，只需对每个样本的表示进行一次计算，就可以通过计算不同样本表示之间的欧氏距离来完成识别。这种方法充分利用 CNN 的强大学习能力，将整个步态序列的每一张图像都作为训练样本。同时，该方法可以通过遍历整个步态序列学习不同步态图像之间的差异，避免了生成 GEI 方法中通常会损失部分信息的局限。需要注意的是，南方科技大学近期通过消融实验从官方 GaitSet 中去除 MGP 或 HPP 中的多尺度机制所得到的模型在 CASIA-B 和 Gait3D 上都可以达到相同甚至更好的性能，节省了 80％以上的训练权重。这一结果表明，底层卷积块提取的集合级特征可能不利于最终的步态表示。此外，HPP 中的多尺度机制也不提供额外的判别特征，原因可能是采用的统计池化函数太弱，无法从不同尺度的人体部位学习额外的知识。

5. GaitBase

南方科技大学智能感知实验室结合以上步态深度学习识别框架，提出一个通用步态识别模型 GaitBase，并开发了基于 PyTorch 的开源平台 OpenGait。GaitBase 网络结构如图 6-14 所示，主干网络采用 CNN 的 ResNet9 模型进行特征提取并用 Set Block Wrapper 封装，ResNet9 模型由初始卷积层和 4 个基本残差块堆叠组成。所有层均配有 BN（batch normalization，批量归一化）层和 ReLU 激活层。首先，通过将每个输入轮廓帧转换为具有高度、宽度和通道尺寸的三维度特征图；然后，采用时间池化模块 TP 将通过沿时间维度执行最大化来聚合获得的特征图序列，输出对输入步态序列的集合。随后，采用水平池化模块 HP 将得到的特征图水平分割成几个部分，每个部分经过池化操作展成一个特征向量并进一步使用一个独立全连接层 Separate FCs 将它们映射到度量空间中。其中，TP、HP 模块与 GaitSet 相同。最后，再采用广泛使用的 BNNeck 来调整特征空间，并利用三元组损失 L_{tripbet} 和交叉熵损失 L_{ce} 来监督整个训练过程。BNNeck 是添加一个 BN 层，BN 层之前的特征表示为 embed1，embed1 经过 BN 层归一化之后得到特征 embed2，分别用 embed1 和 embed2 去计算 triplet loss 和 cross entrope loss。GaitBase 结构简单，鲁棒性好，无论是在室内还是室外拍摄的测试步行视频均表现优异，可作为进一步研究的新基线。

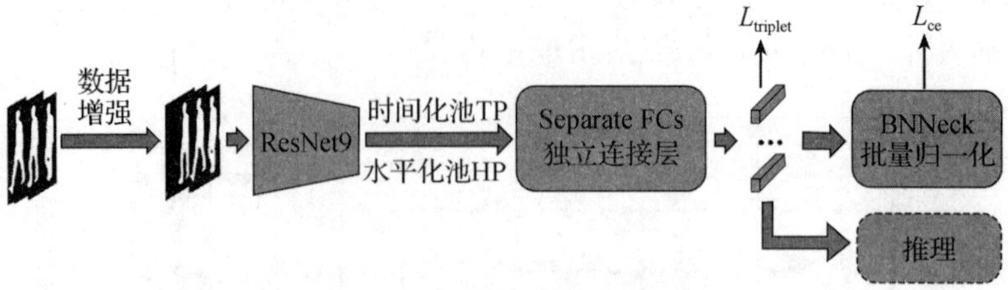

图 6-14 GaitBase 网络结构图

(Fan 等，2023)

6.4.2 开源步态识别平台 OpenGait

南方科技大学感知计算实验室致力于研究人机交互、计算机视觉、语音识别、自然语言处理等领域，该实验室于 2022 年推出了开源的步态识别平台 OpenGait，用于从图像或视频中检测人体步行的姿态并对其进行人体身份识别。

OpenGait 的设计原则如图 6-15 所示，兼容不同的输入步态模式，常见的包括轮廓图像、2D/3D 骨架，最近出现的模态包括 SMPL 参数和 RGB 图像。OpenGait 分为 3 个模块，即数据、建模和评估。数据模块包含数据加载器、数据采样器和数据转换，分别负责加载、采样和预处理输入数据流。建模模块构建在基线模型 GaitBase 之上，在训练和测试阶段预定义了深度模型的许多行为，包括优化和推理。目前步态识别算法的 4 个基本组成部分，即骨干、颈部、头部和损失，均包括在建模模块内，同时支持各种框架，如通用、端到端、多模态和对比学习。除 GaitBase 外，同时支持多个算法，包括 GaitSet、GaitPart、GLN、GaitGL、Gait3D、SMPL 步态、GaitEdge 和 GaitSSB。最后，评价模块对训练后的模型进行评估，实现了多种主流步态数据集即 CASIA-B、OU-MVLP、HID、GREW、Gait3D 等评估协议的统一。

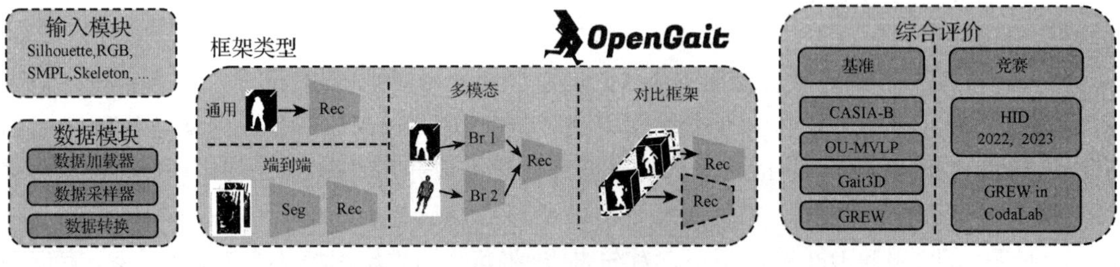

图 6-15 OpenGait 的设计原则(Seg 分割，Rec 识别，Br 代表分支)

(Fan 等，2023，有修改)

OpenGait 平台的步态识别模型训练和测试流程见图 6-16，主要包含 6 部分，分别是配置文件(config. yaml)、初始化(Initialization)、步态识别深度学习算法(BaseModel: nn. Module)、数据预处理和数据集划分(data_loader)、训练(run_train)和推理(inference)。其中，配置文件用于记录各个模块可变要调整的部分，只要调整不同的配置就可以方便地调用同一个模块下不同的功能，如调用不同的步态识别算法的 backbone。OpenGait 选用了 YAML 来管理配置，即将配置读取转换成嵌套的字典。

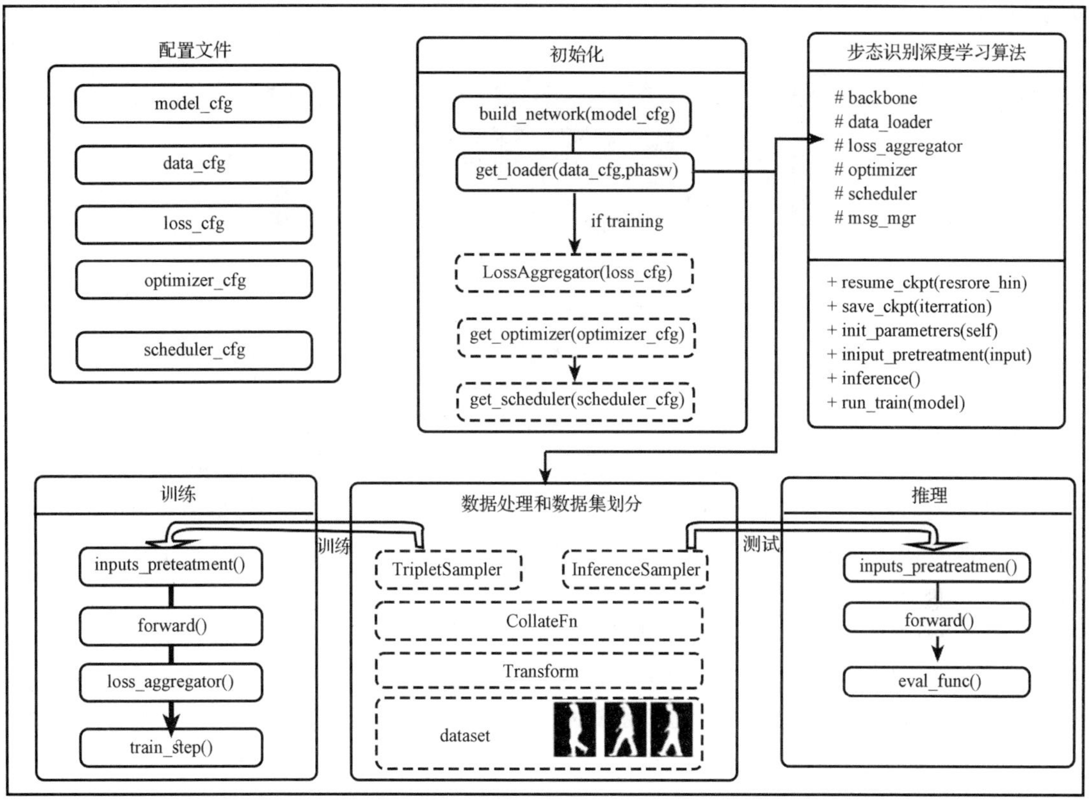

图 6-16　OpenGait 平台的步态识别模型训练和测试流程

(OpenGait GitHub)

6.5　步态识别的应用和挑战

与其他生物特征识别系统相比，步态识别具有非接触式、非侵犯性、抗伪装、跨着装、跨视角、对光线不敏感等显著优势，是非常适合在视频监控中应用的生物特征识别方法之一。因此，步态识别技术在安防监控、门禁系统、医疗诊断等相关领域具备广泛的应用前景和经济价值。

目前，步态识别技术在算法、系统、标准和平台方面已经有较全面的发展。我国银河水滴推出了公安步态大数据分析系统，该系统符合国家数据安全标准《信息安全技术　步态识别数据安全要求》(GB/T 41773—2022)，满足《安全防范视频监控联网系统信息传输、交换、控制技术要求》(GB/T 28181—2022)、《公安视频图像信息应用系统》(GA/T 1400—2017)等标准，提供标准的数据存储及共享接口，实现系统数据的快速共享，为城市数据安全治理提供保障。图 6-17 为银河水滴公安步态大数据分析系统的架构，可以看出系统整体基于标准规范体系和安全运维体系，在基础设施层汇聚了前端视频监控资源及支撑上层服务及业务应用的硬件资源。通过视频图像解析后的结构化数据存储于数据服务层，为用户提供视频图像信息资源的快速检索及智能分析应用，给各警种实战业务应用提供数据支撑。应用支撑层提供平台的基本管理功能和通用应用功能，包括目录管理、设备校时、权限管理、用户管理、日志管理等。业务应用层面向各警种提供各类实战应用，包括视频检索、实时步态抓拍、布控预警、数据看板、串并案分析、涉案人员步态库等。

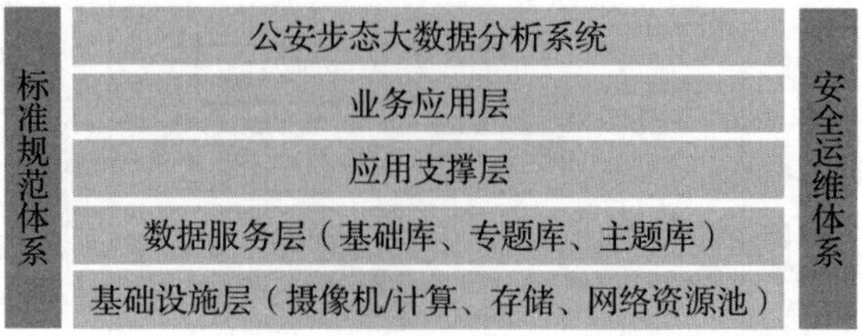

图 6-17 银河水滴公安步态大数据分析系统
（银河水滴官网）

银河水滴的步态大数据分析平台可接入大量城市摄像机，以步态识别为核心并融合人脸识别、人体结构化等技术，在不新增摄像机的情况下，解决大范围海量人员身份识别和长期轨迹刻画等难题，可实现普通高清摄像机 360°视角 50 m 内识别，不受口罩、换装影响，抵抗伪装和黑夜光照剧变。目前该平台已在全国 100 多个地级市和约 300 个县（区）落地应用，每年协助侦破数千起案件。

尽管近年来步态识别已经取得了显著的进展，但在算法模型训练和实际应用过程中仍然存在很多挑战，还有许多尚未完全解决的技术问题，其商业应用还未广泛实现。比起人脸、指纹等成熟的生物特征识别技术，步态识别技术难题在于形体特征表达和变化规律特征会受到着装变化、携带物变化、跨视角变化、遮挡因素、环境因素等影响，克服这些影响形成稳定的特征表达是急需解决的。因此，步态识别技术的核心挑战和目标是在不受上述干扰因素的影响下，有效提取不同受试者之间具有区分性的步态特征。整体来看，步态识别可以从数据集、实用性和可信性方面进行改进。

（1）与真实行走情况相比，现有的步态数据集具有采集对象有限、识别环境较友好、视频采集角度固定等特点，因此需要将识别研究扩展到现实因素，如不同光照、低分辨率、连续跨视角、多人交叠、外观影响等潜在因素来扩展真实场景中的步态识别。由于在真实场景中收集步态数据具有挑战性，一种可能的解决方案是使用合成方法来生成步态数据，另一种可能的解决方案是使用未标记的数据。在满足步态识别数据安全要求前提下，海量城市公众视频自动检测和分割并通过自监督学习方法从未标记的数据中学习有信息量的表示，进而极大地促进未来对步态识别的研究。

（2）步态深度识别模型通过端到端识别极大地简化了识别过程，然而现有的视频步态识别模型在大规模户外数据集中识别精度较低，需要配合更多的其他机器视觉采集方式提供的数据集如激光雷达 SUSTech1K 和雷达时频谱图 MMRGait-1.0 进行多模态融合。同时，有必要进一步探索开发出能够满足实际应用需求的高效实时步态识别技术，满足实际监控系统对特征提取和检索的实时要求。

（3）除了识别个体，步态识别还引起了对敏感信息的隐私担忧，如性别、年龄、着装和其他属性。未来的研究应该专注于理解和缓解这些隐私问题，提高步态的相关安全保护，确保步态识别技术的公平、透明和负责任的部署。

本章小结

基于计算机视觉的步态识别技术作为一种远距离生物特征识别技术，应用涵盖安防监控、生物识别、医疗康复等领域。本章主要介绍了远距离步态深度学习识别方法的两种步态特征提取思路以及典型的步态深度识别模型。然而，步态识别面临着现实因素影响、姿势变化、多模态设备精度等挑战，需要不断扩充数据集、提升算法准确性和稳定性，以实现更广泛的应用和推广。

思考题

1. 步态识别核心思想是什么？基于计算机视觉的远距离步态识别技术可以采用哪些方法进行步态识别？

2. 深度学习远距离步态识别系统的基本框架和识别思路是什么？

3. 与受限环境步态数据集相比，真实场景步态数据集在哪些方面有所变化？简述这些变化如何影响识别系统的性能。

4. 学习行人重识别的相关知识，简述步态识别和行人重识别的区别和联系。

参考文献

1. 彭小波,黄海娜,杨辉跃,等．基于行走特征矢量图的步态识别方法[J]．深圳大学学报(理工版)，2021，38(5):528-535.
2. 钱竞光,宋雅伟，叶强，等．步行动作的生物力学原理及其步态分析[J]．南京体育学院学报(自然科学版)，2006，5(4):1-8.
3. 尚普咨询集团．行业指南！2023 年生物识别技术行业市场现状分析与发展机遇[EB/OL]．(2023-06-12)[2024-02-09]. https://baijiahao. baidu. com/s? id=1768511464719380147.
4. 生物识别与安全技术研究中心．CASIA 数据集．[2024-02-10]. http://www. cbsr. ia. ac. cn/china/Gait%20Databases%20CH. asp.
5. 王一凡,鲁慧民,高若然,等．手指静脉图像感兴趣区域提取研究综述[J]．计算机工程与应用,2021,57(13):34-42.
6. 邬向前，张大鹏，王宽全．掌纹识别技术[M]．北京:科学出版社，2006.
7. 许赫庭,木特力甫・马木提,阿力木江・艾沙,等．基于深度卷积网络的非接触式掌纹识别与验证[J]．东北师大学报(自然科学版),2022,54(4):93-99.
8. Adjabi I, Ouahabi A, Benzaoui A, et al. Past, present, and future of face recognition: a review[J]. Electronics, 2020, 9(8):1188.
9. Ahonen T, Hadid A, Pietikäinen M. Face recognition with local binary patterns[C]// Computer Vision-ECCV 2004: 8th European Conference on Computer Vision, Prague, Czech Republic, May 11-14, 2004. Proceedings, Part I 8. New York: Springer Berlin Heidelberg, 2004:469-481.
10. Bazarevsky V, Kartynnik Y, Vakunov A, et al. BlazeFace: sub-millisecond neural face detection on mobile GPUs[J]. CoRR, 2019, abs/1907. 05047.
11. Belhumeur P N, Hespanha J, Kriegman D. Eigenfaces vs. Fisherfaces: recognition using class specific linear projection[J]. IEEE Transactions on Pattern Analysis and Machine Intelligence 19, 1997 (7):711-720.
12. Bledsoe W W, Chan H. A man-machine facial recognition system: some preliminary results[J]. Panoramic Research, Inc, Palo Alto, California, Technical Report PRI A, 1965, 19:1965.
13. Cao Z, Simon T, Wei S, et al. Realtime multi-person 2D pose estimation using part affinity fields[J]. CoRR, 2016, abs/1611. 08050.
14. Chao H, He Y, Zhang J, et al. GaitSet: regarding gait as a set for cross-view gait recognition[J]. Proceedings of the AAAI Conference on Artificial Intelligence, 2019, 33: 8126-8133.

15. Chen S, Liu Y, Gao X, et al. MobileFaceNets: efficient CNNs for accurate real-time face verification on mobile devices [C] // Biometric Recognition: 13th Chinese Conference, CCBR 2018, Urumqi, China, August 11-12, 2018, Proceedings 13. New York: Springer International Publishing, 2018: 428-438.
16. Cui Z, Feng J, Zhou J. Dense registration and mosaicking of fingerprints by training an end-to-end network [J]. IEEE Transactions on Information Forensics and Security, 2020, 16: 627-642.
17. Cutting J E, Kozlowski L T. Recognizing friends by their walk: gait perception without familiarity cues[J]. Bulletin of the Psychonomic Society, 1977, 9: 353-356.
18. Dang T L, Tran S D, Nguyen T H. An improved hand gesture recognition system using keypoints and hand bounding boxes [J]. Array, 2022, 16: 100251.
19. Daugman J. How IRIS recognition works [M] // The essential guide to image processing. New York: Academic Press, 2009: 715-739.
20. Deng J, Guo J, Xue N, et al. ArcFace: additive angular margin loss for deep face recognition[C]//Proceedings of the IEEE/CVF Conference on Computer Vision and Pattern Recognition, 2019: 4690-4699.
21. Deng J, Guo J, Zhou Y, et al. RetinaFace: single-stage dense face localisation in the wild [J]. arXiv: 1905. 00641, 2019.
22. Fan C, Hou S, Wang J, et al. Learning gait representation from massive unlabelled walking videos: a benchmark [J]. IEEE Transaction on Pattern Analysis and Machine Intelligence, 2023, 45(12): 14920-14937.
23. Fan C, Liang J, Shen C, et al. OpenGait: revisiting gait recognition toward better practicality [J]. IEEE Coference on Computer Vision and Pattern Recognition, 2023: 9707-9716.
24. Fan C, Peng Y, Cao C, et al. GaitPart: temporal part-based model for gait recognition [C]//Proceedings of IEEE/CVF Conference on Computer Vision and Pattern Recognition, 2020: 14213-14221.
25. Girshick R. Fast R-CNN [C] // Proceedings of the IEEE International Conference on Computer Vision, 2015: 1440-1448.
26. Glorot X, Bordes A, Bengio Y. Deep sparse rectifier neural networks[C]//Proceedings of the Fourteenth International Conference on Artificial Intelligence and Statistics. JMLR Workshop and Conference Proceedings, 2011: 315-323.
27. Han J, Bhanu B. Individual recognition using gait energy image[J]. IEEE Transactions on Pattern Analysis and Machine Intelligence, 2006, 28(2): 316-322.
28. Haruyuki I, Mayu O, Yasushi M, et al. The OU-ISIR gait database comprising the large population dataset and performance evaluation of gait recognition [J]. IEEE Transactions on Information Forensics and Security, 2012, 7(5): 1511-1521.
29. He K, Zhang X, Ren S, et al. Deep residual learning for image recognition[C]//Pro-

ceedings of the IEEE Conference on Computer Vision and Pattern Recognition, 2016: 770-778.

30. He K, Zhang X, Ren S, et al. Delving deep into rectifiers: surpassing human-level performance on imagenet classification[C]//Proceedings of the IEEE International Conference on Computer Vision, 2015:1026-1034.

31. Hinton G E, Srivastava N, Krizhevsky A, et al. Improving neural networks by preventing co-adaptation of feature detectors[J]. CoRR, 2012, abs/1207.0580.

32. Hou Q, Zhou D, Feng J. Coordinate attention for efficient mobile network design[C]//Proceedings of the IEEE/CVF Conference on Computer Vision and Pattern Recognition, 2021:13713-13722.

33. Hou S, Cao C, Liu X, et al. Gait Lateral Network: learning discriminative and compact representations for gait recognition[M]. Vedaldi A, Bischof H, Brox T, et al. Computer Vision-ECCV 2020. Cham: Springer International Publishing, 2020, 12354:382-398.

34. Huang G B, Mattar M, Berg T, et al. Labeled faces in the wild: a database for studying face recognition in unconstrained environments[C]//Workshop on Faces in 'Real-Life' Images: detection, alignment, and recognition, 2008.

35. Huang G, Liu Z, Van DerMaaten L, et al. Densely connected convolutional networks [C]//Proceedings of the IEEE Conference on Computer Vision and Pattern Recognition, 2017:4700-4708.

36. Jain A K, Nandakumar K, Ross A. 50 years of biometric research: accomplishments, challenges, and opportunities[J]. Pattern Recognition Letters, 2016, 79:80-105.

37. Johansson G. Visual perception of biological motion and a model for its analysis [J]. Perception & Psychophysics, 1973, 14:201-211.

38. Kanhangad V, Kumar A, Zhang D. A unified framework for contactless hand verification[J]. IEEE Transactions on Information Forensics and Security, 2011, 6(3): 1014-1027.

39. Kolivand H, Asadianfam S, Akintoye K A. Finger vein recognition techniques: a comprehensive review[J]. Multimedia Tools and Applications, 2023, 82(22):33541-33575.

40. Kono M. A new method for the identification of individuals by using of vein pattern matching of a finger[C]//Proc. 15th Symposium on Pattern Measurement, Yamaguchi, Japan, 2000:9-12.

41. LeCun Y, Bottou L, Bengio Y, et al. Gradient-based learning applied to document recognition[J]. Proceedings of the IEEE, 1998, 86(11):2278-2324.

42. Li N, Zhao X, Ma C. JointsGait: a model-based gait recognition method based on gait graph convolutional networks and joints relationship pyramid mapping[J]. arXiv: 2005.08625, 2020.

43. Li X, Makihara Y, Xu C, et al. End-to-end model-based gait recognition[C]//Proceedings of the Asian Conference on Computer Vision, 2020.

44. Lin B, Zhang S, Yu X. Gait recognition via effective global-local feature representation and local temporal aggregation[C]//2021 IEEE/CVF International Conference on Computer Vision (ICCV), 2021:14628-14636.

45. Lin B,Zhang S, Bao F. Gait recognition with multiple-temporal-scale 3D convolutional neural network[J]. Proceedings of the 28th ACM International Conference on Multimedia, 2020.

46. Lin C, Chen Y, Zou X, et al. An unconstrained palmprint region of interest extraction method based on lightweight networks[J]. PLoS ONE, 2024,19(8):e0307822.

47. Lin T Y,Goyal P, Girshick R, et al. Focal loss for dense object detection[C]//Proceedings of the IEEE International Conference on Computer Vision, 2017:2980-2988.

48. Liu D, Sun D. Contactless palmprint recognition based on convolutional neural network [C]//2016 IEEE 13th International Conference on Signal Processing (ICSP). IEEE, 2016:1363-1367.

49. Liu S, Huang D. Receptive field block net for accurate and fast object detection[C]// Proceedings of the European Conference on Computer Vision (ECCV), 2018:385-400.

50. Liu W, Wen Y, Yu Z, et al. SphereFace:deep hypersphere embedding for face recognition[C]//Proceedings of the IEEE Conference on Computer Vision and Pattern Recognition, 2017:212-220.

51. Liu W,Anguelov D, Erhan D, et al. SSD:single shot multibox detector[C]//Computer Vision-ECCV 2016:14th European Conference, Amsterdam, The Netherlands, October 11-14, 2016, Proceedings, Part I 14. Springer International Publishing, 2016:21-37.

52. Lowe D G. Object recognition from local scale-invariant features[C]//Proceedings of the Seventh IEEE International Conference on Computer Vision, 1999, 2:1150-1157.

53. Lu G, Zhang D, Wang K. Palmprint recognition using eigenpalms features[J]. Pattern Recognition Letters, 2003, 24(9-10):1463-1467.

54. MacGregor P,Welford R. Veincheck lends a hand for high security[J]. Sensor Review, 1992, 12(3):19-23.

55. Maio D, Maltoni D. Ridge-line density estimation in digital images[C]//Proceedings of Fourteenth International Conference on Pattern Recognition, 1998, 1:534-538.

56. Maltoni D, Maio D, Jain A K, et al. Handbook of fingerprint recognition[M]. London: Springer, 2009.

57. Maze B, Adams J, Duncan J A, et al. IARPA janus benchmark-c:face dataset and protocol[C]//2018 International Conference on Biometrics (ICB), 2018:158-165.

58. Miura N,Nagasaka A, Miyatake T. Feature extraction of finger-vein patterns based on repeated line tracking and its application to personal identification[J]. Machine Vision and Applications, 2004, 15:194-203.

59. Niyogi S A, Adelson E H. Analyzing and recognizing walking figures in XYT[C]//1994 Proceedings of IEEE Conference on Computer Vision and Pattern Recognition, 1994:

469-474.
60. Ojala T, Pietikainen M, Maenpaa T. Multiresolution gray-scale and rotation invariant texture classification with local binary patterns[J]. IEEE Transactions on Pattern Analysis and Machine Intelligence, 2002, 24(7):971-987.
61. Ojala T,Pietikainen M,Maenpaa T. Multiresolution gray-scale and rotation invariant texture classification with local binary patterns. [J]. IEEE Transactions on Pattern Analysis and Machine Intelligence,2002,24(7):971-987.
62. Orczyk T, Wieclaw L. Fingerprint ridges frequency[C]//2011 Third World Congress on Nature and Biologically Inspired Computing, 2011:558-561.
63. Parkhi O, Vedaldi A, Zisserman A. Deep face recognition[C]//BMVC 2015-Proceedings of the British Machine Vision Conference 2015. British Machine Vision Association, 2015.
64. Peng Y, Ma K, Zhang Y, et al. Learning rich features for gait recognition by integrating skeletons and silhouettes[J]. Multimed Tools App, 2023,87:7273-7294.
65. Ronneberger O, Fischer P, Brox T. U-Net:convolutional networks for biomedical image segmentation[C]// Medical Image Computing and Computer-Assisted Intervention-MICCAI 2015:18th International Conference, Munich, Germany, October 5-9, 2015, Proceedings, Part Ⅲ 18. New York:Springer International Publishing,2015:234-241.
66. Schroff F, Kalenichenko D, Philbin J. FaceNet:a unified embedding for face recognition and clustering[C]//Proceedings of the IEEE Conference on Computer Vision and Pattern Recognition, 2015:815-823.
67. Sepas-Moghaddam A, Etemad A. Deep gait recognition:a survey [J]. IEEE Transactions on Pattern Analysis and Machine Intelligence, 2022,45(1):269-284.
68. Shen C, Fan C, Wu W, et al. LidarGait:benchmarking 3D gait recognition with point clouds [J]. Proceedings of the IEEE/CVF Conference on Computer Vision and Pattern Recognition, 2023:1054-1063.
69. Shiraga K, Makihara Y, Muramatsu D, et al. GEINet:view-invariant gait recognition using a convolutional neural network[C]//International Conference on Biometrics, 2016: 1-8.
70. Simonyan K, Zisserman A. Very deep convolutional networks for large-scale image recognition[J]. CoRR,2014,abs/1409. 1556.
71. Sun Q, Zhang J, Yang A, et al. Palmprint recognition with deep convolutional features [C]//Advances in Image and Graphics Technologies: 12th Chinese Conference, IGTA 2017, Beijing, China, June 30-July 1, 2017, Revised Selected Papers 12. Springer Singapore, 2018:12-19.
72. Svoboda J, Masci J, Bronstein M M. Palmprint recognition via discriminative index learning[C]//2016 23rd International Conference on Pattern Recognition (ICPR). IEEE, 2016:4232-4237.

73. Taigman Y, Yang M, Ranzato M A, et al. DeepFace: closing the gap to human-level performance in face verification[C]//Proceedings of the IEEE Conference on Computer Vision and Pattern Recognition, 2014:1701-1708.

74. Takemura N, Makihara Y, Muramatsu D, et al. On input/output architectures for convolutional neural network-based crossview gait recognition [J]. IEEE Transactions on Circuits and Systems for Video Technology, 2019, 29(9):2708-2719.

75. Teepe T, Khan A, Gilg J, et al. Gaitgraph: graph convolutional network for skeleton-based gait recognition[J]. 2021 IEEE International Conference on Image Processing (ICIP), 2021, 2314-2318.

76. Turk M, Pentland A. Eigenfaces for recognition[J]. Journal of Cognitive Neuroscience, 1991, 3(1):71-86.

77. Vince J. Geometric algebra for computer graphics[M]. New York: Springer Science & Business Media, 2008.

78. Wan C, Wang L, Phoha V V. A survey on gait recognition[J]. ACM Computing Surveys, 2018, 51(5):1-35.

79. Wang H, Wang Y, Zhou Z, et al. Cosface: large margin cosine loss for deep face recognition[C]//Proceedings of the IEEE Conference on Computer Vision and Pattern Recognition, 2018:5265-5274.

80. Woo S, Park J, Lee J Y, et al. Cbam: convolutional block attention module[C]//Proceedings of the European Conference on Computer Vision (ECCV), 2018:3-19.

81. Wu Z, Huang Y, Wang L, et al. A comprehensive study on cross-view gait based human identification with deep CNNs[J]. IEEE Transactions on Pattern Analysis and Machine Intelligence, 2017, 39(2):209-226.

82. Xu N, Zhu Q, Xu X, et al. An effective recognition approach for contactless palmprint [J]. The Visual Computer, 2021, 37:695-705.

83. Yang Z, Xia W, Qiao Y, et al. CO3Net: coordinate-aware contrastive competitive neural network for palmprint recognition[J]. IEEE Transactions on Instrumentation and Measurement, 2023:72.

84. Yi D, Lei Z, Liao S, et al. Learning face representation from scratch[J]. CoRR, 2014, abs/1411.7923.

85. Zhang K, Zhang Z, Li Z, et al. Joint face detection and alignment using multitask cascaded convolutional networks [J]. IEEE Signal Processing Letters, 2016, 23(10): 1499-1503.

86. Zhang L, Cheng Z, Shen Y, et al. Palmprint and palmvein recognition based on DCNN and a new large-scale contactless palmvein dataset[J]. Symmetry, 2018, 10(4):78.

87. Zhang Z, Tran L, Liu F, et al. On learning disentangled representations for gait recognition[J]. CoRR, 2019, abs/1919.03051.

88. Zhao Y, Dai F. Design of mobile application system for recognition and analysis of dynamic

running posture[J]. 2023 CCF National Conference of Computer Applications. 2023:35-42.

89. Zheng J, Liu X, Liu W, et al. Gait recognition in the wild with dense 3D representations and a benchmark[J]. Proceedings of the IEEE/CVF Conference on Computer Vision and Pattern Recognition, 2022:20228-20237.

90. Zhu Z, Guo X, Yang T, et al. Gait recognition in the wild: a benchmark[J]. Proceedings of the IEEE/CVF International Conference on Computer Vision, 2021: 14789-14799.

91. Zulkifli S S, Loh W P. A state of the art review of foot pressure[J]. Foot and Ankle Surgery, 2020, 26(1):25-32.